建筑结构施工图设计文件
审查案例分析及处理

张维斌　编著

中国建筑工业出版社

图书在版编目（CIP）数据

建筑结构施工图设计文件审查案例分析及处理/张维斌编
著. —北京：中国建筑工业出版社，2019.12（2022.3重印）
ISBN 978-7-112-24709-7

Ⅰ.①建⋯　Ⅱ.①张⋯　Ⅲ.①建筑制图 设计审评
Ⅳ.①TU204

中国版本图书馆 CIP 数据核字（2020）第 022483 号

责任编辑：李笑然　赵梦梅
责任设计：李志立
责任校对：李美娜

建筑结构施工图设计文件审查案例分析及处理

张维斌　编著

*

中国建筑工业出版社出版、发行（北京海淀三里河路9号）

各地新华书店、建筑书店经销

北京科地亚盟排版公司制版

北京建筑工业印刷厂印刷

*

开本：787×1092毫米　1/16　印张：14¾　字数：368千字

2020 年 4 月第一版　2022 年 3 月第二次印刷

定价：**46.00** 元

ISBN 978-7-112-24709-7

（34957）

版权所有　翻印必究

如有印装质量问题，可寄本社退换

（邮政编码 100037）

前　　言

建筑工程施工图设计文件审查是国际上的通行做法。我国实行建筑工程施工图设计文件（含勘察设计文件）审查制度已近20年，对加强工程建设强制性标准实施的监督工作，保证建设工程质量，保障人民的生命、财产安全，维护社会公共利益，起到了很重要的作用。但在具体的施工图设计文件审查中也遇到一些问题。例如，在结构专业：

（1）对规范强条、审查要点及有关规定如何正确理解、审查？

（2）有些规范强条、审查要点规定较模糊，如要求"适当提高""适当加强"，判断"刚度较小"等，具体如何审查？是否需要量化？如何把握尺度？

（3）少数规范条文、审查要点对待同一个问题规定有区别，如何理解这个区别或不同？如何审查？

（4）施工图设计文件未述及但具体施工图设计文件出现的涉及主体结构和地基基础安全性的问题，如何根据相关力学概念审查？

等等。

本书主要针对结构专业施工图设计文件的审查，根据作者多年的工程设计及审图工作实践，对审查中经常遇到的问题，特别是违反强制性条文的问题，进行认真的分析和讨论，力求阐明相关概念，给出审图依据，提出审图建议。

本书密切结合施工图审查实际，具有很强的针对性和实用性。书中所介绍的许多审图案例，均源自设计和审查工作第一线的实际工程，可供读者参考。

本书由张维斌主编，陈传鼎、汪晖、曲启亮参加了本书的编写工作。在编写过程中得到了北京国标筑图建筑设计咨询有限公司王国庆教授级高级工程师，中国中元国际工程有限公司罗斌、邓潘荣教授级高级工程师及公司其他同志的热情帮助，在此一并致谢！

限于编者水平，加之时间仓促，有不当或错误之处，热忱盼望读者不吝指正，不胜感谢！

编者

2019.5.28 于北京

3

目　录

第1章 概　　述

1.1 建筑结构施工图设计文件的审查依据

1. 审图机构的施工图设计文件审查依据，主要有以下几个方面（即施工图设计文件审查的审查内容）：

（1）现行工程建设标准（含国家标准、行业标准、地方标准）中的强制性条文（简称强条）；

（2）住房和城乡建设部颁布的《建筑工程施工图设计文件技术审查要点》；

（3）法规中涉及技术管理的规定且需要在施工图设计中落实的事项；

（4）其他设计主体结构和地基基础安全性的问题。

2. 对审图依据的几点说明

（1）设计中采用的工程建设标准应是有效版本。

（2）工程建设标准中的强条是进行施工图设计文件审查的依据。而规范中的其他条文与相关强条概念一致，内容联系紧密或进一步具体细化，对结构的安全性也很重要，经广泛调查研究，从中筛选出与强条关系密切的部分条款作为审图要点，同样是施工图设计文件审查的依据。

（3）地基基础和主体结构的安全性是施工图设计文件审查的重要内容。由于我国地域广阔，各地岩土的物理力学性质差异较大，因此地基基础施工图设计文件应按地方标准进行审查，各省级建设主管部门可根据需要确定审查内容，无地方标准的地区应按本要点进行审查。本要点为包括各类特殊地基基础，特殊地基基础应依据相关标准进行审查。各省级建设主管部门可结合当地特点对审查内容作出规定。

设计中采用的地基承载力等地基土物理力学指标、抗浮设防水位及建筑场地类别应与审查合格的《岩土工程勘察报告》一致。

（4）对结构专业而言，主要是发现结构设计中的不当甚至错误做法，消除安全隐患，保证建筑工程结构的安全性。从这个意义上说，第4款是审图的根本目的和最主要依据。施工图设计文件中有明显违反上述1、2、3款规定的，固然要明确指出要求设计整改。而即使没有发现违反上述前3款规定的问题，但如果有力学概念或抗震概念判断其确实对结构安全造成重大问题，审图人员也必须明确指出来要求设计整改。

（5）设计中涉及的荷载或作用，应符合现行国家标准《建筑结构荷载规范》GB 50009—2012（以下简称《荷规》）及其他工程建设标准的规定。当无具体规定时，设计荷载取值应有充分依据。

（6）一般情况下，建筑工程的抗震设防烈度应采用根据中国地震动参数区划图确定的基本烈度。主要城镇中心地区的抗震设防烈度、设计基本地震加速度、设计分组可按现行国家标准《建筑抗震设计规范》（2016 年版）GB 50011—2010（以下简称《抗规》）附录 A 确定。

1.2 结构计算书的审查

结构计算书的审查是审查的重要内容。结构计算书审查要点如下：

（1）计算模型的建立、必要的简化计算与处理，应符合结构的实际受力情况，应符合现行工程建设标准的规定。

（2）采用手算的结构计算书，应有平面布置简图的计算简图；引用的数据应有可靠依据；采用计算图表或不常用的计算公式时，应注明其来源出处；构件编号、计算结果应与施工图纸相符。

（3）当采用计算软件计算时，应注明计算软件的名称、代号、版本及编制单位，计算软件必须经鉴定可靠。输入的总信息、计算模型、几何简图、荷载简图应符合所建工程实际情况。应提供所有计算文本。当采用不常用的计算软件时，尚应提供该软件使用说明书。

（4）复杂结构应采用至少不少于两个不同力学模型分析软件进行整体计算。

（5）计算结果应经分析确认其合理、有效后方可用于工程设计。如计算结果不满足规范要求，应重新计算。

（6）施工图纸中表达的内容应与计算结果相吻合。当结构设计过程中实际荷载、布置等与计算书中采用的参数变化较大时，应重新进行计算。

1.3 结构设计总说明审查要点

结构设计总说明是结构专业施工图设计文件的纲领性文件，对理解设计意图、正确施工等都有十分重要的作用。结构设计总说明的审查要点主要摘自《建筑工程设计文件编制深度规定》（2016 年版）第 4.4.3 条。

每一单项工程应编写一份结构设计总说明，对多子项工程应编写统一的结构施工图设计总说明。当工程以钢结构为主或包含较多的钢结构时，应编制钢结构设计总说明。当工程较简单时，也可把总说明的内容分散写在相关部分图纸中。

结构设计总说明应包括以下内容：

1. 工程概况

2. 设计依据

（1）本专业设计所执行的主要法规和采用的主要标准（包括标准的名称、编号、年号和版本号）；

（2）自然条件：基本风压、基本雪压、气温（必要时提供）、抗震设防烈度等；

（3）工程地质勘察报告；

（4）采用桩基础时，应有试桩报告或深层平板载荷试验报告或基岩载荷板试验报告（若试桩或试验尚未完成，应注明桩基础图不得用于实际施工）（相关标准规定可以不做试验的除外）；

（5）场地地震安全性评价报告（按规定不需进行安全性评价的除外）；

（6）初步设计的审查、批复文件（按规定不需进行初步设计审查、批复的除外）；

（7）风洞试验报告（按规定不需进行风洞试验的除外）；

（8）对于超限高层建筑工程，应说明超限高层建筑工程抗震设防专项审查意见。

3. 建筑分类等级。应说明下列建筑分类等级及所依据的规范或批文：

（1）主体结构设计使用年限；

（2）建筑结构的安全等级；

（3）建筑抗震设防类别；

（4）结构的抗震等级；

（5）地基基础设计等级；

（6）人防地下室的设计类别、防常规武器抗力级别和防核武器抗力级别；

（7）混凝土构建的环境类别；

（8）建筑防火分类等级和耐火等级。

4. 图纸说明

（1）设计±0.000标高所对应的绝对标高值，图纸中标高、尺寸单位的说明；

（2）混凝土结构采用平面整体表示方法时，应注明所采用的标准图名称及编号或提供标准图。

5. 主要荷载（作用）取值

6. 主要结构材料

7. 基础及地下室工程

（1）工程地质及水文地质概况，各主要土层的压缩模量及承载力特征值等；对不良地基的处理措施及技术要求，抗液化措施及要求，地基土的冰冻深度等。

（2）注明基础形式和基础持力层；采用桩基时应简述桩型、桩径、桩长、桩端持力层及桩进入持力层的深度要求，设计所采用的单桩承载力特征值（必要时包括竖向抗拔承载力和水平承载力）等。

（3）地下室抗浮（防水）设计水位及抗浮措施。

1.4 设计方案的选择、设计的合理性和经济性等内容如何审查?

设计方案的选择、设计的合理性和经济性等内容原则上不属于施工图审查范围，一般不予审查。如所审查的建筑工程施工图在结构方案上确实存在安全隐患等重大问题，应与设计院沟通，提请设计院进行方案论证、调整等。按调整后的设计图纸进行审查。

1.5 超限高层建筑如何审查?

超限高层建筑首先应由相关专家进行超限高层建筑抗震设防专项审查。未通过专项审查者，不得进行施工图审查；通过者，施工图审查时除按前述审查依据进行审查外，还应审查是否执行了专项审查专家的意见。

第2章 结构设计基本规定

2.1 一般规定

2.1.1 建筑高度大于 24m 但不大于 28m 且层数小于 10 层的多层学生公寓、普通公寓是否属于高层建筑？

多层建筑以抵抗竖向荷载为主，水平荷载对结构产生的影响较小，绝对侧向位移小，甚至可以忽略不计。而在高层建筑结构中，随着高度的增加，不但竖向荷载产生的效应很大，水平荷载（风荷载及水平地震作用）产生的内力和侧向位移更是迅速增大，水平荷载成了设计的主要控制因素。因此，不应当用同一标准来设计这两类建筑结构。如果将高层建筑按多层建筑的概念设计，就可能导致结构存在安全隐患甚至不安全。

那么，建筑结构有多"高"才被称为"高层建筑"呢？《高层建筑混凝土结构技术规程》JGJ 3—2010（以下简称《高规》）第1.0.2条规定：十层及十层以上或房屋高度大于28m 的住宅建筑以及房屋高度大于 24m 的其他民用建筑称为高层建筑。

根据以上规定，高层建筑钢筋混凝土结构是指：

（1）只要房屋层数大于或等于十层，即为高层建筑；

（2）房屋层数虽然不到 10 层，但房屋高度已超过 28m 的住宅建筑或房屋高度超过24m 的其他民用建筑，也属于高层建筑。

注意：房屋高度 28m 仅针对住宅建筑，而 24m 则是针对除住宅建筑以外的其他民用建筑。

住宅建筑属于民用建筑，但民用建筑远不止住宅建筑一项还有很多。房屋高度大于24m 的其他高层民用建筑结构是指办公楼、酒店、综合楼、商场、会议中心、博物馆等建筑，这些建筑中有的层数虽然不到 10 层，但层高比较高，建筑内部的空间比较大，变化也多，对水平荷载较为敏感，仍应属于高层建筑。

高度大于 24m 的体育场馆、机场航站楼、大型火车站等大跨度空间结构，一般为单层建筑，根据《民用建筑设计通则》"不含单层公共建筑"的规定，不应属于高层建筑。

所以，回答"多层学生公寓、普通公寓是否属于高层建筑"，只要看学生公寓、普通公寓是住宅建筑还是其他民用建筑就很清楚了。根据《民用建筑设计通则》第1.0.2条规定，学生公寓、普通公寓等居住建筑，属非住宅建筑即属于其他民用建筑。因此，只要其建筑高度大于24m 的，无论其高度是否大于 28m，也无论其层数是否超过10 层，都属于高层建筑，应按《高规》及其他高层建筑的相关规定设计、审图。

2.1.2 《高规》第3.3.1条提出平面和竖向不规则结构最大适用高度宜适当降低，对不规则项和适用高度降低如何把握？

最大适用高度是否适当降低，应根据结构的不规则程度具体分析。平面或竖向的规则性应视具体工程按《抗规》第3.4.3条确定，不规则的程度一般可分为不规则、特别不规则和严重不规则。当为特别不规则时房屋的最大适用高度宜适当降低，一般最大适用高度宜减少10%左右。注意规范用语是"宜"，即应根据具体工程的实际情况，程度较为严重的应降低，较轻的特别不规则结构也可不降低；而一般的小不规则结构其高度是无需降低的；对于严重不规则建筑，根据《抗规》第3.4.1条（强制性条文），建筑方案不成立，当然也就谈不上房屋最大适用高度是否适当降低的问题了。

审图时应注意：

（1）对于部分框支剪力墙结构，《高规》表3.3.1的最大适用高度已考虑了框支层的不规则性而比全落地剪力墙结构高度有所降低，故仅当框支层以上的结构同时存在平面或竖向不规则的情况时，最大适用高度才宜适当降低，否则无需降低其最大适用高度。

（2）仅有个别墙体不落地，例如不落地墙的截面面积不大于总截面面积的10%，只要框支部分的设计合理且不致加大扭转不规则，仍可视为剪力墙结构，其适用最大高度仍可按全部落地的剪力墙结构确定。

（3）具有较多短肢剪力墙的剪力墙结构，其结构抗侧力刚度、承载能力、延性能力都较全落地剪力墙结构差不少，故其最大适用高度应比普通剪力墙结构有所降低。

《高规》第7.1.8条规定：

7.1.8 抗震设计时，高层建筑结构不应全部采用短肢剪力墙，B级高度高层建筑以及抗震设防烈度为9度的A级高度高层建筑，不宜布置短肢剪力墙，不应采用短肢剪力墙较多的剪力墙结构。当采用具有较多短肢剪力墙的剪力墙结构时，应符合下列要求：

1 在规定的水平地震作用下，短肢剪力墙承担的底部倾覆力矩不宜大于结构底部总地震倾覆力矩的50%；

2 房屋适用高度应比本规程表3.3.1-1规定的剪力墙结构的最大适用高度适当降低，7度、8度（0.2g）和8度（0.3g）时分别不应大于100m、80m和60m。

《高规》第3.3.1条（条文内容略）、《高规》第7.1.8条均为审查要点，设计、审图均应遵照执行。

2.1.3 砌体结构或多、高层钢筋混凝土结构上部设置1～2层钢结构，什么情况下需进行专门研究和论证？如何进行？

下部为砌体结构或钢筋混凝土结构，上部为钢结构的结构类型，我国现行标准中均无此种结构类型，更无相关规定。对于这种结构，由于砌体结构、钢筋混凝土结构、钢结构的阻尼比不同，上下部分的楼层侧向刚度、质量差异很大甚至突变，导致楼层地震剪力突变、受剪承载力突变，超出了我国现行标准的适用范围，工程设计中应避免采用。特殊情况下必须采用时，应由有关部门组织专家进行设计论证、评审，并应符合下列要求：

（1）上部钢结构的层数和高度，应计入房屋的层数和总高度，其层数及总高度的限值应满足现行规范的规定。其结构类型应按下部的结构类型确定。

（2）针对工程设计中存在的超规范问题及其他抗震不利因素等，应进行专门研究和分析，提出针对本工程的具体设计方法、抗震措施（例如对结构体系的认定、结构计算相关参数的取值、抗震等级的确定、重要的部位、节点的构造做法等）。

（3）审查单位应以专家的审查意见作为施工图审查的依据之一。

2.1.4 正确判定混凝土结构的环境类别

1. 混凝土所处的环境类别是混凝土结构耐久性设计的重要依据

《混凝土结构设计规范》（2015 年版）GB 50010—2010（以下简称《混规》）第 3.5.2 条规定：

混凝土结构暴露的环境类别应按表 3.5.2 的要求划分。

混凝土结构的环境类别 表 3.5.2

环境类别	条件
一	室内正常环境； 无侵蚀性净水浸没环境
二 a	室内潮湿环境； 非严寒和非寒冷地区的露天环境； 非严寒和非寒冷地区与无侵蚀性的水或土壤直接接触的环境； 严寒和寒冷地区的冰冻线以下与无侵蚀性的水或土壤直接接触的环境
二 b	干湿交替环境； 水位频繁变动环境； 严寒和寒冷地区的露天环境； 严寒和寒冷地区冰冻线以上与无侵蚀性的水或土壤直接接触的环境
三 a	严寒和寒冷地区冬季水位变动区环境； 受除冰盐影响环境； 海风环境
三 b	盐渍土环境； 受除冰盐作用环境； 海岸环境
四	海水环境
五	受人为或自然的侵蚀性物质影响的环境

注：1 室内潮湿环境是指构件表面经常处于结露或湿润状态的环境；
　　2 严寒和寒冷地区的划分应符合国家现行标准《民用建筑热工设计规范》GB 50176 的有关规定；
　　3 海岸环境和海风环境宜根据当地情况，考虑主导风向及结构所处迎风、背风部位等因素的影响，由调查研究和工程经验确定；
　　4 受除冰盐影响环境为受到除冰盐盐雾影响的环境；受除冰盐作用环境指被除冰盐溶液溅射的环境以及使用除冰盐地区的洗车房、停车楼等建筑；
　　5 暴露的环境是指混凝土结构表面所处的环境。

本条为审查要点，设计、审图均应遵照执行。

表中一类和二 a 类的主要区别在于是否为潮湿环境；二 a 类和二 b 类的主要区别在于"潮湿"和"干湿交替"的区别，"非严寒和非寒冷地区"和"严寒和寒冷地区"的区别。

干湿交替主要是指室内潮湿、室外露天、地下水浸润、水位变动的环境。由于水和氧的反复作用，容易引起钢筋锈蚀和混凝土材料劣化。

非严寒和非寒冷地区与严寒和寒冷地区的区别主要在于有无冰冻及冻融循环现象。关于严寒和寒冷地区的定义，《民用建筑热工设计规范》GB 50176—2016 有关规定如下：严寒地区：最冷月平均温度低于或等于—10℃，日平均温度低于或等于5℃的天数不少于145天的地区；寒冷地区：最冷月平均温度高于—10℃、低于或等于0℃，日平均温度低于或等于5℃的天数不少于90天且少于145天的地区，见表2.1.4。也可参考该规范的附录采用。各地可根据当地气象台站的气象参数确定所属气候区域，也可根据《建筑气象参数标准》JGJ 35—1987 提供的参数确定所属气候区域。

严寒和寒冷地区的划分 表 2.1.4

分区名称	最冷月平均温度（℃）	日平均温度不高于5℃的天数（d）
严寒地区	≤—10	≥145
寒冷地区	—10～0	90～145

三类环境主要是指近海海风、盐渍土及使用除冰盐的环境。滨海室外环境与盐渍土地区的地下结构、北方城市冬季依靠喷洒盐水消除冰雪而对立交桥、周边结构及停车楼，都可能造成钢筋腐蚀的影响。

四类和五类环境的详细划分和耐久性设计方法应按港口工程技术规范及工业建筑防腐蚀设计规范等标准执行。

2. 容易出错的环境类别划分举例

结构设计时，一些设计人员误将建筑物的室内游泳池和大型浴室环境类别划分为一类。他们习惯将±0.000以下的基础和构筑物等的环境类别划分为二b或二a类，而将±0.000以上结构的环境类别划分为一类，忽略了游泳池和大型浴室虽在±0.000以上但却处于潮湿的环境下，不属于室内正常环境，不应将其环境类别划分为一类，而应划分为二a类。同样道理，住宅建筑的室内卫生间、厨房等潮湿环境也应划分为二a类。又例如，某地区最冷月平均温度为—11℃，日平均温度不高于5℃的天数为150天，设计时错误确定建筑物的雨棚等外露结构环境类别为二a类。但根据《民用建筑热工设计规范》GB 50176—2016规定，此地区应为严寒地区。因此，雨棚等外露结构环境类别应为二b类而不应为二a类。

3. 其实，环境类别的判别并不困难，不少情况下的误判可能是设计工作比较忙，常常忽视了这个问题，审图有时也会忽视对这个问题的审查。但注意此条为审查要点，设计、审图都应重视，不可忙中出错。

2.1.5 耐久性设计时，对结构混凝土有哪些要求？

耐久性能是混凝土结构应当满足的基本性能之一，是结构在设计使用年限内正常而安全地工作的重要保证。

影响混凝土结构耐久性能主要因素有：混凝土的碳化，侵蚀性介质的腐蚀，膨胀及冻融循环，氯盐对钢筋的锈蚀，碱-骨料反应，混凝土内部的不密实。

上述诸多因素中，混凝土的碳化及钢筋的锈蚀是影响混凝土结构耐久性能的最主要的综合因素，而环境又是影响混凝土碳化和钢筋锈蚀的重要条件。

规范提出了混凝土结构耐久性能设计的基本原则，根据环境类别和设计使用年限进行设计。并对混凝土材料、设计技术措施、施工等提出了具体要求。

1. 对结构混凝土材料的要求

《混规》第3.5.3条（本条为审查要点）规定：

3.5.3 设计使用年限为50年的混凝土结构，其混凝土材料宜符合表3.5.3的规定。

结构混凝土材料的耐久性基本要求 　　　　　　　　　表3.5.3

环境类别	最大水胶比	最低强度等级	最大氯离子含量（%）	最大碱含量（kg/m³）
一	0.60	C20	0.30	不限制
二 a	0.55	C25	9.20	
二 b	0.50(0.55)	C30(C25)	0.15	
三 a	0.45(0.50)	C35(C30)	0.15	3.0
三 b	0.40	C40	0.10	

注：1　氯离子含量系指其占胶凝材料总量的百分比；
　　2　预应力构件混凝土中的最大氯离子含量为0.05%；最低混凝土强度等级应按表中的规定提高两个等级；
　　3　素混凝土构件的水胶比及最低强度等级的要求可适当放松；
　　4　有可靠工程经验时，二类环境中的最低混凝土强度等级可降低一个等级；
　　5　处于严寒和寒冷地区二b、三a类环境中的混凝土应使用引气剂，并可采用括号中的有关参数；
　　6　当使用非碱活性骨料时，对混凝土中的碱含量可不作限制。

由此可见：

（1）用于一、二和三类环境中设计使用年限为50年的结构混凝土，其最大水胶比、最低强度等级、最大氯离子含量和最大含碱量，应符合规范表3.5.3的规定。

（2）一类环境中设计使用年限为100年的结构混凝土，应符合下列规定：

1）钢筋混凝土结构的最低强度等级不低于C30，预应力混凝土结构的最低强度等级不低于C40；

2）混凝土中的最大氯离子含量不超过0.06%；

3）宜使用非碱活性骨料，当使用非碱活性骨料时，混凝土中的最大碱含量不超过3.0kg/m³；

4）在设计使用年限内，应建立定期检测、维修制度。

（3）二类、三类环境中设计使用年限为100年的混凝土结构应采取专门有效的措施。

2. 结构设计技术措施

（1）用于一、二和三类环境中设计使用年限为50年的结构混凝土，其保护层厚度应符合《混规》表8.2.1的规定，一类环境中设计使用年限为100年的结构混凝土，其保护层厚度按比《混规》表8.2.1的规定的数值增加40%；当采用有效的表面防护措施时，保护层厚度可适当减小。

（2）未经技术鉴定及设计许可，不得改变结构的使用环境，不得改变结构的用途。

（3）对于结构中使用环境较差的构件，宜设计成可更换或易更换的构件。

（4）宜根据环境类别规定维护措施及检查年限；对重要的结构，宜在与使用环境类别相同的适当位置设置供耐久性检查的专用构件。

（5）对于下列混凝土结构及构件尚应采取加强耐久性的相应措施：

1）预应力混凝土结构中的预应力钢筋应根据具体情况采取表面防护、孔管灌浆、加大混凝土保护层厚度等措施，外露的锚固端应采取封锚和混凝土表面处理等有效措施。

2）有抗渗要求的混凝土结构，其抗渗等级应符合有关标准的要求。

3）严寒及寒冷地区的潮湿环境中，结构混凝土应满足抗冻要求，混凝土抗冻等级应符合有关标准的要求。

4）处于二、三类环境中的悬臂构件宜采用悬臂梁-板的结构形式，或在其上表面增设保护层。

5）处于三类环境中的混凝土结构构件，其表面的预埋件、吊钩、连接件等金属部件应采取可靠的防锈措施，对于后张预应力混凝土外露金属锚具，其防护要求见《混规》第10.3.13条。

6）处于二、三类环境中的混凝土结构构件，可采用阻锈剂、环氧树脂涂层钢筋或其他耐腐蚀性能的钢筋，采取阴极保护措施或采用可更换的构件等措施。

7）环境类别为四类和五类环境中的混凝土结构，其耐久性要求应符合有关标准的规定。

3. 施工要求

混凝土的耐久性很大程度上取决于它的密实性，故除应满足上述设计及对混凝土材料的要求外，还应高度重视混凝土的施工质量，控制商品混凝土的各个环节，加强对混凝土的养护，防止混凝土构件在尚未达到设计强度的情况下承受设计荷载等。

2.1.6 设计文件中是否必须注明±0.00对应的绝对标高值？

±0.00与绝对标高的相对关系涉及地基基础设计、基础埋深、与邻近建筑相对关系及设备专业管线外接等诸多问题。事关整个工程全局，因此必须首先确定。应该说，工程±0.00相对于绝对标高数值的确定，本不是结构专业的设计范围。但工程施工时，施工单位首先拿到的施工图纸是结构专业的基础图（或"挖土图"）。为便于施工，就必须在结构专业的相关设计文件（结构设计总说明、基础图或"挖土图"）中注明。

《建筑工程设计文件编制深度规定》（2016年版）第4.4.3条第3款第2）小款规定：设计文件中应注明设计±0.00标高所对应的绝对标高值。

本条均为审查要点，设计、审查均应遵照执行。

在相关设计文件上标注±0.00相对于绝对标高数值前，应与相关专业（总图、建筑、机电等专业）沟通、图纸会签。施工图纸上没有会签，审图应提出整改要求。

2.2 材 料

2.2.1 采用500MPa级钢筋，其抗拉强度设计值取值是否需折减？

1. 钢筋的强度取值问题，考虑到：

（1）当构件中配有不同牌号和强度等级的钢筋时，尽管强度不同，但在极限状态下各种钢筋先后均已达到屈服。

（2）当用于约束混凝土的间接钢筋（例如连续螺旋箍筋或封闭箍筋）时，其强度可以得到充分发挥。此时采用500MPa级钢筋具有一定的经济效益，审图应予通过。但是，根据实验研究，用于抗剪、抗扭及抗冲切承载力设计时箍筋的抗拉强度则未必得到充分发挥。此时若采用500MPa级钢筋，强度应予折减。

（3）普通钢筋抗压强度设计值取与抗拉强度相同。对轴心受压构件，由于混凝土极限压应达到0.002时视其已压碎，由于钢筋和混凝土变形协调，此时钢筋的压应变也是0.002，因此，当采用500MPa级钢筋时，其钢筋的抗压强度设计值取为400N/mm²。

2.《混规》第4.2.3条规定：

普通钢筋的抗拉强度设计值f_y、抗压强度设计值f'_y应按表4.2.3-1采用预应力筋的抗拉强度设计值f_{py}、抗压强度设计值f'_{py}应按表4.2.3-2采用。

当构件中配有不同种类的钢筋时，每种钢筋应采用各自的强度设计值。横向钢筋的抗拉强度设计值f_{yv}应按表中f_y的数值采用；当用作受剪、受扭、受冲切承载力计算时，其数值大于360N/mm²时应取360N/mm²。

可见，规范仅对500MPa级钢筋在一定情况下应折减：

（1）对轴心受压构件，当采用HRB500、HRBF500钢筋时，钢筋的抗压强度设计值应取400N/mm²；

（2）横向钢筋的抗拉强度设计值f_{yv}应按表中f_y的数值采用，但用作受剪、受扭、受冲切承载力计算时，其数值应取360N/mm²。

3.《混规》第4.2.3条规定是强制性条文，设计、审图均应严格执行。

2.2.2 抗震设计时，《抗规》对钢筋混凝土构件中的纵向受力钢筋有哪些特别要求？为什么？

抗震设计时，要求结构及构件具有较好的延性，在地震作用下当结构达到屈服后，利用结构的塑性变形吸收能量，削弱地震反应。这就要求结构在塑性铰处有足够的转动能力和耗能能力，能有效地调整构件内力，实现"强柱弱梁、强剪弱弯、更强节点、强底层柱（墙）底"的抗震设计原则。

钢筋混凝土结构及构件延性的大小，与配置其中的钢筋的延性有很大关系，在其他情况相同时，钢筋的延性好则构件的延性也好。规范规定普通纵向受力钢筋抗拉强度实测值与屈服强度实测值比值的最小值，目的是使结构某个部位出现塑性铰后，塑性铰处有足够的转动能力和耗能能力；而规定钢筋屈服强度实测值与强度标准值比值的最大值，是为了有利于强柱弱梁、强剪弱弯所规定的内力调整得以实现。显然，这些对提高结构及构件的延性是十分必要和重要的。而对钢筋伸长率的要求，则是控制钢筋延性性能的重要指标。

因此，《混规》第11.2.2条规定：

按一、二、三级抗震等级设计的框架和斜撑构件，其纵向受力普通钢筋应符合下列要求：

1 钢筋的抗拉强度实测值与屈服强度实测值的比值不应小于1.25；

2 钢筋的屈服强度实测值与屈服强度标准值的比值不应大于1.30；

3 钢筋最大拉力下的总伸长率实测值不应小于9%。

此条为强制性条文，《抗规》第3.9.2条第2款第2）小款亦为强制性条文，两者内容完全相同。设计、审图均应严格按此执行。

审图时应注意：

（1）规范规定抗震设计时对钢筋的性能要求，是一、二、三级抗震等级的框架而不是一、二、三级框架结构。即不管是什么结构体系，只要其中的框架部分抗震等级为一、二、

二、三级，其受力箍筋就应满足两个比值和一个总伸长率的要求；而对斜撑构件（含梯段），则只要是抗震设计，均应满足两个比值和一个总伸长率的要求。

（2）在剪力墙结构、框架-剪力墙结构中，规范规定：跨高比不小于5的连梁宜按框架梁设计。可以理解为此类连梁的纵向受力钢筋应满足《混规》第11.2.2条的要求。

（3）跨高比不于5的连梁，其纵向受力钢筋是否也应满足《混规》第11.2.2条的要求？规范未明确规定。笔者认为：这类连梁是结构抗震的第一道防线。地震作用下梁端往往率先开裂，为了保证结构有很好的耗能能力和抗震性能，更需要连梁在塑性铰处有足够的转动能力。因此，也应满足《混规》第11.2.2条的要求。

结构设计时，可在结构设计文件中（一般在结构施工设计总说明中），根据规范规定明确注明此项要求，以免错漏。

2.2.3　施工中，当缺乏设计规定的钢筋型号（规格）时，可否用强度等级较高的钢筋替代原设计中强度等级较低的钢筋或用直径较大的钢筋替代原设计中直径较小的钢筋？

《抗规》第3.9.4条规定：

用强度等级较高的钢筋替代原设计中强度等级较低的钢筋或用直径较大的钢筋替代原设计中直径较小的钢筋，一般都会使替代后的纵向受力钢筋的总承载力设计值大于原设计的纵向受力钢筋总承载力设计值，甚至会大较多。抗震设计时，这就有可能造成构件抗震薄弱部位转移，也可能造成构件在有影响的部位发生混凝土的脆性破坏（混凝土压碎、剪切破坏等）。例如，将抗震设计的框架梁用强度等级较高、直径较大的纵向受力钢筋替代原设计中的钢筋，则在地震作用下，与此梁相接的框架柱有可能先出铰，而这是不符合强柱弱梁的抗震设计原则的。

此条为强制性条文，应按此条设计、审图。

结构设计时，可在结构设计文件中（一般在结构施工设计总说明中），应根据《建筑抗震设计规范》第3.9.4条的规定，明确注明当需要以强度等级较高的钢筋替代原设计中强度等级较低的钢筋或用直径较大的钢筋替代原设计中直径较小的钢筋时，应按照钢筋受拉承载力设计值相等的原则换算。

还应注意的是：由于钢筋的强度等级和直径的改变会影响正常使用阶段的挠度和裂缝宽度，同时还应满足最小配筋率和钢筋间距等构造要求。

2.3　结构及构件的变形和舒适度要求

2.3.1　如何确定下述结构在风载及多遇地震下的弹性水平位移角限值？

为保证建筑结构具有必要的刚度，应对其楼层位移加以控制。楼层侧向层间位移的控制实际上是对构件截面大小、刚度大小的一个宏观控制指标。在正常使用条件下，限制建筑结构层间位移的主要目的有两点：

（1）保证主结构基本处于弹性受力状态，对钢筋混凝土结构来讲，要避免混凝土墙或柱出现裂缝；同时，将混凝土梁等楼面构件的裂缝数量、宽度和高度限制在规范允许范围之内。

（2）保证填充墙、隔墙、幕墙、内外装修等非结构构件的完好，避免产生明显损伤，保证建筑的正常使用功能。

即保证建筑结构在多遇地震下不坏，是结构抗震设计第一阶段"小震不坏"的一个重要内容。

考虑到层间位移控制是一个宏观的侧向刚度指标，为便于设计人员在工程设计中应用，规范采用了层间最大位移与层高之比 $\Delta u/h$，即层间位移角 θ 作为控制指标。

规范给出了不同结构类型的弹性层间位移角限值，主要是依据国内外大量的试验研究和有限元分析的结果，以钢筋混凝土构件（框架柱、抗震墙等）开裂时的层间位移角作为多遇地震下结构弹性层间位移角限值。该限值与结构体系和结构材料有关，而与建筑物设防类别、建筑结构设防烈度无关。

《抗规》第 5.5.1 条规定：

5.5.1　表 5.5.1 所列各类结构应进行多遇地震作用下的抗震变形验算，其楼层内最大的弹性层间位移应符合下式要求：

$$\Delta u_e \leqslant [\theta_e] h \tag{5.5.1}$$

式中：Δu_e——多遇地震作用标准值产生的楼层内最大的弹性层间位移；计算时，除以弯曲变形为主的高层建筑外，可不扣除结构整体弯曲变形；应计入扭转变形，各作用分项系数均应采用 1.0；钢筋混凝土结构构件的截面刚度可采用弹性刚度；

　　　　$[\theta_e]$——弹性层间位移角限值，宜按表 5.5.1 采用；

　　　　h——计算楼层层高。

弹性层间位移角限值

表 5.5.1

结构类型	$[\theta_e]$
钢筋混凝土框架	1/550
钢筋混凝土框架-抗震墙、板柱-抗震墙、框架-核心筒	1/800
钢筋混凝土抗震墙、筒中筒	1/1000
钢筋混凝土框支层	1/1000
多、高层钢结构	1/250

《高规》第 3.7.3 条规定：

3.7.3　按弹性方法计算的风荷载或多遇地震标准值作用下的楼层层间最大水平位移与层高之比 $\Delta u/h$ 宜符合下列规定：

1　大于 150m 的高层建筑，其楼层层间最大位移与层高之比 $\Delta u/h$ 不宜大于表 3.7.3 的限值。

楼层层间最大位移与层高之比的限值

表 3.7.3

结构体系	$\Delta u/h$ 限值
框架	1/550
框架-剪力墙、框架-核心筒、板柱-剪力墙	1/800
筒中筒、剪力墙	1/1000
除框架结构外的转换层	1/1000

2 高度不小于 250m 的高层建筑，其楼层层间最大位移与层高之比 $\Delta u/h$ 不宜大于 1/500。

3 高度在 150m～250m 的高层建筑，其楼层层间最大位移与层高之比 $\Delta u/h$ 的限值可按本条第 1 款和第 2 款的限值线性插入取用。

注：楼层层间最大位移 Δu 以楼层最大的水平位移差计算，不扣除整体弯曲变形。抗震设计时，本条规定的楼层位移计算可不考虑偶然偏心的影响。

《抗规》第 5.5.1 条为审图要点。

《抗规》第 5.5.1 条关于结构楼层弹性水平位移角限值的规定和《高规》第 3.7.3 条的规定基本一致。《抗规》增加了多、高层钢结构楼层弹性水平位移角限值的规定。而《高规》的规定同样适用于风载作用的情况。

审图时应注意以下几点：

（1）《高规》第 3.7.3 条既适用于风荷载也适用于多遇地震标准值作用下结构的弹性位移，即对仅抗风设计的结构层间位移角限值应按《高规》第 3.7.3 条审查。

（2）超过 250m 高度的建筑，层间位移角限值按 1/500 作为限值；150m～250m 之间的高层建筑结构则按表 3.7.3 规定的限值和 1/500 两者线性插值。

（3）抗震设计时，除框架-剪力墙结构外，其他结构一般情况下均可按《抗规》第 5.5.1 条规定设计、审查。对于框架-剪力墙结构，由于框架、剪力墙抗侧力刚度的差异较大，它们在结构中所占的抗侧力刚度比例多少直接影响整个结构的抗侧能力。因此建议如下：

1）框架部分承受的地震倾覆力矩不大于结构总地震倾覆力矩的 10% 时，按剪力墙结构设计。结构的层间位移角限值应满足规范对剪力墙结构的规定。

2）框架部分承受的地震倾覆力矩大于结构总地震倾覆力矩的 10% 但不大于 50% 时，按框架-剪力墙结构设计。结构层间位移角限值按 1/800 取用。

3）框架部分承受的地震倾覆力矩大于结构总地震倾覆力矩的 50% 但不大于 80% 时，按框架-剪力墙结构设计。结构层间位移角限值根据剪力墙所承担的地震倾覆力矩比值按框架结构、框架-剪力墙结构中间线性插值。

4）框架部分承受的地震倾覆力矩大于 80% 时，按框架-剪力墙结构设计。结构层间位移角限值根据剪力墙所承担的地震倾覆力矩比值按框架结构、框架-剪力墙结构中间线性插值。

（4）对带转换层结构，其转换层层间位移角限值应均满足 1/1000 的规定。"除框架外的转换层"包括了框架-剪力墙结构和简体结构的托柱或托墙转换以及部分框支剪力墙结构的框支层。

（5）根据《抗规》附录 G 第 G.1.4 条第 4 款规定，钢支撑-混凝土框架结构层间位移角限值，按框架结构、框架-剪力墙结构中间线性插值。

2.3.2 审图案例：某结构下部 20 层均为框架-核心筒，上部 3 层内收至筒体范围且仅采用筒墙上起柱为框架，此上部 3 层框架如何考虑其抗震等级、层间位移角限值？

1. 本工程结构方案不合理，且现行规范没有述及此种结构体系，规范对此无明确规定，是超规范的。因此，原则上设计不应采用此种结构体系。

2. 考虑到本工程结构并不很高，且上部内收层数并不很多，故审图时对上部 3 层框架相关设计提出如下建议：

（1）整个结构按框架-核心筒结构根据规范规定确定下部 20 层结构构件的抗震等级，上部 3 层框架的抗震等级宜在下部 20 层框架的抗震等级基础上提高一级。

（2）上部 3 层框架首先应满足承载能力要求。具体要求就是：

1）此部分框架在结构整体抗震计算中应考虑其鞭梢效应；

2）上部 3 层框架按三层框架结构提高后的抗震等级进行底层柱底截面相应的设计值放大，据此计算框架梁、柱的承载力。

（3）在满足上述要求基础上，此部分框架层间位移角限值可适当放松，宜按框架结构、框架-剪力墙结构（或框架-核心筒结构）根据各部分所占结构底部总倾覆力矩的比例线性插值。但决不可取为 1/550。

2.3.3　框排架结构的层间位移角如何控制？

单层工业厂房的弹性层间位移角应根据吊车使用要求加以限制，一般比抗震设计时的层间位移角要求要严，故不必对地震作用下的弹性层间位移角加以限制；弹塑性层间位移角的计算和限值，《抗规》第 5.5.4 条、第 5.5.5 条有明确规定。8 度 III、IV 类场地和 9 度时，钢筋混凝土框排架结构的排架柱及伸出框架跨屋顶支撑排架跨屋盖的单柱，应进行弹塑性变形验算。其弹塑性层间位移角的限值，可取 1/30。

多层工业厂房应区分结构材料（钢或混凝土）和结构类型（框、排架），分别采用相应的弹性和弹塑性层间位移角限值。框排架结构中的排架柱，弹塑性层间位移角的限值，《抗规》规定为 1/30。

2.3.4　设置屈曲约束支撑的结构，如何确定层间位移角限值？

屈曲约束支撑是一种消能器，设置屈曲约束支撑的结构即为消能减震结构。

《建筑消能减震技术规程》JGJ 297—2013 第 6.4.3 条规定，消能减震结构的抗震变形验算应符合下列规定：

（1）消能减震结构的弹性层间位移角限值应按现行国家标准《建筑抗震设计规范》GB 50011 取值。

（2）消能减震结构的弹塑性层间位移角限值不应大于现行国家标准《建筑抗震设计规范》GB 50011 规定的限值要求。

即消能减震结构的弹性层间位移角限值应与《建筑抗震设计规范》GB 50011 保持一致；而由于消能减震技术提高了结构的抗震性能，故其弹塑性层间位移角限值可比不设置消能减震装置的结构适当减小，从而更容易实现抗震性能设计的要求。

2.3.5　《抗规》第 5.5.2 条第 2 款要求 8 度时乙类建筑中的钢筋混凝土结构和钢结构"宜"进行罕遇地震作用下薄弱层的弹塑性变形验算，审查时是否要求其必须验算？

震害表明：如果建筑结构中存在薄弱层或薄弱部位，在强烈地震作用下，由于结构薄弱部位产生了弹塑性变形，结构构件将遭到严重破坏甚至引起结构倒塌。属于乙类建筑的生命线工程中的关键部位，在强烈地震作用下一旦遭受破坏将带来严重后果，或产生次生灾害或对救灾、恢复重建及生产、生活造成很大影响。故《抗规》第 5.5.2 条规定：

5.5.2 结构在罕遇地震作用下薄弱层的弹塑性变形验算，应符合下列要求：

1 下列结构应进行弹塑性变形验算：

1）8 度Ⅲ、Ⅳ类场地和 9 度时，高大的单层钢筋混凝土柱厂房的横向排架；

2）7～9 度时楼层屈服强度系数小于 0.5 的钢筋混凝土框架结构；

3）高度大于 150m 的结构；

4）甲类建筑和 9 度时乙类建筑中的钢筋混凝土结构和钢结构；

5）采用隔震和消能减震设计的结构。

2 下列结构宜进行弹塑性变形验算：

1）本规范表 5.1.2-1 所列高度范围且属于本规范表 3.4.2-2 所列竖向不规则类型的高层建筑结构；

2）7 度Ⅲ、Ⅳ类场地和 8 度时乙类建筑中的钢筋混凝土结构和钢结构；

3）板柱-抗震墙结构和底部框架砌体房屋；

4）高度不大于 150m 的其他高层钢结构；

5）不规则的地下建筑结构及地下空间综合体。

注：楼层屈服强度系数为按钢筋混凝土构件实际配筋和材料强度标准值计算的楼层受剪承载力和按罕遇地震作用标准值计算的楼层弹性地震剪力的比值；对排架柱，指按实际配筋面积、材料强度标准值和轴向力计算的正截面受弯承载力与按罕遇地震作用标准值计算的弹性地震弯矩的比值。

即对 8 度时乙类建筑中的钢筋混凝土结构和钢结构，也要求进行罕遇地震作用下的抗震变形验算。

《抗规》第 5.5.2 条属于审查要点，应按此要求进行审查。

2.3.6 《建筑抗震鉴定标准》GB 50023—2009 第 6.3.10 条，对乙类框架结构尚应进行变形验算，其变形控制要求是否按现行抗震规范执行？

《建筑抗震鉴定标准》第 6.3.10 条规定：

6.3.10 现有钢筋混凝土房屋，应根据现行国家标准《建筑抗震实际规范》GB 50011 进行抗震分析，按本标准第 3.0.5 条的规定进行构件承载力验算，乙类框架结构尚应进行变形验算；当抗震构造措施不满足第 6.3.1～第 6.3.9 条的要求时，可按本标准第 6.2 节的方法计入构造的影响进行综合评价。

条文中明确要求，乙类框架结构应进行变形验算，故其变形控制（层间位移角限值）应满足现行《抗规》的规定。

2.4 结构构件的基本构造要求

2.4.1 混凝土保护层厚度的审查应注意哪些问题？

《混规》第 8.2.1 条规定：

8.2.1 构件中普通钢筋及预应力筋的混凝土保护层厚度应满足下列要求：

1 构件中受力钢筋的保护层厚度不应小于钢筋的公称直径 d；

2 设计使用年限为 50 年的混凝土结构，最外层钢筋的保护层厚度应符合表 8.2.1 的规定；设计使用年限为 100 年的混凝土结构，最外层钢筋的保护层厚度不应小于表 8.2.1 中数值的 1.4 倍。

混凝土保护层的最小厚度 c(mm)　　　　　　　　　表 8.2.1

环境类别	板、墙、壳	梁、柱、杆
一	15	20
二 a	20	25
二 b	25	35
三 a	30	40
三 b	40	50

注：1　混凝土强度等级不大于 C25 时，表中保护层厚度数值应增加 5mm；
　　2　钢筋混凝土基础宜设置混凝土垫层，其受力钢筋的混凝土保护层厚度应从垫层顶面算起，且不应小于 40mm。

此条为审查要点。设计、审图均应遵照执行。

审图时应注意以下问题：

（1）规范规定的混凝土保护层厚度是双控，考虑以下两种情况取其大值：

1）为了保证握裹层混凝土对受力钢筋的锚固，要求混凝土保护层厚度不小于钢筋的直径。对单根钢筋为公称直径，当采用并筋时取等效直径。

2）从混凝土碳化、脱钝和钢筋锈蚀的耐久性考虑，以最外层钢筋（包括箍筋、构造筋、分布筋等）的外缘计算混凝土保护层厚度。

（2）结构所处的耐久性环境类别不同，混凝土保护层的厚度也不同。恶劣环境下混凝土保护层的厚度要厚一些。

（3）根据混凝土碳化反应的差异和构件的重要性，按平面构件（板、墙、壳）及杆状构件（梁、柱、杆）分两种不同情况确定混凝土保护层厚度。为保证基础构件中钢筋的耐久性，根据工程经验，适当加大其混凝土保护层厚度。

（4）考虑碳化速度的影响，设计使用年限为 100 年的混凝土结构，最外层钢筋的保护层厚度不应小于设计使用年限为 100 年数值的 1.4 倍。

（5）混凝土强度等级不大于 C25 时，构件的保护层厚度数值应比表 8.2.1 中数值增加 5mm。

应当注意的是：上述各款中的第 1 款往往容易被忽视，在确定混凝土保护层厚度时误认为表 8.2.1 中规定的数值就是受力钢筋的保护层厚度。第 5 款也容易被忽视，当采用 C25 混凝土时，仍按表 8.2.1 取值而未增加 5mm。这都可能使保护层厚度偏小。

2.4.2　非抗震设计的框架梁实际配筋面积大于其设计计算面积，钢筋的锚固长度可否适当减小？

关于非抗震设计时受拉钢筋的锚固长度，《混规》第 8.3.1 条规定：

8.3.1　当计算中充分利用钢筋的抗拉强度时，受拉钢筋的锚固长应符合下列要求：

1　基本锚固长度应按下列公式计算：

普通钢筋

$$l_{ab} = \alpha \frac{f_y}{f_t} d \qquad\qquad (8.3.1\text{-}1)$$

预应力筋

$$l_{ab} = \alpha \frac{f_{py}}{f_t}d \tag{8.3.1-2}$$

式中：l_{ab}——受拉钢筋的基本锚固长度；

f_y、f_{py}——普通钢筋、预应力筋的抗拉强度设计值；

f_t——混凝土轴心抗拉强度设计值，当混凝土强度等级高于 C60 时，按 C60 取值；

d——锚固钢筋的直径；

α——锚固钢筋的外形系数，按表 8.3.1 取用。

锚固钢筋的外形系数 α 表 8.3.1

钢筋类型	光圆钢筋	带肋钢筋	螺旋肋钢丝	三股钢绞线	七股钢绞线
α	0.16	0.14	0.13	0.16	0.17

注：光面钢筋末端应做 180°弯钩，弯后平直段长度不应小于 $3d$，但作受压钢筋时可不做弯钩。

2 受拉钢筋的锚固长度应根据锚固条件按下列公式计算，且不应小于 200mm：

$$l_a = \zeta_a l_{ab} \tag{8.3.1-3}$$

式中：l_a——受拉钢筋的锚固长度；

ζ_a——锚固长度修正系数，对普通钢筋按本规范第 8.3.2 条的规定取用，当多于一项时，可按连乘计算，但不应小于 0.6；对预应力筋，可取 1.0。

梁柱节点中纵向受拉钢筋的锚固要求应按本规范第 9.3 节（Ⅱ）中的规定执行。

3 当锚固钢筋保护层厚度不大于 5d 时，锚固长度范围内应配置横向构造钢筋，其直径不应小于 $d/4$；对梁、柱、斜撑等构件间距不应大于 5d，对板、墙等平面构件间距不大于 10d，且均不应小于 100mm，此处 d 为锚固钢筋的直径。

《混规》第 8.3.2 条规定：

8.3.2 纵向受拉普通钢筋的锚固长度修正系数 ζ_a 应按下列规定取用：

1 当带肋钢筋的公称直径大于 25mm 时取 1.10；

2 环氧树脂涂层带肋钢筋取 1.25；

3 施工过程中易受扰动的钢筋取 1.10；

4 当纵向受力钢筋的实际配筋面积大于其设计计算面积时，修正系数取设计计算面积与实际配筋面积的比值，但对有抗震设防要求及直接承受动力荷载的结构构件，不应考虑此项修正；

5 锚固钢筋的保护层厚度为 3d 时修正系数可取 0.80，保护层厚度不小于 5d 时修正系数可取 0.70，中间按内插取值，此处 d 为锚固钢筋的直径。

计算基本锚固长度应注意以下几点：

（1）纵向受拉钢筋锚固长度的确定，首先应根据钢筋的抗拉强度设计值、混凝土轴心抗拉强度设计值、锚固钢筋的直径、锚固钢筋的外形系数，按《混规》第 8.3.1 条式（8.3.1-1）或式（8.3.1-2）计算出基本锚固长度，再由不同的锚固条件按《混规》第 8.3.2 条计算出受拉钢筋的锚固长度。

（2）光面钢筋（HPB235 级钢筋）末端应做成 180°弯钩，弯后平直长度不应小于 $3d$（受压钢筋末端可不做弯钩），但此弯后平直长度不应计入 l_a。

（3）控制高强混凝土中钢筋锚固长度不致过短，当混凝土强度等级高于 C40 时，计算 l_a 时 f_t 按 C40 取值。

（4）为防止保护层混凝土劈裂时钢筋突然失锚，《混规》第 8.3.1 条第 3 款提出了"当锚固钢筋保护层厚度不大于 5d 时，锚固长度范围内应配置横向构造钢筋"的要求。此要求虽然不是直接规定锚固长度，但与钢筋的锚固效果直接相关，审图应予充分注意。

（5）非抗震设计时，梁的实际配筋面积由于构造要求等原因往往大于其设计计算面积，此时钢筋的实际应力小于其强度设计值，故钢筋的锚固长度可以按比例适当减小。但其适用范围受严格限制："对有抗震设防要求及直接承受动力荷载的结构构件，不应考虑此项修正"。

《混规》第 8.3.1 条为审查要点。《混规》第 8.3.2 条虽不是审查要点，但第 8.3.1 条第 2 款规定锚固长度修正系数 ζ_a 对普通钢筋按第 8.3.2 条的规定取用，可见与确定受拉钢筋锚固长度直接相关，笔者建议也应按审查要点审查。

2.4.3　设计中采用钢筋绑扎搭接时，审查应注意哪些问题？

绑扎搭接是一种比较可靠的箍筋连接方式，由于其施工简便而得到广泛应用。但对于轴心受拉和小偏心受拉杆件（如桁架和拱的拉杆）的受力钢筋，因杆件截面较小而钢筋拉应力较大，绑扎搭接失效会引起倒塌、坠落等严重后果；对直径较粗的受力钢筋，采用绑扎搭接则连接区域容易发生较宽裂缝。因此，《混规》第 8.4.2 条规定：

8.4.2　轴心受拉及小偏心受拉杆件的纵向受力钢筋不得采用绑扎搭接；其他构件中的钢筋采用绑扎搭接时，受拉钢筋直径不宜大于 25mm，受压钢筋直径不宜大于 28mm。

本条为审查要点，设计、审查均应遵照执行。

审图中还应注意，《混规》第 8.4.9 条规定：需要进行疲劳验算的构件，其纵向受拉钢筋不得采用绑扎搭接接头。

钢筋绑扎搭接构造要求详见《混规》第 8.4.2 条规定。

2.4.4　如何计算现浇钢筋混凝土空心板的最小配筋量？

现浇钢筋混凝土空心楼盖是近年来出现的一种新型的楼盖结构，具有混凝土用量少、自重轻、整体性好、面内刚度大、隔声、隔热效果好等优点。目前常用的现浇钢筋混凝土空心楼盖主要以筒芯、箱体两种内模为主。

关于现浇钢筋混凝土空心板纵向受力钢筋的最小配筋量，《现浇混凝土空心楼盖技术规程》JGJ/T 268—2012 第 7.1.9 条规定如下：

7.1.9　现浇混凝土空心楼板的最小配筋应符合下列规定：

1　受力钢筋最小配筋面积 A_s 应符合下列规定：

$$A_s/A_0 \geqslant \rho_{min} I/I_0 \tag{7.1.9-1}$$

式中：ρ_{min}——最小配筋率，按现行国家标准《混凝土结构设计规范》GB 50010 的有关规定取值；

I——截面惯性矩（mm^4）；

I_0——相同外形的实心板截面惯性矩（mm^4）。

2　内置填充体预应力混凝土空心楼板的非预应力筋最小配筋面积 A_s 在两个方向均宜

满足下列公式：

刚性支承楼板、柔性和柱支承楼盖跨中板带

$$A_s/A_0 \geqslant 0.0025 \qquad (7.1.9\text{-}2)$$

板内暗梁、柔性和柱支承楼盖柱上板带

$$A_s/A_0 \geqslant 0.0030 \qquad (7.1.9\text{-}3)$$

式中：A_s——非预应力筋面积（mm^2）；

A_0——相同外形的实心板截面积（mm^2）。

3 当有可靠的试验依据时，最低配筋率可按试验结果确定。

审图时应注意：

（1）现浇混凝土空心楼板的空腔通常不是连续布置，楼板的截面大小随位置不同而变化，上式（7.1.9-1）是根据混凝土空心楼板的开裂弯矩与最小配筋的承载力相同而确定的。注意配筋量计算时其截面面积和《混规》第8.5.1条表8.5.1的注5规定的区别：受弯构件、大偏心受拉构件一侧受拉钢筋的配筋率应按全截面面积扣除受压翼缘面积 $(b_f'-b)h_f'$ 后的截面面积计算。作为比较给出算例如下（图2-1）：

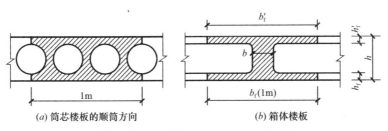

(a) 筒芯楼板的顺筒方向 　　　　(b) 箱体楼板

图 2-1 配筋量计算时板截面面积的取用

已知：取 1m 宽板带，$b_f = b_f' = 1000mm$，$b = 400mm$，$h = 200mm$，$h_f = h_f' = 50mm$

按楼板全截面扣除受压翼缘面积计算：

$A_{01} = 1000 \times 50 \times 2 + 400 \times (200 - 50 \times 2) - 50 \times (1000 - 400) = 110000mm^2$

按规范《现浇混凝土空心楼盖技术规程》JGJ/T 268—2012式（7.1.9-1）计算的截面面积为：

$I = [b_f'h^3 - (b_f'-b)(h-h_f-h_f')^3]/12 = (8000 - 600) \times 10^3/12 = 7400 \times 10^3/12 mm^4$

$I_0 = b_f'h^3/12 = 1000 \times 200^3/12 = 8000 \times 100^3/12 mm^4$

$A_0 = 1000 \times 200 = 200000mm^2$

$A_{02} = (I/I_0)A_0 = (7400/8000) \times 200000 = 185000mm^2$

如果按楼板实际全截面计算：

$A_{03} = 1000 \times (50+50) + 400 \times (200-50-50) = 140000mm^2$

$A_{02} > A_{03} > A_{01}$

可见板厚为 200mm 的现浇钢筋混凝土空心板按楼板全截面扣除受压翼缘面积计算比按楼板实际全截面计算小，比式（7.1.9-1）的计算面积更小，显然这是偏于不安全的。故对现浇钢筋混凝土空心板纵向受力钢筋的最小配筋量，应按《现浇混凝土空心楼盖技术规程》JGJ/T 268—2012第7.1.9条规定设计、审查。

（2）对于内置填充体预应力混凝土空心楼板的非预应力钢筋最小配筋面积，规范《现浇混凝土空心楼盖技术规程》JGJ/T 268—2012规范第7.1.9条第2款规定的 A_s 仅是板的非预应力受力钢筋配筋量；不同的支撑条件、不同的板带，其最小配筋量是不同的。

2.4.5　审图案例：某构件计算为构造配筋，因建筑等要求加大截面，是否需按加大后的截面满足最小配筋率（构造配筋）的要求？

结构中有些次要构件，由于建筑造型、设备工艺或安装等要求，截面尺寸很大而所受荷载很小，故内力也很小，其配筋往往是构造要求。若按加大后的截面满足最小配筋率要求配筋，既无必要也造成浪费。参照国内外有关规范的规定，《混规》对截面厚度很大而内力相对较小的非主要受弯构件，提出了少筋混凝土配筋的概念。

《混规》第 8.5.3 条规定

8.5.3　对结构中次要的钢筋混凝土受弯构件，当构造所需截面高度远大于承载的需求时，其纵向受拉钢筋的配筋率可按下列公式计算：

$$\rho_s \geqslant \frac{h_{cr}}{h}/\rho_{min} \qquad (8.5.3\text{-}1)$$

$$h_{cr} = 1.05\sqrt{\frac{M}{\rho_{min}f_y b}} \qquad (8.5.3\text{-}2)$$

式中：ρ_s——构件按全截面计算的纵向受拉钢筋的配筋率；

　　ρ_{min}——纵向受力钢筋的最小配筋率，按本规范第 8.5.1 条取用；

　　h_{cr}——构件截面的临界高度，当小于 $h/2$ 时取 $h/2$；

　　h——构件截面的高度；

　　b——构件的截面宽度；

　　M——构件的正截面受弯承载力设计值。

即由式（8.5.3-2）根据构件截面的内力（弯矩 M）计算截面的临界高度（h_{cr}），再按此临界高度由式（8.5.3-1）计算相应的配筋率（ρ_s）；同时，为保证有一定的配筋量，应限制临界高度不小于构件实际截面高度（h）的一半。这样，在保证构件安全的条件下可大大减少配筋量，具有明显的经济效益。

例如，大块式设备基础一般尺寸较大，可近似看成是刚体。实际上它只是起一个传力的作用，将上部设备的荷载传递给下部结构（楼板、梁或基础等），设备基础本身变形极小，承载能力很大。从这个意义上说，完全可以不配钢筋。但考虑到此类基础往往混凝土体积较大，为了防止混凝土的干缩和温度收缩，应在设备基础表面配置温度钢筋。

《混规》第 8.5.3 条不是强制性条文，也不是审查要点，审图时一般无需对此进行审查。更不必要求审图时必须满足按加大后的截面满足最小配筋率的要求。

第3章 抗震概念设计

3.1 一般规定

3.1.1 哪些建筑应进行地震安全性评价？

《中华人民共和国防震减灾法》（以下简称《防震减灾法》）第三十五条规定：

重大建设工程和可能发生严重次生灾害的建设工程，应当按照国务院有关规定进行地震安全性评价，并按照经审定的地震安全性评价报告所确定的抗震设防要求进行抗震设防。建设工程的地震安全性评价单位应当按照国家有关标准进行地震安全性评价，并对地震安全性评价报告的质量负责。

前款以外的建设工程，应当按照地震烈度区划图或者地震动参数区划图所确定的抗震设防要求进行抗震设防。

即只有极少数工程需进行地震安全性评价，现行《建筑抗震设计规范》（2016 年版）GB 50011—2010（以下简称《抗规》）、《建筑工程抗震设防分类标准》GB 50223—2008（以下简称《分类标准》）等相关标准贯彻了《防震减灾法》的规定，是建筑工程抗震设计的依据。根据《分类标准》第 3.0.3 条的规定，仅特殊设防类（甲类）建筑应进行地震安全性评价。

3.1.2 审图案例：4 层商场建筑，面积 5 万 m²。若通过设置结构缝均分为 4 个结构单元，是否可判定为丙类建筑？

《分类标准》第 3.0.1 条第 4 款（审查要点）规定：建筑各区段的重要性有显著不同时，可按区段划分抗震设防类别。下部区段的类别不应低于上部区段。同时指出：区段指由防震缝分开的结构单元、平面内使用功能不同的部分或上下使用功能不同的部分。因此：

（1）不同的结构单元，各结构单元独立承担地震作用，彼此之间没有相互作用；地震作用下两结构单元时破坏的概率很小。并且一般情况下各结构单元有单独的疏散出入口，符合相关规定对人员疏散的有关规定，人流疏散较为容易。当建筑物各结构单元的重要性有显著不同时，可按各结构单元划分抗震设防类别。例如：高层建筑带裙房，两者用结构缝隔开，成为两个独立的结构单元。一部分为高层剪力墙住宅楼，一部分为多层框架商场，则可根据各结构单元的重要性等具体情况，分别划分其抗震设防类别。

（2）同一结构单元，无论是平面内使用功能不同的部分或上下使用功能不同的部分，当其重要性有显著不同时，应按其重要性的不同分别划分为不同的抗震类别。例如：带大底盘的商住楼，下部为大型商场，上部为住宅，则可根据建筑上下部分的具体情况，分别划分抗震设防类别。当裙房部分为人流密集大型的多层商场，人员密集、建筑面积或营业面积达到大型商场、多层建筑的条件时，则此下部商场应划分为乙类建筑，同时宜将与下部商场相邻的上部住宅二层范围适当加强。而上部住宅很可能仅为丙类，可按丙类建筑进行抗震设计。但需要注意：当上部结构为乙类时，则其下部结构不论是什么情况，也应按乙类建筑进行抗震设计。

（3）但是，当各结构单元疏散出入口设置较少或设置不当，甚至两个结构单元公用疏散出入口，造成"人流密集"，疏散有一定难度，则即使设置了结构缝，也不宜按各结构单元划分抗震设防类别，而应以具有相同功能的整个建筑物划分抗震设防类别。

本工程设计虽然将其分为四个结构单元。各单元建筑面积仅 12500m² 小于 17000m²。根据《分类标准》第 3.0.1 条及其条文说明：大型商场划分为乙类建筑的条件是指一个区段人流 5000 人、换算的建筑面积约 17000m² 或营业面积 7000m² 以上的多层商场，所有仓储式、单层的大商场均不包括在内。似乎应判定为丙类建筑。但考虑地震时人员的疏散逃生问题，应作具体分析：

若通过设置结构缝均分为 4 个结构单元：可有两种情况：

（1）均分为 4 个结构单元，建筑面积小了，但疏散出入口仍和原来一个结构单元一样设置，人流密集，不利于地震时人员疏散，则应按四个结构单元的总建筑面积判定其抗震设防类别，即四个结构单元都应判定为乙类建筑；

（2）若每个结构单元均分别设置了自己的疏散出入口，有利于地震时人员疏散，则四个结构单元都可判定为丙类建筑。

类似的工程实例还有：某建筑地上一层为商场，面积 15000m²。地下一层也为商场，面积相同。如何划分两者的抗震设防类别？

若仅有地上一层商场无地下一层商场，显然应按丙类建筑进行抗震设计。当地上一层和地下一层均为商场，则应根据疏散出入口的设置是否有利于地震时人员疏散原则判定。如果地下商场没有独立疏散口，地下一层人员疏散必须经过地上一层出入口时，则为地上地下 2 层、总建筑面积 30000m² 的商场，故应按乙类建筑进行抗震设计；否则，各自都有独立的疏散出入口，就可按丙类建筑进行抗震设计。

所以在判别建筑物抗震设防类别时，必须考虑地震时人员的疏散逃生问题。

3.1.3 老年公寓等养老设施建筑老年人用房的抗震设防类别是否应划分为重点设防类？

1. 《分类标准》正文中并未对养老设施建筑的抗震设防类别做出规定，但《分类标准》第 3.0.1 条和第 6.0.2 条给出了建筑工程以及公共建筑设防类别划分的依据。

2. 《分类标准》第 3.0.4 条明确规定："使用功能、规模与示例类似或相近的建筑，可按该示例划分其抗震设防类别。"要求采用比照的原则进行抗震设防类别的划分。按照《分类标准》GB 50223—2008 第 6.0.8 条条文说明的精神，对于敬老院、福利院、残疾人的学校等地震时自救能力较弱的人群使用建筑，可比照幼儿园建筑的相关规定划分抗震设防类别。

因此，养老设施建筑比照幼儿园建筑，其抗震设防类别不应低于重点设防类（简称乙类）。

此外，《老年人照料设施建筑设计标准》JGJ 450—2018 有关条文规定，养老设施建筑中老年人用房的建筑抗震设防标准应按重点设防类进行抗震设计。

养老设施建筑老年人用房是指为老年人提供居住、生活照料、医疗保健等方面专项或综合服务的建筑统称，包括老年养护院、养老院、老年日间照料中心等。但不包括老年大学、老年活动中心。

《分类标准》第 3.0.4 条、《老年人照料设施建筑设计标准》JGJ 450—2018 有关条文均为审查要点，应按此设计、审图。

3.1.4 抗震设防类别为重点设防类的建筑，其安全等级是否应为一级？

《混规》第 3.3.2 条规定：

3.3.2 对持久设计状况、短暂设计状况和地震设计状况，当用内力的形式表达时，结构构件应采用下列承载能力极限状态设计表达式：

$$\gamma_0 S \leqslant R \tag{3.3.2-1}$$
$$R = R(f_c, f_s, a_k, \cdots)/\gamma_{Rd} \tag{3.3.2-2}$$

式中：γ_0——结构重要性系数：在持久设计状况和短暂设计状况下，对安全等级为一级的结构构件不应小于 1.1，对安全等级为二级的结构构件不应小于 1.0，对安全等级为三级的结构构件不应小于 0.9；对地震设计状况下应取 1.0；

S——承载能力极限状态下作用组合的效应设计值：对持久设计状况和短暂设计状况应按作用的基本组合计算；对地震设计状况应按作用的地震组合计算；

R——结构构件的抗力设计值；

$R(\cdot)$——结构构件的抗力函数；

γ_{Rd}——结构构件的抗力模型不定性系数：精力设计取 1.0，对不确定性较大的结构构件根据具体情况取大于 1.0 的数值；抗震设计应采用承载力抗震调整系数 γ_{RE} 代替 γ_{Rd}；

f_c、f_s——混凝土、钢筋的强度设计值，应根据本规范第 4.1.4 条及第 4.2.3 条的规定取值；

a_k——几何参数的标准值，当几何参数的变异性对结构性能的明显的不利影响时，应增减一个附加值。

注：公式 (3.3.2-1) 中的 $\gamma_0 S$ 为内力设计值，在本规范各章中用 N、M、V、T 等表达。

规范明确规定，构件承载能力极限状态设计表达式中结构重要性系数 γ_0 对地震状况下应取 1.0，即安全等级取二级。

此条为强制性条文，设计、审图均应严格执行。

同样，《抗规》在第 5.4.1 条关于结构构件地震效应和其他荷载效应的基本组合公式及第 5.4.2 条截面抗震验算公式中均未出现结构重要性系数（即取 $\gamma_0 = 1.0$）。并在第 5.4.1 条的条文说明中解释：根据地震作用的特点、抗震设计的现状，以及抗震设防分类与《建筑结构可靠度设计统一标准》GB 50068 中安全等级的差异，重要性系数对抗震设计的实际意义不大，本规范对建筑重要性的处理仍采用抗震措施的改变来实现，不考虑此项系数。

《抗规》第 5.4.1 条、第 5.4.2 条均为强制性条文。

根据《工程结构可靠性设计统一标准》GB 50153—2008 第 A.1.1 条的规定，抗震设计中的甲类建筑和乙类建筑的安全等级宜规定为一级。该条不是强条，也不是审查要点，因此不属于施工图审查的范围。工程设计可理解为根据具体工程的实际情况，γ_0 也可取大于1.0的数值。但作为审图，不应强求安全等级必须规定为一级。

3.1.5 抗震设计时如何正确确定构件的承载力抗震调整系数 γ_{RE}？

结构在设防烈度下的抗震验算根本上应该是地震作用下的弹塑性变形验算，为减少验算工作量并符合设计习惯，对大部分结构，均将这种变形验算转换为在众值烈度地震作用下构件承载力验算的形式来表达。

非抗震设计时，结构构件的承载力验算采用式 $\gamma_0 S_d \leqslant R_d$，抗震设计时，采用了与之相似的表达式 $S_d \leqslant R_d/\gamma_{RE}$。这里作用组合的效应设计值 S_d 取静载、活载、风载、小震下地震作用计算出的内力标准值乘以相应的荷载分项系数（此值大于1.0），构件承载力设计值（材料抗力）R_d 则取混凝土、钢筋等强度的标准值除以相应的材料系数（此值大于1.0）。但地震是偶然作用，地震作用可不考虑荷载分项系数；而快速加载（地震作用）下，材料强度比常规静载下有所提高。为了使多遇地震作用组合下的各类构件承载能力具有适宜的安全性水准，就有必要对此表达式进行调整。规范将表达式右端项 R_d 除以承载力抗震调整系数 γ_{RE} 就是为此目的而做的调整。

因此，承载力抗震调整系数 γ_{RE} 的数值，表达了考虑地震作用的偶然性，对考虑地震作用组合的构件承载力安全系数可适当降低，即构件内力设计值的适当折减、材料抗力的适当提高。

《抗规》第5.4.2条规定：

5.4.2 结构构件的截面抗震验算，应采用下列设计表达式：

$$S \leqslant R/\gamma_{RE} \tag{5.4.2}$$

式中：γ_{RE}——承载力抗震调整系数，除另有规定外，应按表5.4.2采用；

R——结构构件承载力设计值。

承载力抗震调整系数　　　　　　　　　　　　　表5.4.2

材料	结构构件	受力状态	γ_{RE}
钢	柱，梁，支撑，节点板件，螺栓，焊缝	强度	0.75
	柱，支撑	稳定	0.80
砌体	两端均有构造柱、芯柱的抗震墙	受剪	0.9
	其他抗震墙	受剪	1.0
混凝土	梁	受弯	0.75
	轴压比小于0.15的柱	偏压	0.75
	轴压比不小于0.15的柱	偏压	0.80
	抗震墙	偏压	0.85
	各类构件	受剪、偏拉	0.85

《抗规》第5.4.3条规定：

5.4.3 当仅计算竖向地震作用时，各类结构构件承载力抗震调整系数均应采用1.0。

《抗规》第5.4.2条、第5.4.3条均为强制性条文，设计、审图均应严格执行。

审图时应注意：

（1）为了体现"强柱弱梁""强剪弱弯""强节点"等抗震概念，根据构件不同的受力状态，应采用不同的 γ_{RE} 值，构件的重要性不同，也应采用不同的 γ_{RE} 值。同为正截面承载力，梁的 γ_{RE} 值就比柱子小；同一个构件，受弯的 γ_{RE} 值就比受剪的小；为使框架节点具有强节点和强连接的性能，对其采用较大的 γ_{RE} 值；预埋件锚筋截面计算的承载力抗震调整系数应取 $\gamma_{RE}=1.0$；局部受压计算时承载力抗震调整系数应取 $\gamma_{RE}=1.0$。

（2）抗震设计的框支梁是偏心受拉构件，其正截面承载力计算时，应取承载力抗震调整系数 $\gamma_{RE}=0.85$ 而不能取 0.75；转换梁不仅承担上部结构传来的巨大的竖向荷载，而且还承担由于水平地震作用产生的竖向作用力和竖向地震作用，是结构中非常重要的构件，是实现大震不倒的关键所在，其重要性远大于一般框架梁。建议对其承载力抗震调整系数亦取 $\gamma_{RE}=0.85$；转换桁架、带加强层结构中采用桁架作水平伸臂构件的杆件等，其受力状态各不相同，应根据不同的受力状态按规范规定确定其相应的承载力抗震调整系数；框支柱、转换梁及转换桁架的下柱，正截面承载力计算时，其承载力抗震调整系数也宜调整为 $\gamma_{RE}=0.85$。

（3）《混规》第 11.1.6 条规定和上述《抗规》内容基本一致，多了两点：

1）受冲切承载力计算时 $\gamma_{RE}=0.85$；

2）局部受压承载力计算时 $\gamma_{RE}=1.0$。

对混凝土结构此类受力构件，应按《混规》第 11.1.6 条审图。

3.1.6 地震区单建式地下建筑物的抗震等级、抗震构造措施应如何确定？

1. 关于单建式和附建式地下建筑

（1）单建式地下建筑：《抗规》第 14 章中的单建式地下建筑大体相当于《人民防空地下室设计规范》GB 50038—2005 中的单建掘开式人防工程，一般是单独建设、单独运行，这类建筑功能要求一般较高，要求周围房屋倒塌后仍能继续使用，故设计要求高于一般地下室。

（2）附建式地下建筑：配合地面建筑使用要求而附设的地下建筑，通常包括高层建筑地下部分及与之相关地下空间，一般与地面建筑同时建设、相同运行，性能要求与地面建筑一致，在地面建筑倒塌后一般弃之不用，故设计要求与地面建筑一致。

除有特别说明外，《抗规》《高规》中所述及的地下室均为附建式地下建筑。

2. 地震区单建式地下建筑物的抗震等级、抗震构造措施等应符合《抗规》第 14 章的有关规定设计、审图。附建式地下建筑应按其他章节有关地下室的相关规定设计、审图。

3.2 抗震概念设计

3.2.1 如何判定多层建筑的规则性？特别不规则的多层建筑，如何执行《抗规》第 3.4.1 条应进行专门研究和论证的规定？

《抗规》在第 3.4.3 条规定：

3.4.3 建筑形体及其构件布置的平面、竖向不规则性，应按下列要求划分：

1 混凝土房屋、钢结构房屋和钢-混凝土混合结构房屋存在表 3.4.3-1 所列举的某项平面不规则类型或表 3.4.3-2 所列举的某项竖向不规则类型以及类似的不规则类型，应属于不规则的建筑：

平面不规则的主要类型

表 3.4.3-1

不规则类型	定义和参考指标
扭转不规则	在具有偶然偏心的规定水平力作用下，楼层两端抗侧力构件弹性水平位移（或层间位移）的最大值与平均值的比值大于 1.2
凹凸不规则	平面凹进的尺寸，大于相应投影方向尺寸的 30%
楼板局部不连续	楼板的尺寸和平面刚度急剧变化，例如，有效楼板宽度小于该层楼板典型宽度的 50%，或开洞面积大于该层楼面面积的 30%，或较大的楼层错层

竖向不规则的主要类型

表 3.4.3-2

不规则类型	定义和参考指标
侧向刚度不规则	该层的侧向刚度小于相邻上一层的 70%，或小于其上相邻三个楼层侧向刚度平均值的 80%；除顶层或出屋面小建筑外，局部收进的水平向尺寸大于相邻下一层的 25%
竖向抗侧力构件不连续	竖向抗侧力构件（柱、抗震墙、抗震支撑）的内力由水平转换构件（梁、桁架等）向下传递
楼层承载力突变	抗侧力结构的层间受剪承载力小于相邻上一楼层的 80%

2　砌体房屋、单层工业厂房、单层空旷房屋、大跨屋盖建筑和地下建筑的平面和竖向不规则性的划分，应符合本规范有关章节的规定。

3　当存在多项不规则或某项不规则超过规定的参考指标较多时，应属于特别不规则的建筑。

本条为审图要点。

关于结构平面和竖向不规则的界定，审图时应注意以下几点：

（1）仅适用于混凝土房屋、钢结构房屋和钢-混凝土混合结构房屋。对单层工业厂房、单层空旷房屋、大跨屋盖建筑和地下建筑的平面和竖向不规则性的划分，应符合《抗规》有关章节的规定。

（2）除了上述表 3.4.3-1 和表 3.4.3-2 所列举的不规则类型外，美国 UBC 的规定中，对平面不规则尚有抗侧力构件上下错位、与主轴斜交或不对称布置，对竖向不规则尚有相邻楼层质量比大于 150% 或竖向抗侧力构件在平面内收进的尺寸大于构件的长度（如棋盘式布置）等。所以，表中所列的不规则类型是主要的而不是全部的不规则类型，所列的指标是概念设计的参考性数值而不是严格的数值，设计时应根据工程的具体情况综合判断。

（3）结构的不规则程度是有区别的，大致可分为以下三种情况：

1）"不规则"指的是超过上述表 3.4.3-1 和表 3.4.3-2 中一项及以上的不规则指标。

2）"特别不规则"是指具有较明显的抗震薄弱部位，可能引起不良后果者。其参考界限可参见《超限高层建筑工程抗震设防专项审查技术要点》（以下简称《超限审查要点》），通常有三类：其一，同时具有上述规范表 3.4.3-1、表 3.4.3-2 所列六个主要不规则类型中的三个或三个以上；其二，具有下表 3-1 所列的一项不规则；其三，具有上述规范表 3.4.3-1、表 3.4.3-2 所列两个方面的基本不规则且其中有一项接近下表 3-1 的不规则指标。

特别不规则的项目举例　　　　　　　　　　表 3-1

序号	不规则类型	简要含义
1	扭转偏大	裙房以上有较多楼层考虑偶然偏心的扭转位移比大于 1.4
2	抗扭刚度弱	扭转周期比大于 0.9, 混合结构扭转周期比大于 0.85
3	层刚度偏小	本层侧向刚度小于相邻上层的 50%
4	高位转换	框支墙体的转换构件位置: 7 度超过 5 层, 8 度超过 3 层
5	厚板转换	7~9 度设防的厚板转换结构
6	塔楼偏置	单塔或多塔综合质心与大底盘的质心偏心距大于底盘相应边长 20%
7	复杂连接	各部分层数、刚度、布置不同的错层或连体两端塔楼显著不规则的结构
8	多重复杂	结构同时具有转换层、加强层、错层、连体和多塔类型中的 2 种以上

3)"严重不规则",指的是形体复杂,多项不规则指标超过上述规范表 3.4.3-1、表 3.4.3-2 中的上限值或某一项大大超过规定值,具有现有技术和经济条件不能克服的严重的抗震薄弱环节,可能导致地震破坏的严重后果者。

但实际上引起建筑不规则的因素还有很多,特别是复杂的建筑体型,很难一一用若干简化的定量指标来划分不规则程度并规定限制范围。但是,有经验的、有抗震知识素养的建筑设计人员,应该对所设计的建筑的抗震性能有所估计,要区分不规则、特别不规则和严重不规则等不规则程度,避免采用抗震性能差的严重不规则的设计方案。

《抗规》第 3.4.1 条规定:

3.4.1 建筑设计应根据抗震概念设计的要求明确建筑形体的规则性。不规则的建筑应按规定采取加强措施;特别不规则的建筑应进行专门研究和论证,采取特别的加强措施;严重不规则的建筑不应采用。

注:形体指建筑平面形状和立面、竖向剖面的变化。

此条为强制性条文,设计、审图均应严格执行。

针对结构不规则的程度不同,采取的设计措施也应不同。主要是:

(1)对于不规则的建筑应按《抗规》第 3.4.4 条的规定采取相应的加强措施。

《抗规》第 3.4.4 条规定:

3.4.4 建筑形体及其构件布置不规则时,应按下列要求进行地震作用计算和内力调整,并应对薄弱部位采取有效的抗震构造措施:

1 平面不规则而竖向规则的建筑,应采用空间结构计算模型,并应符合下列要求:

1)扭转不规则时,应计入扭转影响,且在具有偶然偏心的规定水平作用下,楼层两端抗侧力构件弹性水平位移或层间位移的最大值与平均值的比值不宜大于 1.5,当最大层间位移远小于规范限值时,可适当放宽;

2)凹凸不规则或楼板局部不连续时,应采用符合楼板平面内实际刚度变化的计算模型;高烈度或不规则程度较大时,宜计入楼板局部变形的影响;

3)平面不对称且凹凸不规则或局部不连续,可根据实际情况分块计算扭转位移比,对扭转较大的部位应采用局部的内力增大系数。

2 平面规则而竖向不规则的建筑,应采用空间结构计算模型,刚度小的楼层的地震剪力应乘以不小于 1.15 的增大系数,其薄弱层应按本规范有关规定进行弹塑性变形分析,并应符合下列要求:

1） 竖向抗侧力构件不连续时，该构件传递给水平转换构件的地震内力应根据烈度高低和水平转换构件的类型、受力情况、几何尺寸等，乘以 1.25～2.0 的增大系数；

2） 侧向刚度不规则时，相邻层的侧向刚度比应依据其结构类型符合本规范相关章节的规定；

3） 楼层承载力突变时，薄弱层抗侧力结构的受剪承载力不应小于相邻上一楼层的 65%。

3　平面不规则且竖向不规则的建筑，应根据不规则类型的数量和程度，有针对性地采取不低于本条 1、2 款要求的各项抗震措施。特别不规则的建筑，应经专门研究，采取更有效的加强措施或对薄弱部位采用相应的抗震性能化设计方法。

此条为审查要点。

（2）对于特别不规则的建筑应进行专门研究和论证，这类建筑一般可不要求进行专项审查，但设计单位应组织有关专家进行专门研究和论证，根据工程具体情况，提出相应的包括结构方案、结构计算、抗震措施等方面的具体加强措施。复杂情况符合《超限审查要点》规定的高层建筑，应进行高层建筑抗震设计的超限专项审查。

（3）不应采用严重不规则的建筑。

3.2.2　对结构扭转位移比限值的审查是否可以适当放宽？

1. 相关规范的规定：

（1）《抗规》第 3.4.3 条表 3.4.3-1 第 1 款

扭转不规则：在具有偶然偏心的规定水平力作用下，楼层两端抗侧力构件弹性水平位移（或层间位移）的最大值与平均值的比值大于 1.2。

（2）《抗规》第 3.4.4 条第 1 款第 1）小款

扭转不规则时，应计入扭转影响，且在具有偶然偏心的规定水平力作用下，楼层两端抗侧力构件弹性水平位移或层间位移的最大值与平均值的比值不宜大于 1.5，当最大层间位移远小于规范限值时，可适当放宽。

（3）《高规》第 3.4.5 条

结构平面布置应减少扭转的影响。在考虑偶然偏心影响的规定水平地震力作用下，楼层竖向构件最大的水平位移和层间位移，A 级高度高层建筑不宜大于该楼层平均值的 1.2 倍，不应大于该楼层平均值的 1.5 倍；B 级高度高层建筑、超过 A 级高度的混合结构及本规程第 10 章所指的复杂高层建筑不宜大于该楼层平均值的 1.2 倍，不应大于该楼层平均值的 1.4 倍。结构扭转为主的第一自振周期 T_t 与平动为主的第一自振周期 T_1 之比，A 级高度高层建筑不应大于 0.9，B 级高度高层建筑、超过 A 级高度的混合结构及本规程第 10 章所指的复杂高层建筑不应大于 0.85。

注：当楼层的最大层间位移角不大于本规程第 3.7.3 条规定的限值的 0.4 倍时，该楼层竖向构件的最大水平位移和层间位移与该楼层平均值的比值可适当放松，但不应大于 1.6。

以上均为审查要点，设计、审图均应遵照执行。

2. 审图时应注意：

（1）位移比是楼层竖向构件最大的水平位移或层间位移对该楼层水平位移或层间位移平均值的比值，是一个相对值。当楼层竖向构件最大的水平位移或层间位移很小时，即使楼层的扭转位移比较大，其实际的扭转变形也不会很大，结构也不会因为位移比的数值较大而出现扭转破坏。比如说：一个结构抗侧力刚度很大的单层建筑，刚性楼板，其顶层竖向构件最大的水平位移为 4mm，该楼层水平位移的平均值为 2mm，则其位移比为 2.0，大大超过规范的限值，但对结构来说，这样的变形是不致使结构产生破坏的。所以，规范又规定：最大层间位移很小时，位移比限值可适当放宽。

（2）注意到两本规范对"适当放宽"的具体规定有区别：《抗规》规定：当最大层间位移远小于规范限值时，可适当放宽，仅是原则规定，是概念；《高规》规定：当楼层的最大层间位移角不大于本规程第 3.7.3 条规定的限值的 0.4 倍时，该楼层竖向构件的最大水平位移和层间位移与该楼层平均值的比值可适当放宽，但不应大于 1.6，规定很具体、量化。

位移比限值适当放宽的条件，笔者认为采用"最大层间位移角"比"最大层间位移"似乎更确切一些。因为层间位移角是层间位移对层高的比值，反映了层高的影响，通过在最大层间位移角条件下的位移比大小，可以了解竖向构件水平侧移及扭转变形的大小。《高规》要求层间位移角不大于限值的 0.4 倍时扭转位移比才可放宽。笔者认为这对高层建筑是合适的，但对多层建筑，似可放宽到层间位移角不大于限值的 0.4 倍。

放宽的幅度，《高规》规定最多可放宽到 1.6，但对多层建筑结构，由于层数少、结构高度低，水平侧移一般都不大，顶点位移也不大。在满足结构构件承载能力的情况下，位移比可酌情放宽至 1.8，当层间位移角更小时，还可酌情再放宽。所以，审图时应根据《抗规》的原则规定，对实际工程作具体分析，最终确定位移比的取值，避免结构出现较大的扭转效应。

3.2.3 对高层建筑是否必须审查结构扭转为主的第一自振周期 T_t 与平动为主的第一自振周期 T_1 之比的限值？

当结构扭转为主的第一自振周期 T_t 和平动为主的第一自振周期 T_1 两者接近时，由于振动耦联的影响，结构的扭转效应明显增大。分析表明：若周期比 T_t/T_1 小于 0.5，则相对扭转振动效应 $\theta r/u$ 一般较小（θ、r 分别为扭转角和结构的回转半径，θr 表示由于扭转产生的离质心距离为回转半径处的位移，u 为质心位移），即使结构的刚度偏心很大，偏心距 e 达到 $0.7r$，其相对扭转变形 $\theta r/u$ 值亦仅为 0.2。而当周期比 T_t/T_1 大于 0.85 以后，相对扭振效应 $\theta r/u$ 值急剧增加。即使刚度偏心很小，偏心距 e 仅为 $0.1r$，当周期比 T_t/T_1 等于 0.85 时，相对扭转变形 $\theta r/u$ 值可达 0.25；当周期比 T_t/T_1 接近 1 时，相对扭转变形 $\theta r/u$ 值可达 0.5。由此可见，周期比 T_t/T_1 越大，即使偏心距很小，地震时结构的扭转变形也越明显。

高层建筑结构当偏心距较小时，结构扭转位移比一般能满足规范规定的限值，但其周期比有的会超过限值，必须使位移比和周期比都满足限值，使结构具有必要的抗扭刚度，保证结构的扭转效应较小。当结构的偏心距较大时，如结构扭转位移比能满足规范规定的上限值，则周期比一般都能满足限值。

抗震设计时限制结构的周期比，就是要使结构在具有较大的抗侧力刚度的同时，也应具有必要的抗扭刚度，从而保证结构不致产生较大的扭转变形。

《高规》在第 3.4.5 条中明确规定要限制结构的周期比：

结构扭转为主的第一自振周期 T_t 与平动为主的第一自振周期 T_1 之比，A级高度高层建筑不应大于0.9，B级高度高层建筑、超过A级高度的混合结构及本规程第10章所指的复杂高层建筑不应大于0.85。

此条为审查要点。所以，对高层建筑必须审查结构扭转为主的第一自振周期 T_t 与平动为主的第一自振周期 T_1 之比是否满足规范规定，如不满足，应采取加大结构抗扭刚度等相应措施。

3.2.4 如何根据《高规》和《超限审查要点》判断是否属于竖向体型收进结构或塔楼偏置？

竖向体型收进结构的特点是结构侧向刚度沿竖向发生剧烈变化，往往在变化的部位产生结构的薄弱部位；而塔楼偏置时，各塔楼质量和刚度分布不均匀，结构扭转振动反应大、高振型对内力的影响更为突出。因此结构侧向刚度是否突变、扭转效应是否明显是判别竖向体型收进结构或塔楼偏置的重要依据。

分析比较应根据《超限审查要点》和《高规》的规定，《高规》第3.5.5条规定：

3.5.5 抗震设计时，当结构上部楼层收进部位到室外地面的高度 H_1 与房屋高度 H 之比大于0.2时，上部楼层收进后的水平尺寸 B_1 不宜小于下部楼层水平尺寸 B 的0.75%（图3.5.5a、b）；当上部结构楼层相对于下部楼层外挑时，上部楼层水平尺寸 B_1 不宜大于下部楼层的水平尺寸 B 的1.1倍，且水平外挑尺寸 a 不宜大于4m（图3.5.5c、d）。

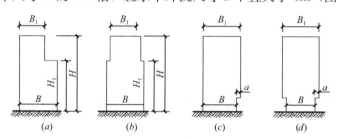

图3.5.5 结构竖向收进和外挑示意

竖向收进位置高于结构高度20%时，应按《高规》判断是否属于尺寸突变及塔楼偏置；当竖向收进位置不高于结构高度20%时，应按《超限审查要点》附件一规定判断是否属于塔楼偏置。

当具体工程的界定确实难以判定时，可从严考虑或向全国超限高层建筑工程审查专家委员会咨询。

3.2.5 楼板开洞和楼板有较大的凹入有什么区别？如何判别楼板开洞和有较大凹入的不规则？

1. 由梁、板形成的楼盖，是建筑结构非常重要的水平结构。其作用主要是：

（1）承受竖向荷载，并将竖向荷载有效地传递给梁、柱、墙，直至基础；

（2）楼盖相当于水平隔板，可提供足够的面内刚度，可靠有效地传递水平荷载到各个竖向抗侧力子结构，保证结构传力的可靠性；

（3）连接各楼层水平构件和竖向构件，构成结构，保证结构具有很好的整体性，使整个结构共同工作。

2. 《抗规》第3.4.3条第1款明确规定了"凹凸不规则""楼板局部不连续"为建筑形体平面不规则的两种类型。

当楼板平面比较狭长，或由于建筑功能要求，楼板开有较大面积洞口时，除会使楼板平面内的刚度减弱外，还造成被洞口划分开的各部分间连接变弱，使得各竖向抗侧力构件特别是洞口处的竖向抗侧力构件不能很好地协同工作，结构整体性差，不能很好地传递水平力。同时，洞口凹角附近也容易产生应力集中，地震时常会在这些部位产生较严重的震害。

楼板凹入较大，地震作用下结构除在一个方向有开较大洞口的缺点外，在结构的另一个方向，会使凹口处狭窄的板带产生裂缝。特别是当两头结构在层数、高度、质量、刚度、平面形状甚至平面的对称性上差异过大，地震时很可能因两头结构振动不同步致使这个狭窄的板带拉裂、破坏，两头结构分离，整个结构严重破坏甚至倒塌。

可见，由于楼板开洞和楼板有较大的凹入导致结构在地震作用下的受力不规则才是真正的不规则。因此，在判断规则性时，要紧紧抓住这个本质问题。

当楼板平面比较狭长、有较大的凹入和开洞而使楼板有较大削弱时，应在设计中考虑楼板削弱产生的不利影响。有效楼板宽度不宜小于该层楼面宽度的50%；楼板开洞总面积不宜超过楼面面积的30%；在扣除凹入或开洞后，楼板在任一方向的最小净宽度不宜小于5m，且开洞后每一边的楼板净宽度不应小于2m。

3. 对楼板有较大凹入或开有较大面积洞口的判别

（1）楼板有较大凹入或开有较大面积洞口的区别是很明显的，例如：图 3-1 所示平面，L_2 小于 $0.5L_1$，a_1 与 a_2 之和小于 $0.5L_2$ 且小于 5m，可视为较大凹入；开洞面积不宜大于楼面面积的30%，a_1 和 a_2 均小于 2m，可视为开有较大面积洞口。图 3-2 所示分别为（a）为较大凹入、（b）为开有较大面积洞口。

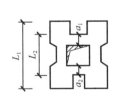

图 3-1 楼板净宽度要求示意

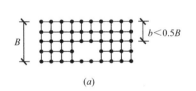 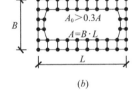

图 3-2 建筑结构平面的局部不连续示意

（2）楼、电梯间和设备管井由于井筒的存在，具有较强的空间约束作用，当仅为井筒内无板而外侧均有楼板时，一般不计入楼板开洞面积。

（3）当建筑平面有凹口时，应视凹口尺寸区别对待。当凹口很深，即使在凹口处设置楼面连梁，而该连梁又不足以使两侧楼板协同变形（侧移）而满足刚性楼板假定时，应仍属凹凸不规则，而不能按楼板开洞处理。此时深凹口两侧墙体很容易产生出平面拉弯破坏。

如图 3-3 所示，A、B 和 A′、B′间仅用一根连梁拉结，若按楼板开洞，开洞面积小于楼层面积的30%，应不属于楼板开大洞不规则；但仅用一根连梁拉结，不足以使两侧楼板协同变形，应按平面有凹口处理，此时则在扣除凹入后，有效楼板宽度小于该层楼面宽度的50%，楼板在此方向的最小净宽度小于 5m，应为楼板有较大凹入不规则。

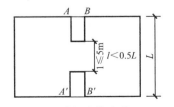

图 3-3 楼板有较大的凹入

（4）有时，当凹口宽度大于深度时，建筑变为 U 形平面，若两翼对称布置，其抗震性能并不差，此时，不能判定为凹凸不规则。但要注意：不宜在转角处挑空、楼板开大洞或设置楼梯间，应加强转角处柱、梁、墙的抗震构造措施。

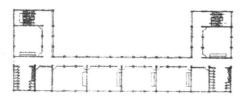

图 3-4 U 形平面的学校建筑

图 3-4 所示为台湾嘉义县某小学 U 形平面两层建筑、外走廊加外廊柱、筏基，经历 1998 年瑞里地震（PGA = 0.67g）、1999 年集集地震（PGA = 0.63g）、1999 年嘉义地震（PGA = 0.60g），均保持完好。可以看出，若没有两翼仅为长矩形平面，则不但结构短向抗侧力刚度小且两个方向抗侧力刚度差异较大，地震下结构扭转效应明显，很可能产生震害。而这种设置对称两翼的 U 形平面结构，加大了结构短向的抗侧力刚度，减小了结构两个方向抗侧力刚度的差异，同时又加大了结构的抗扭刚度，这恰恰是有利于抗震的平面体形。

（5）关于有效楼板宽度和楼板典型宽度（《高规》称"楼面宽度"）的判别，见图 3-5。楼板典型宽度一般按楼板外形的基本宽度计算，但悬挑阳台的楼板等不应计入；有效楼板宽度是指楼板凹入处楼板的净宽，当有楼梯间等大开洞时宜扣除；但在凹入处设置与主体竖向构件相连的拉板，宜计入。

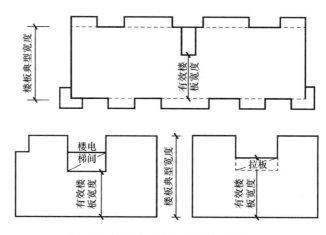

图 3-5 楼板典型宽度和有效楼板宽度

3.2.6 如何理解《高规》对建筑平面不宜采用角部重叠或细腰形平面布置的规定？

《高规》第 3.4.3 条第 4 款规定：

3.4.3 抗震设计的混凝土高层建筑，其平面布置宜符合下列规定：

4 建筑平面不宜采用角部重叠或细腰形平面布置。

角部重叠和细腰形的平面图形（图 3-6），本质上和平面凹凸不规则相似，但更强调"两头大中间小"。一般情况下，平面中央部位形成的狭窄部分，地震时容易产生震害，尤其在凹角部位，会因应力集中而易使楼板开裂等；特别是当两头结构在层数、高度、质量、刚度、平面形状甚至平面的对称性上差异过大，而中央部位两角部重叠较少或腰较细，地震时很可能因两头结构振动不同步致使这个部位楼板拉裂、破坏，两头结构分离，整个结构严重破坏甚至倒塌。

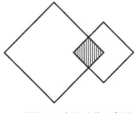 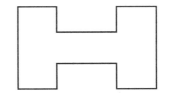

(a) 结构平面角部重叠示意图   (b) 结构平面细腰形示意图

图 3-6 对抗震不利的建筑平面

角部重叠和细腰形平面的不规则程度与角部重叠的面积或中部细腰在平面两侧的收进多少有关。上海市《超限高层建筑工程抗震设计指南》规定：结构平面为角部重叠的平面图形或细腰形的平面图形，其中，角部重叠面积小于较小一边的 25%（图 3-6a 中的阴影部分），细腰形平面中部两侧收进超过平面宽度 50%（图 3-6b），为特别不规则的高层建筑，可供参考。

抗震设计时高层建筑不宜采用角部重叠或细腰形平面布置。如必须采用，这些部位应根据不规则的程度分别采取加大楼板厚度、增加板内配筋、设置集中配筋的边梁、配置 45°斜向钢筋等予以加强以及采用专家评审、抗震性能设计直至超限审查等设计方法。

3.2.7 如何理解规范对局部楼层凹凸不规则和楼板不连续不规则项的判断？

1. 规范对楼板开洞和凹凸不规则的规定，并没有明确是结构所有楼层还是部分楼层。实际工程的楼板开洞和凹凸不规则情况很多，受力的复杂情况各不一样。例如，在结构底部加强部位楼板开洞显然要比结构上部某些楼层开洞更不利；所有楼层楼板均凹凸比少数楼层有凹凸更不利。因此，局部楼层凹凸不规则和楼板不连续是否计入不规则项应视实际工程具体情况确定。

2.《超限审查要点》附件 1 表 2 的注指出：局部的不规则，视其位置、数量等对整个结构影响的大小判断是否计入不规则的一项。一种说法是：当凹凸和开洞楼板占总层数不少于 50% 或不在底部部位或薄弱层处等，应属于《超限审查要点》中的局部不规则。否则就可按规范相应规定采取加强措施，可供参考。

3.2.8 对框架-剪力墙、板柱-剪力墙、剪力墙、框架-核心筒、筒中筒结构，多层建筑相邻层的刚度比是否需要符合《高规》第 3.5.2 条 2 款的规定？高层建筑相邻层的刚度比可否按《抗规》第 3.4.3 条及条文说明计算和控制？

1. 相关规范的规定

(1)《抗规》第 3.4.3 条表 3.4.3-2 第 1 款

侧向刚度不规则：该层的侧向刚度小于相邻上一层的 70%，或小于其上相邻三个楼层侧向刚度平均值的 80%；……

(2)《高规》第 3.5.2 条

3.5.2 抗震设计时，高层建筑相邻楼层的侧向刚度变化应符合下列规定：

1 对框架结构，楼层与相邻上部楼层的侧向刚度比 γ_1 可按式（3.5.2-1）计算，且本层与相邻上层的比值不宜小于 0.7，与相邻上部三层刚度平均值的比值不宜小于 0.8。

$$\gamma_1 = \frac{V_i \Delta_{i+1}}{V_{i+1} \Delta_i} \qquad (3.5.2\text{-}1)$$

式中：γ_1——楼层侧向刚度比；

V_i、V_{i+1}——第 i 层和第 $i+1$ 层的地震剪力标准值（kN）；

Δ_i、Δ_{i+1}——第 i 层和第 $i+1$ 层在地震作用标准值作用下的层间位移（m）。

2 对框架-剪力墙、板柱-剪力墙结构、剪力墙结构、框架-核心筒结构、筒中筒结构，楼层与相邻上部楼层侧向刚度比 γ_2 可按式（3.5.2-2）计算，且本层与相邻上层的比值不宜小于 0.9；当本层层高大于相邻上层层高的 1.5 倍时，该比值不宜小于 1.1；对结构底部嵌固层，该比值不宜小于 1.5。

$$\gamma_2 = \frac{V_i \Delta_{i+1}}{V_{i+1} \Delta_i} \frac{h_i}{h_{i+1}} \qquad (3.5.2\text{-}2)$$

式中：γ_2——考虑层高修正的楼层侧向刚度比。

2. 限制结构楼层的侧向刚度比，防止楼层侧向刚度突变，是结构抗震设计的重要概念。对框架结构两规范的规定是一致的。但《高规》对其他结构另有规定。

中国建筑科学研究院的振动台试验研究表明：规定框架结构楼层与上部相邻楼层的侧向刚度比 γ_1 不宜小于 0.7，与上部相邻三层侧向刚度比的平均值不宜小于 0.8 是合理的。但是，对框架-剪力墙结构、板柱-剪力墙结构、剪力墙结构、框架-核心筒结构、筒中筒结构，这些结构里的剪力墙刚度很大，而楼盖体系对侧向刚度贡献较小，层高变化对结构刚度变化不明显，结构刚度越大，对层高比越不敏感。故可按本条式（3.5.2-2）定义的楼层侧向刚度比作为判定侧向刚度变化的依据，其限制指标也做相应改变，一般情况按不小于 0.9 控制；层高变化较大时，对刚度变化提出更高的要求，按 1.1 控制；底部嵌固楼层层间位移角结果较小，因此对底部嵌固楼层与上一层侧向刚度变化做了更严格的规定，按1.5 控制。

可以看出：《高规》对结构楼层侧向刚度比的计算方法及楼层侧向刚度比限值的规定，框架结构和其他结构是不一样的；《抗规》则对各类结构体系均不加区别，规定相同。

3. 审图时应注意：

（1）本条规范对结构下层与相邻上部楼层的侧向刚度比限值的规定，不适用于带转换层结构、带加强层结构、连体结构等复杂结构。这些结构的刚度突变上限（如框支层）在有关章节规定。

（2）《高规》"对结构底部嵌固层，该比值不宜小于 1.5。"的规定，它不是规定判别结构底部嵌固部位刚度要求的条件，而是指上部结构，结构底部嵌固楼层与其相邻上部楼层的侧向刚度比限值的规定，如图 3-7 所示。

（3）两个规定都是审查要点。建议：

高层建筑相邻楼层刚度比应按《高规》第 3.5.2 条第 2 款计算和控制，也允许按照《抗规》第 3.4.3 条计算和控制。

多层建筑相邻楼层刚度比应按《抗规》第 3.4.3 条计算和控制，也允许按《高规》第 3.5.2 条第 2 款计算和控制。

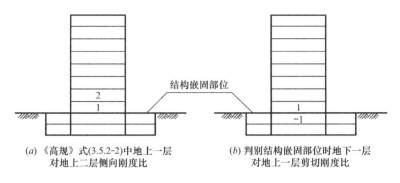

(a) 《高规》式(3.5.2-2)中地上一层
对地上二层侧向刚度比

(b) 判别结构嵌固部位时地下一层
对地上一层剪切刚度比

图 3-7 两种不同的刚度比

3.2.9 楼层质量大于相邻下部楼层质量的 1.5 倍是否不计入整体结构不规则项?

众所周知,地震作用本质上就是惯性力。在加速度相同的情况下,惯性力的大小与质量成正比。对于在同一次地震中的同一结构的相邻楼层,可以近似认为加速度接近(即水平地震影响系数 α 接近)。如果相邻楼层质量差异过大,特别是上部楼层质量大于下部楼层质量,头重脚轻,显然,相邻楼层的地震作用就差异过大,就可能导致楼层受剪承载力的差异过大,形成薄弱层,结构竖向不规则。因此,《高规》第 3.5.6 条规定:楼层质量沿高度宜均匀分布,楼层质量不宜大于相邻下部楼层质量的 1.5 倍。

《抗规》虽然在第 3.4.3 条正文中未规定楼层质量大于相邻下部楼层质量的 1.5 倍为竖向不规则,但其条文说明指出:除了表 3.4.3 所列的不规则,UBC 的规定中,……,对竖向不规则尚有相邻楼层质量比大于 150%……可见美国有关规范与《高规》的规定一致。《抗规》也是认可此项规定的。同时注意到《广东省实施〈高层建筑混凝土结构技术规程〉JGJ 3—2002 补充规定》也有相同的规定。因此,超过规范限值实质上也是结构竖向不规则。

工程设计中,在判别是否需要进行超限审查或抗震性能设计时,根据《超限审查要点》,相邻楼层质量比不计入不规则项。但结构布置应尽量避免,不可避免时应考虑此类不规则,特别要注意防止由此而导致形成薄弱层。超出很多时,设计中宜计入此项不规则,审图宜提出整改意见。

根据《超限审查要点》,相邻楼层质量比不计入不规则项。

3.2.10 上部结构嵌固端不在地下一层板顶时,若多层地下室存在竖向不规则项(如相邻楼层侧向刚度比、相邻楼层质量比等),是否计入整体结构的不规则项?

国内外多次震害表明:规则、简单的结构地震反应易估计,地震中较不容易破坏或破坏较轻。而不规则、复杂的结构地震破坏较严重甚至倒塌。地面以上建筑形体及其构件布置的规则性是结构抗震的重要概念。

判别结构的竖向规则性,说的是建筑形体及其构件布置,但本质却是结构受力。上部结构相邻楼层侧向刚度比突变、相邻楼层质量比差异较大等之所以计入竖向不规则项,是因为在地震作用下这些楼层会造成地震剪力突变和受剪承载能力突变。若上部结构嵌固部位虽然不在地下一层顶板,但地下一层顶板楼板比较完整,周边均有土体或设置了支挡结构,地下结构受到很好的侧向约束,一般不会产生地震作用。此时地下结构虽然有相邻楼层侧向刚度比、相邻楼层质量比等不规则项,但并未因此而造成地下楼层的地震剪力突变和受剪承载能力突变,故不应计入整体结构的不规则项。

但是,当地下室单边或多边有下沉庭院,地下结构没有受到很好的侧向约束,地震时这些部分就会产生地震作用。这种情况下,相邻楼层侧向刚度比、相邻楼层质量比等不规则就可能导致这些楼层受剪承载能力的突变。此时,这些楼层的地下室的竖向不规则项(如相邻楼层侧向刚度比、相邻楼层质量比等)就应计入整体结构的不规则项了。

3.2.11　如何确定防震缝的净宽?甲、乙类建筑按设防烈度提高一度后确定净宽吗?

为防止建筑物在地震中相碰,防震缝必须留有足够的宽度。防震缝的净宽度原则上应大于两侧结构允许的地震作用下水平位移之和。

《抗规》第 6.1.4 条规定:

6.1.4　钢筋混凝土房屋需要设置防震缝时,应符合下列规定:

1　防震缝宽度应分别符合下列要求:

1) 框架结构(包括设置少量剪力墙的框架结构)房屋的防震缝宽度,当高度不超过 15m 时不应小于 100mm;当高度超过 15m 时,高度超过 15m 时,6 度、7 度、8 度和 9 度时分别每增加高度 5m、4m、3m 和 2m,宜加宽 20mm;

2) 框架—抗震墙结构房屋的防震缝宽度不应小于本款 1)项规定数值的 70%,抗震墙结构房屋的防震缝宽度不应小于本款 1)项规定数值的 50%,且均不宜小于 100mm;

3) 防震缝两侧结构类型不同时,宜按需要较宽防震缝的结构类型和较低房屋高度确定缝宽。

2　8、9 度框架结构房屋两侧结构层高相差较大时,防震缝两侧框架柱的箍筋应沿房屋全高加密,并可根据需要在缝两侧沿房屋全高各设置不少于两道垂直于防震缝的抗撞墙。抗撞墙的布置宜避免加大扭转效应,其长度可不大于 1/2 层高,抗震等级可同框架结构;框架构件的内力应按设置和不设置抗撞墙两种计算模型的不利情况取值。

此条为审查要点。设计、审图均应遵照执行。

审图时应注意以下几点:

(1) 防震缝宽度的取值,在建筑立面处理不致很困难的情况下,宜在上述规定的基础上"多多益善",适当增大防震缝的宽度。这是因为:

1) 当相邻结构的基础存在较大沉降差时,有可能使结构的实际缝宽减小。

2) 规范规定的是缝宽的最小值,是在防震缝宽两侧结构的竖向构件绝对平行的理想状态下的数值。但由于种种原因,上部结构可能会相向倾斜而使实际缝宽偏小,导致两侧结构碰撞。例如:

① 由于上部结构竖向荷载偏心较大而地基刚度较差产生的基础转动;

② 由于施工原因或其他等原因。

(2) 其他情况防震缝的宽度的取值

1) 部分框支-剪力墙结构的防震缝宽应按框架-剪力墙结构确定;

2) 钢结构房屋的防震缝宽不应小于相应钢筋混凝土结构房屋的 1.5 倍;

3) 砌体结构房屋的防震缝宽应根据抗震设防烈度和房屋高度确定，可取 70～100mm;

4) 确定房屋防震缝净宽是结构的抗震措施，根据《分类标准》规定甲类、乙类建筑应提高 1 度确定结构的抗震措施。故甲、乙类建筑应按设防烈度提高一度后确定其防震缝的净宽。

3.2.12 审图案例：主、裙楼之间采用牛腿托梁的做法设置防震缝，是否允许？

在有抗震设防要求的情况下，建筑物各部分之间的关系应明确：如分开，则彻底分开；如相连，则连接牢固。不宜采用似分不分、似连不连的结构方案。由于地震时各单元之间，尤其是高低层之间的振动情况是不相同的，故结构单元之间或主楼与裙房之间采用主楼框架柱设牛腿，低层屋面或楼面梁搁在牛腿上的做法，或在防震缝处用牛腿托梁的办法，容易造成连接处压碎、拉断等破坏。唐山地震中，天津友谊宾馆主楼（8 层框架）与单层餐厅采用了餐厅层屋面梁支承在主框架牛腿上加以钢筋焊接，在唐山地震中由于振动不同步，牛腿拉断、压碎，产生严重震害，这种连接方式对抗震是不利的，不可取的。因此，《高规》第 3.4.10 条第 7 款规定：

设置防震缝时，应符合下列规定：

7 结构单元之间或主楼与裙房之间不宜采用牛腿托梁的做法设置防震缝；否则应采取可靠措施。

本款为审图要点，设计、审图均应遵照执行。

考虑到目前结构形式和体系较为复杂，如连体结构中连接体与主体建筑之间可能采用铰接等情况，则应采取类似桥墩支承桥面结构的做法，在较长、较宽的挑梁（而不是牛腿!）上设置滚轴或铰支承，挑梁的长度应能满足两个方向在罕遇地震下的位移要求，并应采取防坠落、撞击的措施，不得采用焊接等固定连接方式。

3.3 抗 震 等 级

3.3.1 如何理解《抗规》第 3.3.2 条对 I 类场地上建筑结构抗震等级的规定？

钢筋混凝土房屋的抗震等级是重要的设计参数。抗震设计时结构构件抗震措施的抗震等级的确定，与设防类别、设防烈度、结构类型、房屋高度有关，其中的抗震构造措施还与场地类别有关。按不同的设防类别、设防烈度、结构类型、房屋高度等规定了钢筋混凝土结构构件的不同的抗震等级，采用相应的计算和构造措施，体现了不同抗震设防类别、不同结构类型、不同设防烈度、同一设防烈度但不同高度的建筑结构对延性要求的不同，以及同一构件在不同的结构类型中的延性要求的不同。实质就是在宏观上控制不同结构构件不同的抗震性能要求。

历次大地震的震害经验表明：同样或相近的建筑结构，建造于 I 类建筑场地时震害较轻，场地对地震作用有一定的"减弱"效应。因此，《抗规》第 3.3.2 条规定：

3.3.2 建筑场地为 I 类时，对甲、乙类的建筑应允许按本地区抗震设防烈度的要求采用抗震构造措施；对丙类建筑应允许按本地区抗震设防烈度降低一度的要求采用抗震构造措施，但抗震设防烈度为 6 度时仍应按本地区抗震设防烈度的要求采用抗震构造措施。

此条为规范强制性条文，设计、审图均应严格执行。

审图时应当注意的是：

（1）"不提高"或"降低"的仅仅是对结构构件所采取的抗震构造措施，不应降低构件的其他抗震要求，如按概念设计要求的内力调整等抗震措施等，更不能降低地震作用的计算。

（2）规范用语是"允许"，即对结构构件所采取的抗震构造措施，"提高"或"不降低"可以，"不提高"或"降低"也是允许的。因此，审图应根据工程的具体情况确定。例如：抗震设防烈度较低（6 度或 7 度 0.10g）、房屋高度不高、结构较为简单规则，允许"不提高"或"降低"，反之，则可以"提高"或"不降低"。

（3）丁类建筑抗震措施已降低，不应再重复降低。

3.3.2　Ⅲ、Ⅳ类建筑场地、7 度（0.15g）或 8 度（0.30g）时，如何确定构件抗震构造措施时的抗震等级？

历次大地震的震害经验表明：同样或相近的建筑结构，建造于Ⅰ类建筑场地时震害较轻，场地对地震作用有一定的"减弱"效应；而建造于Ⅲ、Ⅳ类建筑场地震害较重，场地对地震作用有一定的"放大"效应。规范对上部结构抗震等级的规定，在《高规》表 3.9.3、表 3.9.4，《抗规》表 6.1.2 或《混规》表 11.1.3 中，对设计基本地震加速度为 7 度（0.15g）或 8 度（0.30g）的情况，都未做区别，也未明确规定建筑场地为Ⅱ、Ⅲ、Ⅳ类时构件抗震等级的不同。若建筑结构抗震设防烈度为 7 度（0.15g）或 8 度（0.30g），同时又建造在Ⅲ、Ⅳ类建筑场地上，两个不利因素叠加，仍按《高规》表 3.9.3、表 3.9.4，《抗规》表 6.1.2 或《混规》表 11.1.3 确定抗震等级，可能偏遇不安全。因此，规范对这种情况下构件的抗震构造措施予以适当加强。

《抗规》第 3.3.3 条规定：

3.3.3　建筑场地为Ⅲ、Ⅳ类时，对设计基本地震加速度为 0.15g 或 0.30g 的地区，除本规范另有规定外，宜分别按抗震设防烈度 8 度（0.20g）或 9 度（0.40g）时各抗震设防类别建筑的要求采用抗震构造措施。

对抗震设防类别为丙类的建筑结构，应按上述规定确定构件的抗震等级。

对抗震设防类别为甲类、乙类的建筑结构，当建筑场地Ⅲ、Ⅳ类，设计基本地震加速度为 7 度（0.15g）或 8 度（0.30g）时，如何确定其抗震构造措施的抗震等级？笔者认为：首先应按规定提高一度来确定构件的抗震等级，在此基础上，再根据建筑结构的高度、规则性等，对结构重要部位的构件采取更有效的抗震构造措施（如这些构件抗震构造措施的抗震等级提高一级或进一步加大配筋等），而对其他构件不必再提高。必要时也可进行抗震性能设计。

审图时应该注意：

1. 所提高的仅仅是构件所采取的抗震构造措施，不应提高其他抗震措施的要求，如按概念设计要求的内力调整措施等。更不必提高结构地震作用的计算。

2. 规范用语是"宜"而不是"应"，即对构件所采取的抗震构造措施，提高不是必需的。因此，设计人员应根据工程具体情况，如建筑结构的高度、结构体系、建筑结构的规则性等，分析确定是否提高。

3.3.3 甲、乙类建筑提高一度确定其抗震等级时，若结构高度超过房屋最大适用高度，如何确定构件抗震等级？

规范关于现浇钢筋混凝土房屋最大适用高度的规定，既适用于丙类建筑也适用于乙类建筑。但关于现浇钢筋混凝土房屋抗震等级的规定仅适用于丙类建筑。由于抗震设防类别为甲类、乙类的建筑，其抗震等级应按本地区抗震设防烈度提高一度后确定，这就可能造成抗震设防烈度提高后无法根据规范查表来确定其抗震等级。

1. 最明显的例子就是9度设防的甲类、乙类建筑，提高1度为10度，但规范根本就没有设防烈度为10度时抗震等级的规定。对此，《高规》在第3.9.3条规定：

当本地区的设防烈度为9度时，A级高度乙类建筑的抗震等级应按特一级采用，甲类建筑应采取更有效的抗震措施。

（其余内容略）。

此条为强制性条文，设计、审图均应严格执行。

因此，对A级高度乙类9度高层建筑的抗震等级应按特一级采用。即抗震构造措施和其他抗震措施抗震等级均应提高；所谓"甲类建筑应采取更有效的抗震措施"，是指对结构的重要部位和重要构件采用比特一级更有效的抗震措施，例如，在特一级的基础上提高其最小配筋率、配箍率、减小轴压比等。

2. 除9度外，有些8度甚至7度的甲类、乙类建筑，设防烈度提高1度后也无法根据规范查表来确定其抗震等级。例如：结构高度为75m的框架-剪力墙结构，抗震设防烈度为8度，设防类别为乙类，故抗震等级应按9度确定。但《抗规》表6.1.2对框架-剪力墙结构只能确定9度、结构高度为50m以下框架-剪力墙结构的抗震等级。结构高度为75m时则无法从表中确定其抗震等级。对此，《抗规》第6.1.3条第4款规定：

钢筋混凝土房屋抗震等级的确定，上应符合下列要求：

4 当甲乙类建筑按规定提高一度确定其抗震等级而房屋的高度超过本规范表6.1.2相应规定的上界时，应采取比一级更有效的抗震构造措施。

此条为审图要点。

由于《抗规》没有特一级的规定，故"应采取比一级更有效的抗震构造措施"根据实际工程的具体情况，可有两种做法：

（1）抗震构造措施的抗震等级提高到特一级。

（2）抗震构造措施比一级适当提高。提高的幅度，应考虑结构高度、场地类别和地基条件、建筑结构的规则性以及框架部分承担的地震倾覆力矩的大小等情况确定。也可在一级抗震等级的基础上对重要部位和重要构件（不是全部构件）进行加强，按特一级进行设计。

3. 审图时还应注意《高规》第3.9.3条和《抗规》第6.1.3条第4款的区别

《高规》提高的是抗震措施的抗震等级，即抗震构造措施、其他抗震措施的抗震等级均应提高，而《抗规》仅将抗震构造措施的抗震等级提高一级或适当提高，不提高其他抗震措施的抗震等级，如内力调整系数一般不必提高。

3.3.4 **审图案例：主楼高100m，为剪力墙，裙房高10m，为框架，两者连为一体为一个结构单元，如何确定裙房部分的抗震等级？**

《抗规》第6.1.3条第2款规定：

6.1.3 钢筋混凝土房屋抗震等级的确定，尚应符合下列要求：

2 裙房与主楼相连，除应按裙房本身确定抗震等级外，相关范围不应低于主楼的抗震等级；主楼结构在裙房顶板对应的相邻上下各一层应适当加强抗震构造措施。裙房与主楼分离时，应按裙房本身确定抗震等级。

本款为审查要点，设计、审图均应遵照执行。《高规》第3.9.6条亦有类似规定。

本工程若框架部分承担的地震倾覆力矩大于结构底部总倾覆力矩的10%而小于50%，则为框架-剪力墙结构。根据上述规定，裙房部分的抗震等级应按100m高的框架-剪力墙结构框架部分查规范来确定；此外还应按10m高的框架结构查规范来确定。特别是当裙房部分抗震设防类别高于主楼部分（例如裙房部分为人流密集的大型多层商场为乙类建筑而主楼是丙类建筑）时，裙房部分应按设防烈度提高一度按其自身结构类型查规范确定抗震等级，最后取两者的不利情况作为裙房部分构件的抗震等级。此即为相关范围以内裙房抗震等级的确定。

相关范围以外的裙房可按裙房自身的结构类型确定其抗震等级。裙房偏置时，其端部有较大扭转效应，也需要加强。

审图时还应注意（图3-8）：

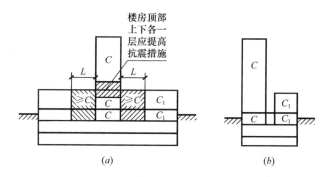

图3-8　裙房部分抗震等级的确定

C—表示主楼部分（结构单元）抗震等级；C_1—表示裙房部分（结构单元）抗震等级；L—相关范围

（1）此"相关范围"，《抗规》规定：一般可从主楼周边外延3跨且不大于20m；《高规》规定为：一般指主楼周边外延三跨的裙房结构。

笔者认为："相关范围"还应当与上部结构高度有关，当主楼高度不高，可以取少一些（不超过三跨），当主楼高度较高时，也可取四跨甚至更多。

（2）裙房与主楼相连，主楼结构在裙房顶板对应的上、下各一层受刚度与承载力突变影响较大，需要适当加强抗震构造措施。

首先是要加强主楼与裙房的整体性，如适当加大楼板的厚度和配筋率，必要时采用双层双向配筋等；当上下层刚度变化较大，属于体型收进的不规则时，应按《高规》第10.6节的规定采取相应的加强措施。

（3）对于偏置较大的裙房，其端部扭转效应很大，应加强。建议至少比按裙房自身结构类型确定的抗震等级提高一级。

（4）当主楼与裙房由防震缝分开时，主楼和裙房为各自独立的结构单元，此时裙房应按本身的结构类型确定其抗震等级。

3.3.5 高度不超过 12m 的低层建筑，其抗震等级可否低于《抗规》第 6.1.2 条？

从概念上说，当其他条件相同时，房屋高度低，抗震措施可适当放宽要求，也即抗震等级可适当降低，但结构构件的抗震构造都有一个最低要求。房屋高度不超过 12m 的建筑多为框架结构，也有少数为框架-剪力墙结构或剪力墙结构，其抗震等级多为四级，这已是抗震设计的最低构造要求，框架-剪力墙结构中剪力墙作为结构的最主要抗侧力构件，取三级也已是抗震设计的最低构造要求。

《抗规》第 6.1.2 条对钢筋混凝土结构构件抗震等级的规定是以 24m 为界而不是以 12m 为界，故不应降低。

此条是规范强制性条文，设计和审查均必须严格执行。

3.3.6 什么是大跨度框架？框架结构中有一部分为大跨度框架，如何确定其抗震等级？

框架和大跨度框架，由于跨度不同，其承载能力、变形能力、延性性能也不同。抗震设计时，其抗震构造措施和其他抗震措施就可能不同。《抗规》在表 6.1.2 中规定：抗震设防烈度为 6 度、7 度、8 度时，结构高度不大于 24m 的多层框架结构中的框架抗震等级分别为四级、三级、二级，而大跨度框架则分别为三级、二级、一级，均比框架提高了一级。

此规定为规范强制性条文，设计、审图均应严格执行。

审图时应注意：

（1）《抗规》对大跨度框架抗震等级的规定，仅适用于框架结构不适用于其他结构。

（2）《抗规》在表 6.1.2 中将框架结构中的框架分为框架和大跨度框架两档，并明确："大框度框架指跨度不小于 18m 的框架"。实际工程中，框架结构可能有三种情况：

1）结构的框架柱网全部为常规柱网（即 8m×8m 左右的柱网）；

2）结构的框架柱距很大，比如柱距为 18m、24m 甚至更大；

3）结构中既有常规柱网，也有柱距较大的情况。

在上述 2、3 两种情况下，只要出现跨度不小于 18m 的框架，即为大跨度框架。

（3）与大跨度框架梁、柱分别相连的框架柱或框架梁，抗震等级也宜相应提高。

（4）若框架-剪力墙结构、框架-核心筒结构中出现"大跨度框架"，而结构高度又较高，那么，如何确定此"大跨度框架"的抗震等级？对此规范并未作规定，建议根据具体工程的实际情况分析确定。若"大跨度框架"对承载力、延性等需求较多，也可按表中查得该结构体系框架部分抗震等级的基础上适当提高。

3.3.7 审图案例：8 度（0.20g）乙类设防五层教学楼，框架结构，结构高度小于 24m。按规定其抗震等级应提高 1 度查表确定，即框架一级。但提高前为二级，请问：提高后是按 8 度一级还是按 9 度一级设计？

1. 根据《分类标准》，乙类建筑是指地震时使用功能不能中断或需尽快恢复的生命线相关建筑，以及地震时可能导致大量人员伤亡等重大灾害后果，需要提高设防标准的建筑。具体做法是提高一度加强其抗震措施而不提高其地震作用，因此，一般情况下，应按9度一级而不是按8度一级设计。

2.《抗规》对8度一级和9度一级抗震措施的规定是有区别的，详见表3-2：

8度一级和9度一级抗震措施的区别   表3-2

	8度一级	9度一级	说明
强柱弱梁	内力设计值直接放大	反算构件实配钢筋后承载力再放大	内力调整；《抗规》第6.2.2条
框架柱、框支柱强剪弱弯	内力设计值直接放大	反算构件实配钢筋后承载力再放大	内力调整；《抗规》第6.2.4条
框架梁强剪弱弯	内力设计值直接放大	反算构件实配钢筋后承载力再放大	内力调整；《抗规》第6.2.5条
剪力墙强剪弱弯	内力设计值直接放大	反算构件实配钢筋后承载力再放大	内力调整；《抗规》第6.2.8条
强节点	内力设计值直接放大	反算构件实配钢筋后承载力再放大	内力调整；《抗规》附录D第D.1.1条
框架柱箍筋加密区体积配箍率	按计算和0.8%两者取大值	1.5%	延性要求；《抗规》第6.3.9条
剪力墙肢轴压比	≤0.5	≤0.4	延性要求；《抗规》第6.4.2条
设置约束边缘构件对墙肢轴压比的要求	>0.2	>0.1	延性要求；《抗规》第6.4.5条
约束边缘构件沿墙肢长度 l_c	$u≤0.3$ 时，$l_c=0.15h_w$ $u>0.3$ 时，$l_c=0.20h_w$	$u≤0.2$ 时，$l_c=0.20h_w$ $u>0.2$ 时，$l_c=0.25h_w$	延性要求；《抗规》第6.4.5条
贯穿中间节点框架梁上部纵筋直径的限制	不宜大于1/20	不宜大于1/25	锚固要求；《混规》第11.6.7条

注：表中"内力设计值直接放大、反算构件实配钢筋后承载力再放大"等仅是对规范规定内容的概括性表述，具体、明确的规定，详见各有关条文。

由上表可以看出，对框架结构而言，8度一级和9度一级的抗震措施区别不大：内力调整、贯穿中间节点框架梁上部纵筋的限值是一样的，仅框架柱箍筋加密区体积配箍率有区别。本题问的是框架结构，故按8度一级和按9度一级设计，其抗震措施是相同的。

但应注意：对框架-剪力墙结构、剪力墙结构、框架-核心筒结构、筒中筒结构中的框架梁柱、剪力墙肢、连梁抗震措施可能有区别。笔者建议：8度（0.20g）乙类此类多层建筑结构，若提高前为8度二级，提高后可按8度一级设计；8度（0.20g）乙类此类高层建筑结构，则提高后均应按9度一级设计。

3.3.8 如何确定地下室结构构件的抗震等级？

地下室结构的抗震等级宜根据不同情况确定：

（1）《抗规》第6.1.3条第3款规定：当地下室顶板作为上部结构的嵌固部位时，地下一层的抗震等级应与上部结构相同，地下一层以下抗震构造措施的抗震等级可逐层降低一级。但不应低于四级。地下室中无上部结构的部分，抗震构造措施的抗震等级可根据具体情况采用三级或四级。

《高规》第3.9.5条还提出了"相关范围"的概念，此"相关范围"一般指主楼周边外延1~2跨的地下室范围。可在高层建筑结构设计时采用。

（2）对于地下室顶板不能作为上部结构的嵌固部位需嵌固在地下室其他楼层时，《抗规》第 6.1.10 条第 3 款规定，当结构计算嵌固端位于地下一层的底板或以下时，底部加强部位尚宜向下延伸到计算嵌固端。依此，实际嵌固部位所在楼层及其上部地下室楼层（与地面以上结构对应的部分）构件的抗震等级，可取与地上结构底部加强部位相同，以下各层可逐层降低一级，但不应低于四级。

（3）无上部结构的地下建筑结构构件，如地下车库等，其抗震等级可按三级或四级采用。

（4）审图时还需注意：

1）对甲、乙类以及抗震设防烈度为 9 度的建筑结构，规范未作规定，设计时应专门研究。对高层建筑，建议地下一层同上部结构，地下二层及以下各层可逐层降低一级，但不应低于三级。

2）由于附建式地下室一般不要求计算地震作用，故地下室结构构件的抗震等级仅是抗震构造措施的抗震等级。即只需满足抗震设计时相应抗震等级的构件配筋要求、延性要求、锚固长度等，而无需进行相关构件的内力调整等。

（5）《抗规》第 6.1.3 条第 3 款、第 6.1.10 条第 3 款均为审查要点。

3.3.9　由下部框架和顶层铰接排架组成的高层竖向框排架结构（结构高度大于或等于 24m），如何确定顶层排架的抗震等级？

由下部框架和顶层铰接排架组成的高层竖向框排架结构，其顶层排架的抗震等级应按《抗规》附录 H 第 H.1.2 条确定。

H.1.2　框排架结构厂房的框架部分应根据烈度、结构类型和高度采用不同的抗震等级，并应符合相应的计算和构造措施要求。

不设置贮仓时，抗震等级可按本规范第 6 章确定；设置贮仓时，侧向框排架的抗震等级可按现行国家标准《构筑物抗震设计规范》GB 50191 的规定采用，竖向框排架的抗震等级应按本规范第 6 章框架的高度分界降低 4m 确定。

注：框架设置贮仓，但竖壁的跨高比大于 2.5，仍按不设置贮仓的框架确定抗震等级。

第 H.1.2 条为减少与国家标准《构筑物抗震设计规范》GB 50191 重复，本附录主要针对上下排列的框排架的特点予以规定。

针对框排架厂房的特点，其抗震措施要求更高。震害表明，同等高度设有贮仓的比不设贮仓的框架在地震中破坏的严重。钢筋混凝土贮仓竖壁与纵横向框架柱相连，以竖壁的跨高比来确定贮仓的影响，当竖壁的跨高比大于 2.5 时，竖壁为浅梁，可按不设贮仓的框架考虑。

3.3.10　钢结构房屋地下室的混凝土结构如何确定抗震等级？

上部是钢结构的房屋，其地下室一般是钢筋混凝土结构或型钢混凝土结构。《抗规》对上部为钢筋混凝土结构、钢结构的结构构件抗震等级都有明确规定，对上部为钢筋混凝土结构、地下室为钢筋混凝土或型钢混凝土结构的结构构件抗震等级也有明确规定。但对上部是钢结构、地下室为钢筋混凝土或型钢混凝土结构的结构构件抗震等级，规范并未规定。

建议：当上部钢结构嵌固在地下室顶板时，可参照结构体系相近的钢筋混凝土结构适当调整确定地下一层相关范围内构件抗震构造措施的抗震等级。例如，钢框架结构可参照钢筋混凝土框架结构，钢框架-中心支撑和钢框架-偏心支撑（延性墙板）结构可参照钢筋混凝土框架-剪力墙结构、钢筋混凝土框架-核心筒结构，钢结构筒体结构可参照钢筋混凝土筒中筒结构。

地下一层以下各楼层抗震构造措施的抗震等级可逐层降低一级，但不应低于四级。

在其他条件相同的情况下，上部为钢结构比相应的钢筋混凝土结构承载能力、延性性能都要好，因此，这样做是偏于安全的。

第4章 结构分析

4.1 荷载和地震作用

4.1.1 楼面活荷载在什么情况下需要折减？如何折减？

楼面活荷载的折减有几种不同情况，其折减原因也各不相同。

1.《荷规》第5.1.1条楼面活荷载的组合值系数和准永久值系数

当有两种或两种以上的活荷载在结构上要求同时考虑时，由于所有活荷载同时达到其最大值的概率极小，因此在进行荷载组合时，除起控制作用的活荷载外，对其他活荷载标准值应乘以组合值系数，即对参与组合的其他活荷载标准值进行折减。

活荷载标准值是在规定设计基准期内的最大荷载值，实际上活荷载作为随机过程具有随时间变异的特性，可分为持久性和临时性两种情况。对持续时间很短的临时性活荷载，规范采用对活荷载标准值（持久性活荷载）进行折减的办法，即对活荷载标准值乘以准永久值系数确定。

折减的目的是用于楼面板的承载力和变形的计算；对于组合值系数，折减的对象是当多个荷载组合时，起控制作用的活荷载不折减，其余活荷载需进行折减。

组合值系数和准永久值系数见《荷规》表5.1.1（内容略）。

2.《荷载规范》第5.1.2条规定的活荷载折减

作用在楼面上的活荷载，不可能以《荷规》表5.1.1中所列出的标准值同时布满在所有的楼面上，因此在设计梁、柱、墙及基础时，应对楼面活荷载的标准值进行折减。

折减的目的是用于楼面梁、柱、墙及基础承载力和变形的计算，折减的对象是《荷规》第5.1.1条规定的单一楼面活荷载的标准值。

设计楼面梁、柱、墙及基础时，折减系数按《荷规》第5.1.2条（内容略）规定取值。

审图时应注意：

（1）主、裙楼为一个结构单元时，避免裙房部分按主楼的层数取用相同的折减系数；

（2）错层结构时，注意计算楼层与实际楼层的区别，应按结构的实际楼层取用折减系数；

（3）对于消防车活荷载，设计柱、墙时可根据实际情况允许考虑采用较大的折减系数，设计基础时可不考虑消防车活荷载。

3.《抗规》第5.1.3条计算重力荷载代表值的各活荷载组合值系数

这也是对各活荷载的折减。原因和《荷规》第5.1.1条楼面活荷载的组合值系数相似，但目的是用于计算结构各楼层的重力荷载代表值，以便计算结构的地震作用。对象是参与组合的所有活荷载均应折减（或不计入），组合值系数和前者也有很大区别。组合值系数见《抗规》表5.1.3（内容略）。

《荷规》第5.1.1条、第5.1.2条，《抗规》第5.1.3条均为强制性条文。设计和审图均应严格执行。

4.1.2　对施工和检修荷载的审查应注意什么？

《荷规》第 5.5.1 条规定：

5.5.1　施工和检修荷载应按下列规定采用：

1　设计屋面板、檩条、钢筋混凝土挑檐、悬挑雨篷和预制小梁时，施工或检修荷载标准值不应小于 1.0kN，并应在最不利位置处进行验算；

2　对于轻型构件或较宽的构件，应按实际情况验算，或应加垫板、支撑等临时设施；

3　计算挑檐、悬挑雨篷的承载力时，应沿板宽每隔 1.0m 取一个集中荷载；在验算挑檐、悬挑雨篷的倾覆时，应沿板宽每隔 2.5～3.0m 取一个集中荷载。

此条为强制性条文，设计、审图均应严格执行。

审图时应注意：

（1）所规定的施工和检修荷载取值均为活荷载标准值，其荷载分项系数应取 1.4，组合值系数应取 0.7，频遇值系数应取 0.5，准永久值系数应取 0.0；

（2）注意：对于轻型构件或较宽的构件，应按实际情况验算，即取值可能大于 1.0kN；

（3）内力计算时要考虑最不利布置；

（4）施工或检修荷载是否与楼面活荷载、雪荷载等同时参与组合？《荷规》未作明确规定。建议根据实际工程中根据"这些荷载是否会同时出现"的具体情况确定。例如，设计檩条时，建议考虑施工或检修荷载与楼面活荷载、雪荷载等同时参与组合。

4.1.3　基本风压审查中，如何理解《荷规》第 8.1.2 条中的"高层建筑、高耸结构以及对风荷载比较敏感的其他结构"？

分析研究表明，作用在结构上的风荷载效应，在其他条件相同的情况下，与结构自身的体型、结构体系和自振特性有关。建筑结构越高、层数越多、刚度越小、周期越长，在相同的风压条件下，风荷载效应越大。

因此，《荷规》第 8.1.2 条规定：

8.1.2　基本风压应采用按本规范规定的方法确定的 50 年重现期的风压，但不得小于 0.3kN/m²。对于高层建筑、高耸结构以及对风荷载比较敏感的其他结构，基本风压的取值应适当提高，并应符合有关设计规范的规定。

此条为强制性条文，设计、审图均应遵照执行。

对风荷载是否敏感，目前尚无实用的划分标准。对于高层建筑结构，《高规》第 4.2.2 条规定：

4.2.2　基本风压应按照现行国家标准《建筑结构荷载规范》GB 50009 的规定采用。对风荷载比较敏感的高层建筑，承载力设计时应按基本风压的 1.1 倍采用。

门式刚架轻型房屋等结构对风荷载也是比较敏感的。因此，《门式刚架轻型房屋钢结构技术规范》GB 51022—2015 第 4.2.1 条规定：

4.2.1　门式刚架轻型房屋钢结构计算时，风荷载作用面积应取垂直于风向的最大投影面积，垂直于建筑物表面的单位面积风荷载标准值应按下式计算：

$$w_k = \beta \mu_w \mu_z w_0 \qquad (4.2.1)$$

式中：w_k——风荷载标准值（kN/m²）；

w_0——基本风压（kN/m²），按现行国家标准《建筑结构荷载规范》GB 50009 的规定值采用；

μ_z——风压高度变化系数，按现行国家标准《建筑结构荷载规范》GB 50009 的规定采用；当高度小于 10m 时，应按 10m 高度处的数值采用；

μ_w——风荷载系数，考虑内、外风压最大值的组合，按本规范第 4.2.2 条的规定采用；

β——系数，计算主刚架进取 $\beta=1.1$；计算檩条、墙梁、屋面板和墙面板及其连接时，取 $\beta=1.5$。

审图时应注意：

（1）对于正常使用极限状态设计（如结构的侧向位移、扭转位移比的计算），其要求可比承载力设计适当降低，一般仍可采用不乘放大系数的基本风压或由设计人员根据具体工程实际情况确定，不做强制性要求。

（2）《高规》在此条的条文说明中指出：房屋高度大于 60m 的高层建筑，承载力设计时应按基本风压的 1.1 倍采用。这很便于操作，但是审图时应注意根据具体工程的实际情况判断，不宜一刀切。比如说：50m 高的钢筋混凝土框架结构比 80m 高的钢筋混凝土筒中筒结构抗侧力刚度要小，对风荷载也许更敏感。鉴于此，《高规》条文说明又指出：对于房屋高度不超过 60m 的高层建筑，基本风压的取值是否提高，可由设计人员根据实际情况确定。

（3）上述《高规》的规定，对设计使用年限为 50 年和 100 年的高层建筑结构都是适用的。

（4）审图中常发现对门式刚架轻型房屋或高层建筑的基本风压漏乘放大系数的情况。笔者认为倒不是设计人员不明白这个道理，可能是因为设计周期短、时间紧、事情多、太忙，就疏忽了。故设计人员、审图人员要时时提醒自己，因为以上各规范的规定都是强制性条文，应严格执行。

4.1.4 维护构件及其连接风荷载标准值的计算，审图时应注意哪些问题？

《荷规》第 8.1.1 条规定：

8.1.1 垂直于建筑物表面上的风荷载标准值，应按下列规定确定：

1 计算主要受力结构时，应按下式计算：

$$w_k = \beta_z \mu_s \mu_z w_0 \tag{8.1.1-1}$$

式中：w_k——风荷载标准值（kN/m²）；

β_z——高度 z 处的风振系数；

μ_s——风荷载体形系数；

μ_z——风压高度变化系数；

w_0——基本风压（kN/m²）。

2 计算围护结构时，应按下式计算：

$$w_k = \beta_{gz} \mu_{s1} \mu_z w_0 \tag{8.1.1-2}$$

式中：β_{gz}——高度 z 处的阵风系数；

μ_{s1}——风荷载局部体形系数。

此条为强制性条文，设计、审图应严格执行。

维护构件及其连接风荷载标准值的计算，对计算书的审查应注意以下一些问题：

（1）基本风压 w_0 的取值，围护结构的重要性与主体结构相比要低一些，故无论是对风荷载比较敏感的高层建筑还是其他建筑，均仍取 50 年重现期的基本风压。直接按《荷规》附录 E 的规定取用。

（2）阵风系数 β_{gz} 按《荷规》8.6.1 条表 8.6.1 取用。

（3）风洞试验表明：作用于建筑物表面的风压分布并不均匀，在房屋的角隅、檐口、边棱处（屋脊处等）、附属构件（阳台、雨篷等外挑构件），所受局部风压会超过《荷规》表 8.3.1 的平均风压，即局部风压体型系数会增大；此外，局部风压体型系数还和构件受风面积有关，面积越小，局部风压体型系数越大；而同一建筑物的不同部位，其表面的局部风压体型系数也是有区别的。

风荷载局部体形系数 μ_{sl} 按下列规定取用：

1）封闭式矩形平面房屋的墙面及屋面可按《荷规》表 8.3.3 取用；

2）檐口、雨篷、遮阳板、边棱处的装饰条等突出构件取 -2.0；

3）其他房屋和构筑物可按《荷规》第 8.3.1 条规定的体形系数 1.25 倍取用。

（4）计算非直接承受风荷载的维护结构风荷载时，局部风压体型系数 μ_{sl} 可按构件的从属面积折减，折减系数按《荷规》第 8.3.4 条、第 8.3.5 条规定采用：

8.3.4　计算非直接承受风荷载的围护构件风荷载时，局部体型系数 μ_{sl} 可按构件的从属面积折减，折减系数按下列规定采用：

1　当从属面积不大于 $1m^2$ 时，折减系数取 1.0；

2　当从属面积大于或等于 $25m^2$ 时，对墙面折减系数取 0.8，对局部体型系数绝对值大于 1.0 的屋面区域折减系数取 0.6，对其他屋面区域折减系数取 1.0；

3　当从属面积大于 $1m^2$ 小于 $25m^2$ 时，墙面和绝对值大于 1.0 的屋面局面体型系数可采用对数插值，即按下式计算局部体型系数：

$$\mu_{sl}(A) = \mu_{sl}(1) + [\mu_{sl}(25) - \mu_{sl}(1)]\log A/1.4 \tag{8.3.4}$$

8.3.5　计算围护构件风荷载时，建筑物内部压力的局部体型系数可按下列规定采用：

1　封闭式建筑物，按其外表面风压的正负情况取 -0.2 或 0.2；

2　仅一面墙有主导洞口的建筑物，按下列规定采用：

1）当开洞率大于 0.02 且小于或等于 0.10 时，取 $0.4\mu_{sl}$；

2）当开洞率大于 0.10 且小于或等于 0.30 时，取 $0.6\mu_{sl}$；

3）当开洞率大于 0.30 时，取 $0.8\mu_{sl}$；

3　其他情况，应按开放式建筑物的 μ_{sl} 取值。

注：1　主导洞口的开洞率是指单个主导洞口面积与该墙面全部面积之比；

　　2　μ_{sl} 应取主导洞口对应位置的值。

（5）μ_s 为风压高度变化系数，按《荷规》第 8.2 节的有关规定取用。

（6）w_0 为基本风压，由于围护结构的重要性与主体结构相比要低一些，故无论是对风荷载比较灵敏的高层建筑还是其他建筑，基本风压 w_0 均不乘以放大系数 1.1，直接按《荷规》附录 E 的有关规定取用。

4.1.5　**对结构沿主轴方向计算地震作用时，计算结果显示地震作用最大方向角与主轴方向夹角大于 15°，但结构并没有布置斜交抗侧力构件，这种情况下是否需要计算结构沿此最大方向的地震作用？**

《抗规》第 5.1.1 条第 2 款规定：

5.1.1 各类建筑结构的地震作用，应符合下列规定：

　　2 有斜交抗侧力构件的结构，当相交角度大于15°时，应分别计算各抗侧力构件方向的水平地震作用。

　　《高规》第4.3.2条第1款规定：

4.3.2 高层建筑结构的地震作用计算应符合下列规定：

　　1 一般情况下，应至少在结构两个主轴方向分别计算水平地震作用；有斜交抗侧力构件的结构，当相交角度大于15°时，应分别计算各抗侧力构件方向的水平地震作用。

　　《抗规》、《高规》上述条款均为强制性条文，应严格执行。

　　地震可能来自任意方向，在其他条件相同的情况下，结构某个方向的抗侧力刚度越大，地震作用也越大。抗震设计时，应考虑结构的最大水平地震作用，应考虑对各构件的最不利方向的水平地震作用。

　　当结构抗侧力构件正交布置时，抗侧力构件正交的两个主轴方向抗侧力刚度大。为计算出结构的最大地震作用，故要求至少在建筑结构的两个主轴方向分别计算水平地震作用，并使两个主轴方向的水平地震作用由两个主轴方向的抗侧力构件来承担。

　　有斜交抗侧力构件的结构，有可能斜交方向的抗侧力刚度大，水平地震作用大，该方向的水平地震作用主要由该方向的抗侧力构件来承担，因此，应考虑沿此斜交构件方向进行结构水平地震作用计算。规范明确规定交角大于15°时，应考虑斜向地震作用计算。

　　有的结构虽然抗侧力构件正交布置，但由于平面两个方向尺寸差异较大，计算结果显示地震作用最大方向角与主轴方向的夹角大于15°，说明该方向水平地震作用较大，故也应考虑沿此方向进行结构水平地震作用计算。

　　对15°这个界限值，应根据实际工程具体情况确定是否需要计算。例如：长矩形平面且布置有斜交抗侧力构件的结构，虽然其角度小于15°（但很接近），原则上应补充计算沿此方向的地震作用。而如平面仅布置有极少数斜交抗侧力构件，但计算结果显示地震作用最大方向与主轴方向的夹角远小于15°时，可不再要求进行补充计算。

4.1.6　哪些结构需要进行弹性时程分析计算？

　　发生地震时，结构所承受的"地震力"实际上是由于地壳运动而引起的结构动态作用。是一种偶然的、瞬时的间接作用。其大小和方向随时间的变化而不停地变化，地震作用的计算方法，一般有静力弹性方法、静力弹塑性方法、动力弹性方法、动力弹塑性方法。底部剪力法、振型分解反应谱法是静力弹性方法。这种方法假定结构在多遇地震作用下仍然处于弹性状态，将影响地震作用大小和分布的各种因素通过加速度反应谱曲线予以综合反映，计算时利用反应谱曲线得到地震影响系数，进而计算出作用在各楼层的拟静力的地震作用（水平和竖向），以这样一个最大的、不变的静力代替瞬时的、随时间变化的间接作用，是地震作用计算的基本方法。弹性时程分析法是动力弹性方法，是假定结构在多遇地震作用下仍处于弹性状态，根据结构所在地区的基本烈度、设计分组和场地类别，选用一定数量比较合适的地震地面运动加速度记录和人工模拟合成波等时程曲线，通过数值积分求解运动方程，直接求出结构在模拟的地震运动全过程中的位移、速度和加速度的响应。

　　根据《抗规》第5.1.2条第3款和《高规》第5.1.13条的规定，下列情况下应采用弹性时程法进行补充计算：

（1）甲类建筑；

（2）《抗规》第 5.1.2 条表 5.1.2-1 所列高度范围内的高层建筑；

（3）B 级高度的高层建筑结构、混合结构和《高规》第 10 章规定的复杂高层建筑；

（4）不满足《高规》第 3.5.2～3.5.6 条规定的高层建筑结构。

《抗规》第 5.1.2 条第 3 款是审图要点。

应当注意的是：不同的结构采用不同的计算方法在各国抗震规范中均有体现，振型分解反应谱法、底部剪力法是结构地震作用计算的基本方法、主流方法。首先必须进行振型分解反应谱法的计算。而弹性时程分析法作为补充、校核性计算。所谓"补充、校核"，主要是对计算结果的底部剪力、楼层剪力和层间位移进行比较，当时程分析法计算结果大于振型分解反应谱法时，对相关构件的内力和配筋做相应的调整。

4.1.7　采用时程分析法时，如何选取地震加速度时程曲线？

《抗规》第 5.1.2 条第 3 款规定：

5.1.2　各类建筑结构的抗震计算，应采用下列方法：

3　特别不规则的建筑、甲类建筑和表 5.1.2-1 所列高度范围的高层建筑，应采用时程分析法进行多遇地震下的补充计算；当取三组时程曲线时，计算结果宜取时程法的包络值和振型分解反应谱法的较大值；当取七组及七组以上的时程曲线时，计算结果可取时程法的平均值和振型分解反应谱法的较大值。

采用时程分析的房屋高度范围　　　　　　表 5.1.2-1

烈度、场地类别	房屋高度范围（m）
8 度 Ⅰ、Ⅱ 类场地和 7 度	＞100
8 度 Ⅲ、Ⅳ 类场地	＞80
9 度	＞60

采用时程分析法时，应按建筑场地类别和设计地震分组选用实际强震记录和人工模拟的加速度时程曲线，其中实际强震记录的数量不应少于总数的 2/3，多组时程曲线的平均地震影响系数曲线应与振型分解反应谱法所采用的地震影响系数曲线在统计意义上相符，其加速度时程的最大值可按表 5.1.2-2 采用。弹性时程分析时，每条时程曲线计算所得结构底部剪力不应小于振型分解反应谱法计算结果的 65%，多条时程曲线计算所得结构底部剪力的平均值不应小于振型分解反应谱法计算结果的 80%。

时程分析所用地震加速度时程的最大值（cm/s²）　　　表 5.1.2-2

地震影响	6 度	7 度	8 度	9 度
多遇地震	18	35（55）	70（110）	140
罕遇地震	125	220（310）	400（510）	620

注：括号内数值分别用于设计基本地震加速度为 0.15g 和 0.30g 的地区。

此条为审查要点，设计、审图均应遵照执行。

对结构计算书的审查应注意：

由于结构可能遭受的地震作用极大的不确定性和计算中结构建模的近似性，时程分析法计算中输入地震波的选定，是分析结构能否既反映结构最大可能遭受的地震作用又能满足工程抗震设计基于安全和功能要求的基础。

1. 正确选择输入的地震加速度时程曲线，要满足地震动三要素的要求。即频谱特性、有效峰值和持续时间均要符合规定。

（1）频谱特性可用地震影响系数曲线表征

1）所选取的地震波建筑场地类别和设计地震分组应和拟建工程建筑场地类别和设计地震分组一致，或特征周期 T_g 应基本一致，允许有小误差。

2）所选取的地震波包括实际地震记录和人工模拟的加速度时程曲线，数量不应少于三组。其中实际地震记录的数量不应少于总数量的 2/3，若选用不少于二组实际地震记录和一组人工模拟的加速度时程曲线作为输入，计算的平均地震效应值不小于大样本容量平均值的保证率在 85% 以上，而且一般也不会偏大很多。当选用数量较多的地震波时，如 5 组实际地震记录和 2 组人工模拟的加速度时程曲线，则保证率更高。

大量工程实践证明，对于高度不是太高、体型比较规则的高层建筑，选取三组地震波基本可以达到控制结构抗震安全的要求，又不致需要进行过多的运算。但是，对于超高、大跨、体型复杂的建筑结构，需要更多的地震波输入进行时程分析，充分反映结构的地震响应，规范规定的地震波数量不少于 7 组，其中天然地震波不少于 5 组，计算结构取平均值。

3）多组时程曲线的平均地震影响系数应与振型分解反应谱法所采取的地震影响系数曲线在统计意义上相符。如前所述，人工地震波是拟合设计反应谱生成的，当拟合精度达到在各个周期点上的反应谱值与规范反应谱值相差小于 10%～20% 即可认为"在统计意义上相符"；天然地震波千变万化，但只要所选的天然地震加速度记录的反应谱值在对应于结构主要周期点（而不是各个周期点上）与规范反应谱值相差不大于 20%，即可认为"在统计意义上相符"。

4）对选波结果的评估：弹性时程分析时，每条时程曲线（单向或双向水平）计算所得结构主方向底部总剪力不应小于同方向振型分解反应谱法计算结果的 65%，且不大于 135%；多条时程曲线计算所得结构主方向底部总剪力的平均值不应小于振型分解反应谱法计算结果的 80%，且不大于 120%。从工程应用角度考虑，可以保证时程分析结果满足最低安全要求。不要求结构主、次两个方向的基底剪力同时满足这个要求，每条时程曲线的两个水平方向记录数据无法区分主、次向，通常可取加速度峰值较大者为主向，这是选波最重要、最根本的要求，满足这一条而其他要求有些差异是可以的。如这一条不满足，即使其他条件都满足，所选的波也不可用。

（2）加速度的有效峰值按《抗规》表 5.1.2-2 采用，即以地震影响系数最大值除以放大系数（约 2.25）得到；计算输入的加速度曲线峰值，必要时可比上述有效峰值适当加大。当结构采用三维空间模型等需要双向（两个水平向）或三向（两个水平向和一个竖向）地震波输入时，其加速度最大值通常按 1.0（水平 1）：0.85（水平 2）：0.65（竖向）的比例调整。选用的实际加速度记录，可以是同一组的三个分量，也可以是不同组的记录，但每条记录均应满足"在统计意义上相符"的要求；人工模拟的加速度时程曲线，也应按上述要求生成。

（3）输入的地震加速度时程曲线的有效持续时间，一般从首次达到该时程曲线最大峰值的 10% 那一点算起，到最后一点达到最大峰值的 10% 为止。不论实际的强震记录还是人工模拟波，一般为结构基本自振周期的 5～10 倍，即结构的顶点位移可按基本周期往复 5～10 次。时间短了不能使结构充分振动起来，时间过长则会增加计算时间。

2. 计算结果的分析比较

当取三组时程曲线进行计算时，结构地震作用效应宜取时程法计算结果的包络值与振型分解反应谱法计算结果的最大值；当取七组及七组以上时程曲线进行计算时，结构地震作用效应可取时程法计算结果的平均值与振型分解反应谱法计算结果的最大值。

4.1.8　什么情况下应考虑竖向地震作用？

虽然几乎所有的地震过程中，都或多或少使结构产生竖向地震作用，但其对结构的影响程度却因地震烈度、建筑场地以及结构体系等的不同而不同。高层建筑因其高度较高、大跨度、长悬臂结构引起跨度较大，竖向地震作用效应放大较为明显，规范规定均应考虑竖向地震作用计算或影响。

《抗规》第5.1.1条第3、4款规定：

5.1.1　各类建筑结构的地震作用，应符合下列规定：

3　质量和刚度分布明显不对称的结构，应计入双向水平地震作用下的扭转影响；其他情况，应允许采用调整地震作用效应的方法计入扭转影响。

4　8、9度时的大跨度和长悬臂结构及9度时的高层建筑，应计算竖向地震作用。

注：8、9度时采用隔震设计的建筑结构，应按有关规定计算竖向地震作用。

《高规》第4.3.2条第3、4款规定：

4.3.2　高层建筑结构的地震作用计算应符合下列规定：

3　高层建筑中的大跨度、长悬臂结构，7度（0.15g）、8度抗震设计时应计入竖向地震作用。

4　9度抗震设计时应计算竖向地震作用。

对"大跨度或长悬臂"的界定，《抗规》条文说明指出：根据我国大陆和台湾的地震经验，9度和9度以上时，跨度大于18m的屋架、1.5m以上的悬挑阳台和走廊等震害严重甚至倒塌；8度时，跨度大于24m的屋架、2.0m以上的悬挑阳台和走廊等震害严重。而《高规》条文说明指出：大跨度指跨度大于24m的楼盖结构、跨度大于8.0m的转换结构、悬挑长度大于2.0m的悬挑结构。

《抗规》、《高规》上述条款均为强制性条文，考虑到两者从条文到条文说明都有一些区别，建议审图时，高层建筑按《高规》审查，多层建筑则按《抗规》审查。

审图还需要注意的是：

（1）《高规》第10.2.4条规定：转换结构构件应按本规程第4.3.2条的规定考虑竖向地震作用。

（2）《抗规》附录E第E.2.6条规定：8度时转换层结构应考虑竖向地震作用。

（3）《高规》第10.5.2条规定：7度（0.15g）和8度抗震设计时，连体结构的连接体应考虑竖向地震的影响。

（4）《高规》第10.5.3条规定：6度和7度（0.10g）抗震设计时，高位连体结构的连接体宜考虑竖向地震作用的影响。

条文说明指出：所谓高位连体结构是指连接体位置高度超过80m。

（5）《高规》第10.6.4条第4款规定：7度（0.15g）和8、9度抗震设计时，悬挑结构应考虑竖向地震的影响；6、7度抗震设计时，悬挑结构宜考虑竖向地震的影响。

《高规》第 10.6.4 条第 4 款为审查要点。

4.1.9　结构的竖向地震作用如何计算？

1. 竖向地震作用的计算目前大体有以下几种方法：

（1）竖向地震作用的"基底剪力法"

输入竖向地震加速度波的时程反应分析发现，高层建筑由竖向地震引起的轴向力在结构上部明显大于底部，是不可忽视的。规范采用与水平地震作用的底部剪力法类似的简化计算方法：结构竖向振动的基本周期较短，总竖向地震作用可表示为竖向地震影响系数最大值与等效总重力荷载代表值的乘积；沿高度分布按第一振型考虑，也采用倒三角形分布；在楼层平面内的分布，则按构件所承受的重力荷载代表值分配。因此，《抗规》第 5.3.1 条规定：

5.3.1　9 度时的高层建筑，其竖向地震作用标准值应按下列公式确定（图 5.3.1）；楼层的竖向地震作用效应可按各构件承受的重力荷载代表值的比例分配，并宜乘以增大系数 1.5。

$$F_{Evk} = \alpha_{vmax} G_{eq} \qquad (5.3.1\text{-}1)$$

$$F_{vi} = \frac{G_i H_i}{\sum\limits_{j=1}^{n} G_j H_j} F_{Evk} \qquad (5.3.1\text{-}2)$$

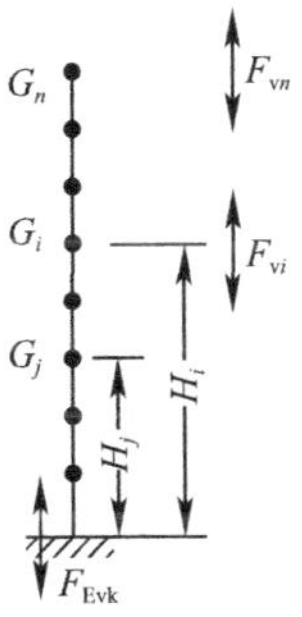

式中：F_{Evk}——结构总竖向地震作用标准值；

　　　F_{vi}——质点 i 的竖向地震作用标准值；

　　　α_{vmax}——竖向地震影响系数的最大值，可取水平地震影响系数最大值的 65%；

　　　G_{eq}——结构等效总重力荷载代表值，可取其重力荷载代表值的 75%；

图 5.3.1　结构竖向地震作用计算简图

《高规》第 4.3.13 条与上述规定内容类似，此处略。

（2）直接由抗震设防烈度、加速度峰值和场地类别确定的系数乘以构件重力荷载代表值的静力法

1）对于跨度、长度不是很大的平板型网架屋盖和跨度大于 24m 的屋架、屋架横梁及托梁的竖向地震作用标准值的计算，《抗规》第 5.3.2 条规定：

5.3.2　跨度、长度小于本规范第 5.1.2 条第 5 款规定且规则的平板型网架屋盖和跨度大于 24m 的屋架、屋盖横梁及其托架的竖向地震作用标准值，宜取其重力荷载代表值和竖向地震作用系数的乘积；竖向地震作用系数可按表 5.3.2 采用。

竖向地震作用系数　　　　　　　　　　　　　　表 5.3.2

结构类型	烈度	场地类别		
		I	II	III、IV
平板型网架、钢屋架	8	可不计算（0.10）	0.08（0.12）	0.10（0.15）
	9	0.15	0.15	0.20
钢筋混凝土屋架	8	0.10（0.15）	0.13（0.19）	0.13（0.19）
	9	0.20	0.25	0.25

注：括号中数值用于设计基本地震加速度为 0.30g 的地区。

2) 对于长悬臂构件和不属于上述第1) 款构件的竖向地震作用标准值计算，《抗规》第5.3.3条规定：

5.3.3 长悬臂构件和不属于本规范第5.3.2条的大跨结构的竖向地震作用标准值，8度和9度可分别取该结构、构件重力荷载代表值的10%和20%，设计基本地震加速度为0.30g时，可取该结构、构件重力荷载代表值的15%。

3)《高规》第4.3.15条则规定：

4.3.15 高层建筑中，大跨度结构、悬挑结构、转换结构、连体结构的连接体的竖向地震作用标准值，不宜小于结构或构件承受的重力荷载代表值与表4.3.15所规定的竖向地震作用系数的乘积。

竖向地震作用系数　　　　　　　　　　　　表4.3.15

设防烈度	7度	8度		9度
设计基本地震加速度	0.15g	0.20g	0.30g	0.40g
竖向地震作用系数	0.08	0.10	0.15	0.20

注：g为重力加速度。

（3）竖向振型的振型分解反应谱法和时程分析法

《抗规》第5.3.4条规定：

5.3.4 大跨度空间结构的竖向地震作用，尚可按竖向振型分解反应谱方法计算。其竖向地震影响系数可采用本规范第5.1.4、第5.1.5条规定的水平地震影响系数的65%，但特征周期可按设计第一组采用。

《高规》第4.3.14条规定：

4.3.14 跨度大于24m的楼盖结构、跨度大于12m的转换结构和连体结构、悬挑长度大于5m的悬挑结构，结构竖向地震作用效应标准值宜采用时程分析方法或振型分解反应谱方法进行计算。时程分析计算时输入的地震加速度最大值可按规定的水平输入最大值的65%采用，反应谱分析时结构竖向地震影响系数最大值可按水平地震影响系数最大值的65%采用，但设计地震分组可按第一组采用。

空间结构的竖向地震作用，除了《抗规》第5.3.2条、第5.3.3条的简化方法外，还可采用时程分析法或振型分解反应谱法。对于竖向反应谱，各国学者有一些研究，但研究成果纳入规范的不多。现阶段，多数规范仍采用水平反应谱的65%，包括最大值和形状参数。但认为竖向反应谱的特征周期与水平反应谱相比，尤其在远震中距时，明显小于水平反应谱。故本条规定，特征周期均按第一组采用。对处于发震断裂10km以内的场地，其最大值可能接近于水平谱，且特征周期小于水平谱。

（4）对于隔震设计的结构，由于隔震垫不仅不隔离竖向地震作用反而有所放大，与隔震后结构的水平地震作用相比，竖向地震作用往往更不可忽视，其计算方法见《抗规》第12章相关规定。

2. 设计和审图时应注意以下几点：

（1）《抗规》第5.3.1条和《高规》第4.3.13条基本一致。审图时需注意的是相关的几个系数取值和水平地震的基底剪力法的区别：

1) $\alpha_{vmax} = 0.65\alpha_{max}$ 而不是水平地震时由t_1计算出的α_1；

2）$G_{eq}=0.75_{G_E}$ 而不是水平地震时的 $G_{eq}=0.85_{G_E}$ 或其他；

3）构件的竖向地震作用效应应乘以 1.5 的放大系数。

（2）《抗规》第 5.3.2 条规定了平板型网架屋盖和跨度大于 24m 的屋架、屋架横梁及托梁的计算，《高规》没有述及。

（3）《高规》第 4.3.15 条增加了 7 度（0.15g）竖向地震作用的计算，并在条文说明中建议：按《高规》第 4.3.13 条、第 4.3.14 条的规定进行竖向地震作用计算，其计算结果不宜小于第 4.3.15 条的计算结果。《抗规》无此规定。

（4）《高规》第 4.3.14 条规定可采用时程分析方法或振型分解反应谱方法，《抗规》仅述及振型分解反应谱法。

《抗规》第 5.3.2 条、第 5.3.3 条是审查要点。笔者以为上述《抗规》、《高规》的各条规定都是相关的，实际工程的具体情况涉及哪一条规定，都应认真按规范设计、审查。一般高层建筑可按《高规》，多层建筑可按《抗规》执行。

4.1.10 高层建筑抗震设计需考虑竖向地震作用时，柱轴压比限值验算时是否必须考虑竖向地震作用？当高层建筑局部有其水平长悬臂结构和大跨度结构等需要考虑竖向地震作用时，什么范围的柱轴压比限值验算需要考虑竖向地震作用？

柱子的轴压比是指考虑地震效应组合的柱轴向压力设计值与柱全截面面积和混凝土轴心抗压强度设计值乘积的比值。因此，对规定应进行竖向地震作用计算的结构构件，轴压比计算时不但应考虑由水平地震效应产生的柱轴向压力，还应考虑由竖向地震效应产生的柱轴向压力的组合。《高规》第 5.6.4 条（强制性条文）规定：

5.6.4 地震设计状况下，荷载和地震作用基本组合的分项系数应按表 5.6.4 采用。当重力荷载效应对结构的承载力有利时，表 5.6.4 中 γ_G 不应大于 1.0。

地震设计状况时荷载和作用的分项系数　　　　　　表 5.6.4

参与组合的荷载和作用	γ_G	γ_{Eh}	γ_{Ev}	γ_w	说明
重力荷载及水平地震作用	1.2	1.3	—	—	抗震设计的高层建筑结构均应考虑
重力荷载及竖向地震作用	1.2	—	1.3	—	9 度抗震设计时考虑；水平长悬臂和大跨度结构 7 度（0.15g）、8 度、9 度抗震设计时考虑
重力荷载、水平地震及竖向地震作用	1.2	1.3	0.5	—	9 度抗震设计时考虑；水平长悬臂和大跨度结构 7 度（0.15g）、8 度、9 度抗震设计时考虑
重力荷载、水平地震作用及风荷载	1.2	1.3	—	1.4	60m 以上的高层建筑考虑
重力荷载、水平地震作用、竖向地震作用及风荷载	1.2	1.3	0.5	1.4	60m 以上的高层建筑、9 度抗震设计时考虑；水平长悬臂和大跨度结构 7 度（0.15g）、8 度、9 度抗震设计时考虑
	1.2	0.5	1.3	1.4	水平长悬臂结构和大跨度结构，7（0.15g）、8 度、9 度抗震设计时考虑

注：1　g 为重力加速度；
　　2　"—" 表示组合中不考虑该项荷载或作用效应。

对 9 度设防的高层建筑结构，因规范规定整个结构均应计算竖向地震作用，故结构中柱子轴压比限值验算时均应考虑竖向地震作用；对水平长悬臂结构和大跨度结构，仅是局部构件需计算竖向地震作用，一般只对与其相邻的竖向构件产生影响，故可仅对与水平长悬臂结构和大跨度结构相连的柱子的轴压比限值验算时考虑竖向地震作用，其他柱则可不考虑。

4.1.11　6 度设防的建筑结构是否都不需要进行地震作用计算和截面抗震验算，仅满足抗震构造要求即可？

《抗规》第 5.1.6 条规定：

5.1.6　结构的截面抗震验算，应符合下列规定：

1　6 度时的建筑（不规则建筑及建造于Ⅳ类场地上较高的高层建筑除外），以及生土房屋和木结构房屋等，应符合有关的抗震措施要求，但应允许不进行截面抗震验算。

2　6 度时不规则建筑、建造于Ⅳ类场地上较高的高层建筑，7 度和 7 度以上的建筑结构（生土房屋和木结构房屋等除外），应进行多遇地震作用下的截面抗震验算。

注：采用隔震设计的建筑结构，其抗震验算应符合有关规定。

首先，根据这个规定，除了 6 度时的规则建筑，建造于Ⅰ、Ⅱ、Ⅲ类场地上多层、小高层建筑，以及生土房屋和木结构房屋外，其余大部分建筑仍需进行截面抗震验算（即需进行地震作用计算）。

其次，虽然《抗规》在条文说明中指出：当地震作用在结构设计中基本上不起控制作用时，例如 6 度区的大多数建筑，以及被地震经验所证明者，可不做抗震验算，只需满足有关抗震构造要求。但由于地震作用本身的复杂性和不确定性，以及对建筑结构规则性界定的复杂性和不准确性，工程设计中实际操作有难度。例如：6 度设防、Ⅲ类场地、11 层框架结构，结构总高度 38.0m，平面凹进的尺寸为相应投影方向总尺寸的 28%，第五层楼板开洞面积为该层楼层面积的 28%。看起来，符合规范的规定，可以不进行结构的地震作用计算。但实际上该工程无论从结构高度、建筑体型的复杂性、场地类别等，均已接近规范规定的进行截面抗震验算的条件。这种情况下，不根据概念、不考虑实际工程的具体情况，教条式地对 6 度抗震的建筑不进行地震作用计算，很可能会给结构带来安全隐患。

再次，目前结构计算均已电算化，采用成熟的计算软件进行结构地震作用计算，是一件轻而易举的事，"弹指一挥间"。计算工作量也不大，计算结果可靠，避免了可能给结构带来的安全隐患，何乐不为呢？

综上所述，建议抗震设防烈度为 6 度时，建筑结构均宜进行地震作用计算。

《抗规》第 5.1.6 条是强制性条文，应严格按此设计、审查。

4.1.12　当场地类别处于分界线附近，地震作用计算时如何判定其特征周期？

特征周期 T_g 的取值对结构地震作用的计算影响很大，其值可由《抗规》表 5.1.4-2 根据设计地震分组和场地类别两个参数确定。而当场地类别介于分界线附近时，查得的特征周期 T_g 就差别很大。例如，当剪切波速 $v_{se}=200m/s$ 时，覆盖层厚度 $d_{ov}=50m$ 场地类别为Ⅱ类，而 $d_{ov}=51m$ 则场地类别为Ⅲ类，若设计地震分组同为第二组，则这两种情况下的 T_g 值分别为 0.40s 和 0.55s，在其他条件均相同的情况下，由这两个不同的 T_g 值算得的结构地震作用显然差别很大。但实际上，两者的覆盖层厚度仅相差 1m，差别不会有这么大。因此，《抗规》第 4.1.6 条规定：

4.1.6 建筑的场地类别，应根据土层等效剪切波速和场地覆盖层厚度按表 4.1.6 划分为四类，其中Ⅰ类分为Ⅰ₀、Ⅰ₁两个亚类。当有可靠的剪切波速和覆盖层厚度且其值处于表 4.1.6 所列场地类别的分界线附近时，应允许按插值方法确定地震作用计算所用的特征周期。

各类建筑场地的覆盖层厚度（m）　　　　　　　　　表 4.1.6

岩石的剪切波速或土的等效剪切波速（m/s）	场地类别				
	Ⅰ₀	Ⅰ₁	Ⅱ	Ⅲ	Ⅳ
$v_s>800$	0				
$800 \geqslant v_s>500$		0			
$500 \geqslant v_{se}>250$		<5	$\geqslant 5$		
$250 \geqslant v_{se}>150$		<3	$3\sim50$	>50	
$v_{se}\leqslant150$		<3	$3\sim15$	$15\sim80$	>80

注：表中 v_s 系岩石的剪切波速。

此条为强制性条文，设计、审图均应严格执行。

审图时应注意：

（1）本条主要适用于剪切波速随深度呈递增趋势的一般场地，对于有较厚软夹层的场地，由于其对短周期地震动具有抑制作用，可以根据分析结果适当调整场地类别和设计地震动参数。

（2）所谓"场地类别的分界线附近"，是指其误差可在±15%范围以内。

（3）《抗规》在条文说明中介绍了按插值方法确定地震作用计算所用的特征周期的具体做法。当剪切波速和覆盖层厚度两个因素处于分界线附近时，可按图 4-1 确定特征周期 T_g。

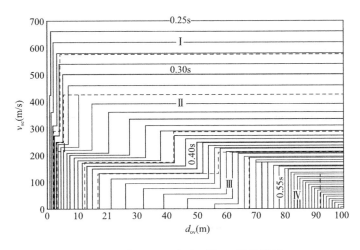

图 4-1　在 d_{ov}-v_{se} 平面上的 T_g 等值线图
（用于设计特征周期一组，图中相邻 T_g 等值线的差值均为 0.01s）

上图仅用于设计特征周期一组的建筑场地，设计特征周期二组的建筑场地，特征周期应取一组相应场地的 7/6，设计特征周期三组的建筑场地，特征周期应取一组相应场地的 4/3。

4.1.13 《抗规》第 4.1.8 条规定针对抗震不利的边坡地段，地震影响系数应乘以增大系数，计算中如何考虑？

《抗规》第 4.1.8 条规定：

4.1.8 当需要在条状突出的山嘴、高耸孤立的山丘、非岩石和强风化岩石的陡坡、河岸和边坡边缘等不利地段建造丙类及丙类以上建筑时，除保证其在地震作用下的稳定性外，尚应估计不利地段对设计地震动参数可能产生的放大作用，其水平地震影响系数最大值应乘以增大系数。其值应根据不利地段的具体情况确定，在 1.1～1.6 范围内采用。

本条是强制性条文，设计、审图应严格执行。

1. 局部突出地形对地震动参数的放大作用，主要依据宏观震害调查的结果和对不同地形条件和岩土构成的形体所进行的二维地震反应分析结果。局部突出地形情况比较复杂，对各种可能出现的情况的地震动参数的放大作用都做出具体的规定是很困难的。从宏观震害经验和地震反应分析结果所反映的总趋势，大致可以归纳为以下几点：

(1) 高突地形距离基准面的高度愈大，高处的反应愈强烈；

(2) 离陡坎和边坡顶部边缘的距离愈大，反应相对减小；

(3) 从岩土构成方面看，在同样地形条件下，土质结构的反应比岩质结构大；

(4) 高突地形顶面愈开阔，远离边缘的中心部位的反应是明显减小的；

(5) 边坡愈陡，其顶部的放大效应相应加大。

2. 基于以上变化趋势，《抗规》以突出地形的高差 H，坡降角度正切 H/L 及场址距突出地形边缘相对距离 L_1/H 为参数，归纳出各种地形的地震力放大系数 λ 见下式。λ 取值在 1.1～1.6 范围内。

$$\lambda = 1 + \xi\alpha$$

式中：α——局部突出地形地震动参数的增大幅度，按表 4-1 采用；

ξ——附加调整系数，与建筑场地离突出台地边缘的距离 L_1 与相对高差 H 的比值有关。当 $L_1/H<2.5$ 时，ξ 可取为 1.0；当 $2.5\leqslant L_1/H<5$ 时，ξ 可取为 0.6；当 $L_1/H\geqslant5$ 时，ξ 可取为 0.3。L、L_1 均应按距离场地的最近点考虑。

局部突出地形地震影响系数的增大幅度   表 4-1

突出地形的高度 H(m)	非岩质地层	$H<5$	$5\leqslant H<15$	$15\leqslant H<25$	$H\geqslant25$
	岩质地层	$H<20$	$20\leqslant H<40$	$40\leqslant H<60$	$H\geqslant60$
局部突出台地边缘的侧向平均坡降 (H/L)	$H/L<0.3$	0	0.1	0.2	0.3
	$0.3\leqslant H/L<0.6$	0.1	0.2	0.3	0.4
	$0.6\leqslant H/L<1.0$	0.2	0.3	0.4	0.5
	$H/L\geqslant1.0$	0.3	0.4	0.5	0.6

由上表可知：仅当坡降角度正切 $H/L<0.3$ 且突出地形的高差 $H<5$m（非岩质地层）或 $H<20$m（岩质地层）时，取 $\alpha=0$，即无须放大。

3. 对各种地形，包括山包、山梁、悬崖、陡坡等均适用。

4. 近些年来获得的一些强震资料（如美国 2003 年 Sam Simeon M5.5 地震和 2004 年 Park Wield M6.0 地震）表明：地形对竖向地面运动加速度的影响不大。因此，《抗规》明确仅考虑水平地震影响系数的增大而不考虑地形对竖向地面运动的影响。

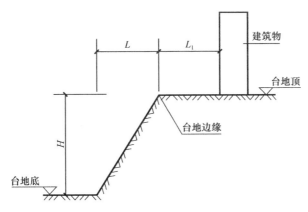

图 4-2 局部突出地形的影响

4.2 结 构 计 算

4.2.1 地下室顶板作为结构底部嵌固部位前提条件是什么?

当将上部结构和地下部分分开作为两个计算单元分析时,必须首先确定上部结构嵌固端所在的位置。嵌固部位的正确选取是多、高层建筑结构计算模型中的一个重要假定,它直接关系到结构计算模型与结构实际受力状态的符合程度,构件内力及结构侧移等计算结果的准确性。所谓上部结构嵌固部位也就是预期塑性铰出现的部位,确定上部结构嵌固部位可通过刚度和承载能力的调整迫使塑性铰在预期部位出现。

为了使结构在荷载作用下,所确定的部位能够满足"嵌固"的计算假定,《抗规》第6.1.14 条规定:

6.1.14 地下室顶板作为上部结构的嵌固部位时,应符合下列要求:

1 地下室顶板应避免开设大洞口;地下室在地上结构相关范围的顶板应采用现浇梁板结构,相关范围以外的地下室顶板宜采用现浇梁板结构;其楼板厚度不宜小于 180mm,混凝土强度等级不宜小于 C30,应采用双层双向配筋,且每层每个方向的配筋率不宜小于 0.25%。

2 结构地上一层的侧向刚度,不宜大于相关范围地下一层侧向刚度的 0.5 倍;地下室周边宜有与其顶板相连的抗震墙。

3 地下室顶板对应于地上框架柱的梁柱节点应符合下列规定之一:

1)地下一层柱截面每侧纵向钢筋不应小于地上一层柱对应纵向钢筋的 1.1 倍,且地下一层柱上端和节点左右梁端实配的抗震受弯承载力之和应大于地上一层柱下端实配的抗震受弯承载力的 1.3 倍。

2)地下一层梁刚度较大时,柱截面每侧的纵向钢筋面积应大于地上一层对应柱纵向钢筋的 1.1 倍;同时梁端顶面和底面的纵向钢筋面积均应比计算增大 10% 以上。

4 地下一层抗震墙墙肢端部边缘构件纵向钢筋的截面面积,不应少于地上一层对应墙肢端部边缘构件纵向钢筋的截面面积。

本条为审图要点,设计、审图应遵照执行。

上述规定就是要求作为嵌固部位的地下室顶板应满足以下要求:

（1）地下室结构的布置应保证地下室顶板有足够的平面内整体刚度和承载力，能将上部结构的地震作用传递到所有的地下室各抗侧力构件上；

（2）地下一层应有较大的侧向刚度，以便和土的侧向约束一道，共同抵抗上部结构传来的水平力，不产生侧移；

（3）框架柱或剪力墙墙肢的嵌固端屈服时，地下一层对应的框架柱或剪力墙墙肢不屈服；

（4）当框架柱嵌固在地下室顶板时，位于地下室顶板的梁柱节点应按首层柱的下端为"弱柱"设计。即地震时首层柱底屈服、出现塑性铰。

但对地下室顶板以下部分的侧向约束情况，规范并没有提出明确要求。事实上，建筑在山（坡）地上的建筑，由于地下一层一侧甚至两侧均无土体约束（此两边"地下一层"挡土墙高出室外地面很多），地下室顶板与室外地面高差较大，水平荷载作用下地下室顶板有较大的侧向位移，即使满足了《抗规》第6.1.14条的规定，地下室顶板也不可能作为上部结构的嵌固部位。注意到《抗规》第6.1.14条条文说明中提到："这里所指地下室应为完整的地下室，在山（坡）地建筑中出现地下室各边填埋深度差异较大时，宜单独设置支挡结构。"即地下一层顶板以下周边均应有很好的侧向约束，这应是地下室顶板作为上部结构嵌固部位的前提条件。因此，有学者建议，地下室顶板作为上部结构的嵌固部位，首先应满足以下要求（前提条件）：

（1）在竖向，应满足地下一层顶板与室外地面（或周边纯地下室顶板）高差宜小于本层层高（即地下一层）的1/3且小于1.0m，此时地下一层应按错层结构采取加强措施；

（2）不满足第1款要求时，在水平向地下一层顶板与室外地面（或周边纯地下室顶板）高差较大部分的平面尺寸宜小于建筑平面总周长的1/4且小于单边边长的1/2。此时应分别按嵌固在地下一层顶板和地下二层顶板两种计算模型进行包络设计；底部加强部位应延伸至地下一层，地下二层的抗震等级应与底部加强部位相同，地下二层以下抗震构造措施的抗震等级可逐层降低。

在满足上述要求后，同时又满足《抗规》第6.1.14条的规定，则主楼地下室顶板即可作为上部结构的嵌固部位。

以上可供审图时参考。

4.2.2 审图案例：地下室只有2.5m嵌固、1.5m临空（一侧部分临空），上部结构嵌固部位应确定在结构的什么部位？

本题"地下室只有2.5m嵌固、1.5m临空（一侧部分临空）"意思不很明确，一般理解有两种可能的情况：

（1）对于带裙房的塔楼结构，可能出现2.5m嵌固（和土接触）、1.5m临空（和裙房地下室连接）的现象。此时裙房相关范围内的地下结构对主楼地下一层结构贡献了剪切刚度，而裙房地下室又受到周边土体的有效侧向约束，整个地下一层周边都受到很好的侧向约束，是"完整的地下室"。这时只要满足相关条件，就可以认为地下室顶板为上部结构的嵌固部位。

（2）如果是在斜坡上建造的建筑结构，结构底部2.5m和土接触、1.5m临空，则土通过挡土墙对结构作用有侧向水平荷载，这种情况对结构是十分不利的。"地下室各边填埋深度差异较大"，由于此1.5m没有土的侧向约束，即使满足其他相关条件，此时结构的嵌固部位不应设置在地下室顶板，而应向下移设置在地下一层底板等。

顺便指出：此种情况下，一般可在和土接触部位设置挡土墙，利用挡土墙承受土的水平力。此时只要满足相关条件，结构嵌固部位可在地下一层底板，如图4-3所示。当然也可利用结构外墙作为挡土墙，则此时在结构整体计算中，应把2.5m和土接触部分产生的土的侧向压力输入模型中进行计算。

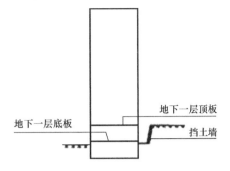

图4-3 建筑物一侧设挡土墙

4.2.3 确定上部结构嵌固部位审图案例

案例一：高层建筑带大底盘地下室，上部结构的地下室顶板（室内地面）与其邻近的地下室（车库）顶板标高相差1.2m，地下室（车库）顶板上无覆土，如图4-4所示。由于室内外高差相差较大，不满足《抗规》关于"完整的地下室"的要求（见问题4.2.2）。因此，上部结构的地下室顶板（室内地面）不具备作为上部结构嵌固部位的基本条件。

案例二：高层建筑带大底盘地下室，上部结构的地下室顶板（室内地面）与其邻近的地下室（车库）顶板标高相差1.2m，地下室（车库）顶板上有覆土，且覆土填至标高—0.15m（即室内外高差很小），如图4-5所示。此时，上部结构的地下室顶板（室内地面）有可能作为上部结构嵌固部位，前提是：满足《抗规》第6.1.14条关于地下室顶板作为上部结构嵌固部位的规定，其中对侧向刚度比的计算，不应考虑地下一层的相关范围，仅取上部结构垂直投影下的地下室范围计算其侧向刚度。

案例三：高层建筑带大底盘地下室，上部结构的地下室顶板（室内地面）与其邻近的地下室（车库）顶板标高平齐（或相差很小），上部结构的地下室顶板为梁板结构，但邻近的地下室顶板为无梁楼盖，如图4-6所示。此时，上部结构的地下室顶板（室内地面）也有可能作为上部结构嵌固部位，前提是：满足《抗规》第6.1.14条关于地下室顶板作为上部结构嵌固部位的规定，其中对侧向刚度比的计算，不应考虑地下一层的相关范围，仅取上部结构垂直投影下的地下室范围计算其侧向刚度。

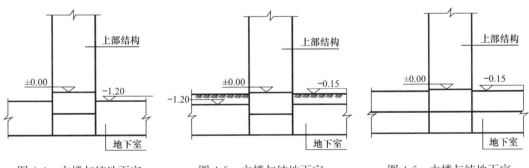

图4-4 主楼与纯地下室
顶板高差较大且无覆土

图4-5 主楼与纯地下室
顶板高差较大且有覆土

图4-6 主楼与纯地下室
顶板高差很小

案例四：住宅剪力墙结构，平面一侧为下沉式庭院，如图4-7所示。一般情况下，下沉式庭院面积不大，且利用主体结构的分户墙直通和挡土墙相连，此时，庭院一侧的土体通过挡土墙、分户墙实际上对主体结构的地下室提供了很好的侧向约束，即主体结构的地下室四周均受到土体很好的侧向约束，是"完整的地下室"。因此，上部结构的地下室顶板（室内地面）也有可能作为上部结构嵌固部位，前提是：满足《抗规》第6.1.14条关于地下室顶板作为上部结构嵌固部位的四条规定。

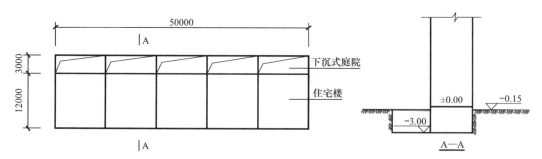

图 4-7　剪力墙住宅有下沉式庭院

案例五：高层写字楼建筑，平面一侧有汽车坡道，如图 4-8 所示。虽然坡道板和地下室顶板顶标高有差异，但一般坡道不会很长，此时土体通过汽车坡道挡土墙、坡道板，对主体结构的地下室提供了很好的侧向约束，即主体结构的地下室四周均受到土体很好的侧向约束，可以认为是"完整的地下室"。因此，上部结构的地下室顶板（室内地面）也有可能作为上部结构嵌固部位，前提是：满足《抗规》第 6.1.14 条关于地下室顶板作为上部结构嵌固部位的规定。

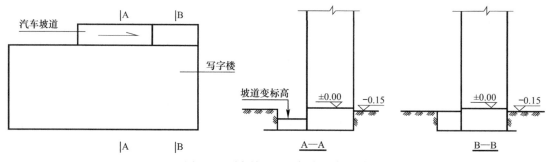

图 4-8　写字楼平面一侧有汽车坡道

案例六：大型公共建筑，平面一侧有下沉式广场，如图 4-9 所示。下沉式广场面积很大，下沉式广场一侧的土体不可能对主体结构的地下室提供很好的侧向约束，由于室内外高差相差较大，不满足《抗规》关于"完整的地下室"的要求，因此，上部结构的地下室顶板（室内地面）不具备作为上部结构嵌固部位的基本条件。

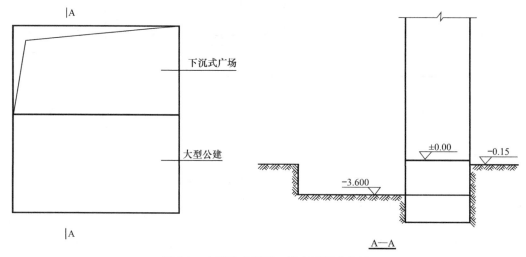

图 4-9　大型公建平面一侧有下沉式广场

以上六个审图案例均是以本节第 4.2.1 条中的"前提条件"为依据的，供参考。

4.2.4 作为结构嵌固部位的楼板厚度必须不小于 180mm 吗？可否适当放宽？

《抗规》第 6.1.14 条第 1 款规定：

6.1.14 地下室顶板作为上部结构的嵌固部位时，应符合下列要求：

1 地下室顶板应避免开设大洞口；地下室在地上结构相关范围的顶板应采用现浇梁板结构，相关范围以外的地下室顶板宜采用现浇梁板结构；其楼板厚度不宜小于 180mm，混凝土强度等级不宜小于 C30，应采用双层双向配筋，且每层每个方向的配筋率不宜小于 0.25%。

本款为审查要点。

规范要求作为嵌固部位的楼板厚度不宜小于 180mm，主要原因是考虑作为结构嵌固部位的楼板必须有足够的面内整体刚度和承载力，以有效传递水平地震剪力，将上部结构的地震作用传递到所有的地下室抗侧力构件上。因此，只要能满足上述功能要求，楼板厚度可以适当减小。具体审图时应注意：

（1）《抗规》规定不宜小于 180mm，注意是"不宜"而不是"不应"；且《高规》的相应规定也是"不宜小于 180mm"。

（2）《抗规》条文说明指出：若柱网内设置多个次梁时，板厚可适当减小。例如：9m×9m 的板块布置有如图 4-10 所示的次梁，楼板厚度可以适当放宽要求。

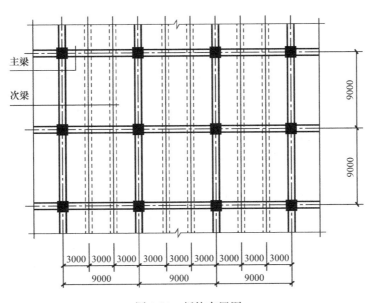

图 4-10 板块布置图

（3）由剪力墙支承的楼板，例如剪力墙结构，特别是住宅剪力墙结构中的楼板，虽然板内没有设置或设置很少的次梁，但由于一般板跨不大，根据实际工程的具体情况，楼板厚度也可以适当放宽要求。

（4）当基底地震剪力较小时（比如低烈度区多层、小高层建筑），嵌固部位的楼板厚度也可以适当放宽要求。

（5）需要强调的是：

1）作为结构的嵌固部位，规范关于楼板的其他要求不应降低。即：必须采用梁板结构，且楼板不能开有较大洞口或凹入，混凝土强度等级不应低于 C30，并应双层双向配筋，每个方向每层配筋率不宜低于 0.25%。

2）对于开有较大洞口或凹入较大的楼板（即使没有超过规范的限值），楼板厚度不宜减小。

3）考虑到施工中地下室顶板有建筑材料的堆载，故地下室作为上部结构的嵌固部位板厚不宜小于 160mm。

4.2.5　《抗规》第 6.1.14 条、《高规》第 5.3.7 条、《地规》第 8.4.25 条和《高层建筑筏形与箱形基础技术规范》JGJ 6—2011 第 6.1.3 条对嵌固部位刚度比规定不一致，如何审查？

1. 《抗规》和《高规》的规定

（1）《抗规》第 6.1.14 条第 2 款规定：

6.1.14　地下室顶板作为上部结构的嵌固部位时，应符合下列要求：

2　结构地上一层的侧向刚度，不宜大于相关范围地下一层侧向刚度的 0.5 倍；地下室周边宜有与其顶板相连的抗震墙。

（2）《高规》第 5.3.7 条规定：

5.3.7　高层建筑结构整体计算中，当地下室顶板作为上部结构嵌固部位时，地下一层与首层侧向刚度比不宜小于 2。

可见《高规》第 5.3.7 条和《抗规》第 6.1.14 条第 2 款的规定基本一致。

规范规定此条的目的是使地下一层有较大的侧向刚度，以便和土体或其他的侧向约束一道，共同抵抗上部结构传来的水平力，不致产生水平侧移。

《抗规》第 6.1.14 条第 2 款是审查要点，故一般情况下应按此款审查。

值得注意的是：规范规定的用词是"不宜"而不是"不应"；同时，《建筑抗震设计规范 GB 50011—2010 统一培训教材》指出："地上结构与地下室的刚度比，按有效数字控制，即不大于 0.54；相当于地下室的刚度大于地上一层结构的 1.85 倍。"因此，在满足一定的条件下，设计和审图时对刚度比的要求可以据此适当放松。

2. 《地规》和《高层建筑筏形与箱形基础技术规范》JGJ 6—2011 的规定

（1）《地规》第 8.4.25 条第 1 款：

8.4.25　采用筏形基础带地下室的高层和低层建筑、地下室四周外墙与土层紧密接触且土层为非松散填土、松散粉细砂土、软塑流塑黏性土、上部结构为框架、框剪或框架-核心筒结构，当地下一层顶板作为上部结构嵌固部位时，应符合下列规定：

1　地下一层的结构侧向刚度大于或等于与其相连的上部结构底层楼层侧向刚度的 1.5 倍。

（2）《高层建筑筏形与箱形基础技术规范》JGJ 6—2011 第 6.1.3 条：

6.1.3　当地下室的四周外墙与土层紧密接触时，上部结构的嵌固部位按下列规定确定：

1　上部结构为剪力墙结构，地下室为单层或多层箱形基础地下室，地下一层结构顶板可作为上部结构的嵌固部位。

2　上部结构为框架、框架-剪力墙或框架-核心筒结构时：

1）地下室为单层箱形基础，箱形基础的顶板可作为上部结构的嵌固部位 ［图 6.1.3（a）］；

2）对采用筏形基础的单层或多层地下室以及采用箱形基础的多层地下室，当地下一层的结构侧向刚度 K_B 大于或等于与其相连的上部结构底层侧向刚度 K_F 的 1.5 倍时，地下一层结构顶板可作为上部结构的嵌固部位 ［图 6.1.3（b）、（c）］；

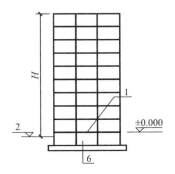
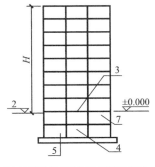
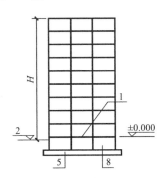

（a）地下室为箱基、上部结构为框架或框架-剪力墙结构时的嵌固部位　　（b）采用筏基或箱基的多层地下室，$K_B \geq 15 K_F$，上部结构为框架或框架-剪力墙结构时的嵌固部位　　（c）采用筏基的单层地下室，$K_B \geq 15 K_F$，上部结构为框架或框架剪力墙结构时的嵌固部位

图 6.1.3　上部结构的嵌固部位示意

1—嵌固部位：地下室顶板；2—室外地坪；3—嵌固部位：地下一层顶板；4—地下二层（或地下二层为箱基）；
5—筏基；6—地下室为箱基；7—地下一层；8—单层地下室

3）对大底盘整体筏形基础，当地下室内、外墙与主体结构墙体之间的距离符合表 6.1.3 要求时，地下一层的结构侧向刚度可计入该范围内的地下室内、外墙刚度，但此范围内的侧向刚度不能重复使用于相邻塔楼。当 K_B 小于 $1.5 K_F$ 时，建筑物的嵌固部位可设在筏形基础或箱形基础的顶部，结构整体计算分析时宜考虑基底土和基侧土的阻抗，可在地下室与周围土层之间设置适当的弹簧和阻尼器来模拟。

地下室墙与主体结构墙之间的最大间距 d　　　　表 6.1.3

非抗震设计	抗震设防烈度		
	6 度、7 度	8 度	9 度
$d \leq 50m$	$d \leq 40m$	$d \leq 30m$	$d \leq 20m$

地下一层会不会产生水平侧移，不仅与地下一层侧向刚度有关，还与地下一层周边土体或其他的侧向约束关系颇大。《抗规》并没有明确具体地规定这一点。虽然在条文说明中强调"完整的地下室"，但实际工程中还有各种不同的情况。例如：

1）建筑物室内外高差的不同则对地下室的约束程度不同；

2）土体性质的不同对地下室的约束程度不同；

3）桩基和天然地基对地下室的约束程度不同。

实际工程中地下室所受到的侧向约束情况不一、程度不一，这种约束虽然不是地下室本身的刚度，但对其侧向位移有影响，也即影响着地下室的刚度。《地规》强调四周外墙和土体紧密接触且土质较好；具有较多纵横墙的箱形基础和带有外围墙的筏形基础共同特点是本身刚度较大，且《高层建筑筏形与箱形基础技术规范》JGJ 6—2011 也强调四周外墙和土体紧密接触，因此，笔者认为：对地下室的约束情况做具体分析，参考《地规》、《高层建筑筏形与箱形基础技术规范》JGJ 6—2011 等确定刚度比的限值，也是可以的。

　　由于《抗规》的规定是审查要点，故设计若按《地规》或《高层建筑筏形与箱形基础技术规范》JGJ 6—2011 规定的刚度比确定上部结构嵌固部位时，建议设计和审图应充分沟通，取得共识。

4.2.6　当嵌固端下层柱的截面尺寸大于上层柱且受弯承载力不小于上层柱的 1.1 倍时，下层柱纵筋可否小于上层柱纵筋的 1.1 倍？

　　《抗规》第 6.1.14 条第 3、4 款规定：

　　3　地下室顶板对应于地上框架柱的梁柱节点除应满足抗震计算要求外，尚应符合下列规定之一：

　　1）地下一层柱截面每侧纵向钢筋不应小于地上一层柱对应纵向钢筋的 1.1 倍，且地下一层柱上端和节点左右梁端实配的抗震受弯承载力之和应大于地上一层柱下端实配的抗震受弯承载力的 1.3 倍。

　　2）地下一层梁刚度较大时，柱截面每侧的纵向钢筋面积应大于地上一层对应柱每侧纵向钢筋面积的 1.1 倍，同时梁端顶面和底面的纵向钢筋面积均应比计算增大 10％以上。

　　4　地下一层抗震墙墙肢端部边缘构件纵向钢筋的截面面积，不应少于地上一层对应墙肢端部边缘构件纵向钢筋的截面面积。

　　《抗规》此款规定的目的就是要求地下一层对应的框架柱受弯承载能力不小于地上一层柱的承载能力，从而在框架柱嵌固端屈服时或抗震墙墙肢的嵌固端屈服时，地下一层对应的框架柱或抗震墙墙肢不应屈服。而配筋量的 1.1 倍仅仅是手段。嵌固端下层柱的截面尺寸大于上层柱且受弯承载能力不小于上层柱的 1.1 倍，已经达到目的，满足规范的要求，因此，此时不必再要求配筋量是地上一层柱的 1.1 倍。

　　此条是审查要点。

4.2.7　地下室连成一片，其上有多个塔楼，如中部某塔楼以地下室顶板为嵌固部位，若其他条件均满足《抗规》第 6.1.14 条规定，刚度比应满足什么要求为宜？某单塔楼地下一层顶板不能确定为嵌固部位，若取地下一层底板为嵌固部位，则相关的刚度比应满足什么要求为宜？

　　这两种情况规范都未作规定，笔者建议如下供参考：

　　1. 第一种情况：地下室连成一片，上部为多个塔楼，如中部某塔楼以地下室顶板为嵌固部位，若其他条件均满足《抗规》第 6.1.14 条规定，且地下室有很好的侧向约束（满足"前提条件"），刚度比应满足以下两条：

　　（1）大底盘地下室的地下一层整体刚度与上部所有塔楼地上一层总体侧向刚度的比值不宜小于 2；

　　（2）每栋塔楼地下一层的侧向刚度（包括此塔楼的相关范围）与此塔楼地上一层侧向刚度的比值不应小于 1.5。

　　2. 第二种情况：地下室连成一片，单塔楼地下一层顶板不能确定为结构嵌固部位，若取地下一层底板为嵌固部位，刚度比应满足以下两条：

　　（1）地下一层楼层侧向刚度应大于地上一层楼层侧向刚度；

（2）地下二层楼层侧向刚度应大于地上一层楼层侧向刚度的 2 倍。

此外，还应符合下列要求：

（1）地下一层顶板与室外地坪高差很小或地下室周边受到很好的侧向约束；

（2）以地下一层底板相当于地下一层顶板，应满足《抗规》第 6.1.4 条相应的其他各款规定。

4.2.8 无地下室时，如何确定上部结构嵌固部位？

无地下室时基础的埋置深度情况较多，宜根据具体情况确定其上部结构的嵌固部位。

1. 基础埋置深度较浅时，可取为基础顶面为上部结构嵌固部位。且在计算时不考虑土体对结构的约束作用，并和按嵌固部位在首层地面的计算模型进行结构内力及构件承载力计算，两者取其不利进行包络设计。

2. 埋置深度较深时

（1）对多层剪力墙或砌体结构，当设有刚性地坪时，可取室外地面以下 500mm 处作为上部结构的嵌固部位。

所谓"刚性地坪"，可参考建筑地面做法：当地面有 200～300mm 厚素混凝土层或钢筋混凝土层时，可认为对结构底部竖向构件提供了很好的侧向约束，即可视为"刚性地坪"。

（2）框架结构采用柱下独立基础时，可按《地规》做成高杯口基础，则杯口顶面可为上部结构的嵌固部位。

高杯口基础设计应满足《地规》第 8.2.6 条的相关规定。

以上做法可供设计及审图时参考。

4.2.9 多层框架结构无地下室采用独立基础，由于基础埋置较深，设计时在底层地面以下靠近地面设置拉梁，可否将拉梁层顶面作为上部结构的嵌固部位？

此种情况下，将拉梁层作为上部结构的嵌固部位是不妥当的。因为设置拉梁后，在拉梁层梁柱节点处，拉梁及下柱的刚度、承载力都不是很大，荷载作用下节点会有转角变形，拉梁及下柱不能提供足够的刚度作为拉梁层以上柱的嵌固端。一般情况下拉梁的设置主要目的是将底层框架柱一分为二，减小了底层住的几何长度，使底层柱的截面尺寸和配筋较为合理经济，但上部结构的嵌固部位仍应在基础顶面。

设置拉梁后，结构的整体计算模型应按比原来多一层考虑；同时，拉梁以下应按没有任何水平荷载（风荷载、土的侧向压力、地下水的侧向压力等）及地震作用，而仅有拉梁及下柱的自重来计算。但拉梁及下柱应按框架梁、柱设计。

以上供设计及审图时参考。

4.2.10 审图案例：地上一层大空间时相应地下室部分基础梁计算模型的假定应注意什么？

某框架-剪力墙结构，地上 7 层、地下 1 层，结构高度 31.0m，柱网 8.1m×8.1m。因建筑功能需要，地上一层平面中部抽去两根柱子形成局部大空间，采用梁托柱转换，转换梁跨度 19.8m，而地下室相应水平投影位置设置了两根柱子。在计算基础梁的内力及配筋时，设计人习惯地将基础梁计算模型假定为倒楼盖三跨连续梁、荷载线性分布。虽然很多情况下基础梁的计算模型可以这样假定，但在本工程中，这个计算模型假定则有待商榷。

为此我们取其中典型的一榀框架，按两个不同的计算模型计算（图4-11，仅考虑作用竖向荷载），用中国建筑科学研究院PKPM系列中的PK程序进行分析比较。两个模型下基础梁的弯矩图如图4-11所示。可以看出：计算模型二基础梁的弯矩图和三跨6.6m跨的连续梁弯矩图非常相似，跨中最大正弯矩出现在两边跨，为1120.9kN·m，最大负弯矩出现在两中间支座，为1161.9kN·m。而根据计算模型一，基础梁的弯矩图类似单跨19.6m大梁，跨中正弯矩达8466.4kN·m，中间"支座"（有柱子处）正弯矩也有7946.5kN·m，根本不出现负弯矩（由于同样的原因，地下室顶板梁的弯矩差异也很大，此处不作讨论）。由于实际结构地下一层中间的两根柱子对应上一层并没有柱子与之直通，不能起到作为基础梁固定支座的作用，因而⑥（②）点、⑦（③）点均有向上的挠度，显然，计算模型二的假定不符合结构实际受力情况，并不合适。因而，倒楼盖三跨连续梁的假定也是不合适的。

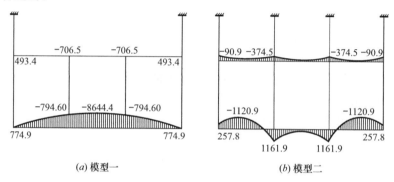

(a) 模型一   (b) 模型二

图4-11　梁湾矩包络图（kN·m）

内力的很大差异必然导致构件配筋的很大差异。例如：根据计算模型一，梁的上部纵向受拉钢筋面积为14923mm²，下部纵向受拉钢筋仅构造配置即可。而根据计算模型二，梁的上、下部纵向受拉钢筋面积为4413mm²，均可构造配置。两者的上部纵向受拉钢筋配筋面积相差3.38倍。按计算模型二计算出的配筋严重不足，承载力不满足要求导致结构不安全。

可见，将基础梁按倒楼盖连续梁模型进行内力分析的假定并非在任何情况下都合适。所以，结构计算模型的假定要根据实际结构的具体情况具体分析，使假定的计算模型尽可能符合实际结构的受力状态，越接近越好。

还应当指出：地基反力线性分布的假定也不是任何情况下都合适的。本题因地基梁截面尺寸较大，刚度大，故此假定合理。这个问题的讨论详见本书第7章地基基础。

审图中的这类问题，表面上看起来并没有违反规范的那一条，但却是设计不当、结构存在安全隐患的问题，可称为"其他涉及主体结构和地基基础安全性的问题"。审图时要重视对这类问题的审查，严格把关，消除隐患。

4.2.11　审图案例：某框架-剪力墙结构，一框架梁与楼梯间剪力墙肢平面外连接，梁截面 $b×h=200mm×600mm$，墙厚 $h=200mm$。设计按墙梁平面外刚接，梁支座按计算配筋 4Φ25，审图是否允许？

梁与剪力墙肢平面外连接定义刚接还是铰接，关键是看两者的线刚度比。若梁截面很高，墙肢厚度较薄，梁的线刚度比墙肢的暗柱线刚度大很多，则定义梁、墙刚接不符合受力实际情况，是不合适的。本题梁截面 $b \times h = 200\text{mm} \times 600\text{mm}$，墙厚 $h = 200\text{mm}$，显然梁的线刚度比墙肢的暗柱线刚度大，会使剪力墙平面外承受较大的弯矩，超过墙肢平面外的抗弯能力，致使墙体开裂、出铰甚至破坏。审图应提出意见要求整改。

应当指出：上述定义梁、墙刚接不合适，并不表示改为铰接肯定可以。因为按梁、墙铰接是要求铰出在梁端的。此时理论上认为墙肢平面外不承担弯矩，但实际上或多或少都承担着弯矩。梁越高，要求墙肢平面外承担的弯矩越大，也可能会造成墙肢开裂而不是梁端开裂、出铰。同样是计算假定不符合受力实际情况。所以，当梁截面较高无法刚接也难以满足梁、墙铰接时，建议采取减小梁端截面高度的措施。做成变截面梁（图4-12），通过构造实现梁墙铰接。

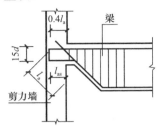

图 4-12　变截面梁与墙肢平面外铰接

一般情况下，当梁高大于2倍墙厚时，梁端弯矩对墙平面外的安全不利，故应设法增大剪力墙墙肢抵抗平面外弯矩的能力。设计可根据梁端弯矩的大小、墙肢的厚度（平面外的刚度）等具体情况，按《高规》第7.1.6条采取合适的措施，减小梁端弯矩对墙肢的不利影响，并选取合理的计算简图。

还应指出：对于弧形梁或空间曲梁，即使考虑现浇楼板的作用，其自身也存在较大的扭矩，不论其与剪力墙在哪个方向连接，均不能定义为铰接。

4.2.12　结构整体计算时，如何合理假定楼板的计算模型？

楼板可视为水平放置的深梁，按国际上的有关规定，在水平力作用下楼板周边两端位移不超过平均位移的2倍可假定为刚性楼板，反之则称为弹性楼板。现浇钢筋混凝土楼板和有现浇面层的装配整体式楼板，具有很大的面内刚度，水平荷载作用下楼板变形很小。因此，结构整体计算时，模型假定楼板在其自身平面内为刚性楼板。采取这一假定后，结构分析的自由度数目大大减少，使计算过程和计算结果的分析大为简化，并会减少因过多的自由度而带来的计算误差。

有效宽度较窄的环形楼板、开大洞楼板、有狭长外伸段的楼板、局部变窄形成薄弱连接部位的楼板、连体结构的狭长连接体楼板等，楼板面内刚度有较大削弱且很不均匀，楼板的面内变形会使楼层内抗侧刚度较小的构件位移和受力加大（相对刚性楼板而言），计算时应考虑楼板变形的影响。根据楼面结构的实际情况，考虑这部分楼板的面内变形，采用符合楼板平面内实际刚度、平面外刚度为零的弹性楼板假定进行结构的整体计算。

1. 对一般建筑结构，楼板开有分散布置的小洞（楼梯间、电梯井、管道井等）且楼板厚度满足承载能力和变形要求以及建筑、机电等专业的隔声、隔热、防火、穿管线等要求（一般可按有关构造手册的跨厚比规定确定板厚）时，结构整体计算可假定为刚性楼板。

采用刚性楼板假定时，设计上应采取必要的措施以保证楼板的整体刚度。比如，平面形状宜符合《高规》第3.4.3条的规定；宜采用现浇钢筋混凝土楼板和有现浇面层的装配整体式楼板；局部削弱的楼面，可采取楼板局部加厚、设置边梁、加大楼板配筋等措施。

密肋板楼盖宜按实际情况进行计算。当不能按实际情况计算时，可按等刚度原则对密肋梁进行适当简化后再行计算。即将密肋梁均匀等效为柱上框架梁，其截面宽度可取被等效的密肋梁截面宽度之和。

对平板无梁楼盖，在计算中应考虑板的面外刚度影响，其面外刚度可按有限元方法计算或近似将柱上板带等效为扁梁计算。当采用近似方法考虑时，其柱上板带可等效为框架梁计算，等效框架梁的截面宽度可取等代框架方向板跨的 3/4 及垂直于等代框架方向板跨的 1/2 两者的较小值。

2. 在下列情况下，楼板变形比较显著，楼板刚度无限大的假定不符合实际情况，应对采用刚性楼面假定的计算结果进行修正，或采用楼板面内为弹性的计算方法：

（1）楼面有很大的开洞或凹入，楼面宽度狭窄。楼面开洞或凹入尺寸大于楼面宽度的一半；楼板开洞总面积超过楼面面积的 30%；在扣除开洞或凹入后，楼板在任一方向的最小净宽小于 5m，且开洞后每一边的楼板净宽度小于 2m。

（2）楼板平面比较狭长，平面上有较长的外伸段。

（3）错层结构。

（4）楼面的整体性较差。

3. 带转换层结构的转换层、带加强层结构的加强层等宜考虑这些楼层楼板的弹性变形。按弹性楼板假定计算结构的内力和变形。

4. 当需要考虑楼板面内变形而计算中采用刚性楼板假定时，应对所得的计算结果进行适当调整。具体的调整方法和调整幅度与结构体系、构件平面布置、楼板削弱情况等密切相关，不便在条文中具体化。一般可对楼板削弱部位的抗侧刚度相对较小的结构构件，适当增大计算内力，加强配筋和构造措施。

4.2.13 对连梁刚度折减的审查应注意什么？

高层建筑结构构件均采用弹性刚度参与整体分析，但抗震设计的框架-剪力墙或剪力墙结构中的连梁相对剪力墙墙肢刚度较小，水平荷载作用下，由于两端的变位差很大，故承受的弯矩和剪力往往较大，连梁截面设计困难，往往出现超筋现象。抗震设计时，在保证连梁具有足够的承受其所属面积竖向荷载能力的前提下，将连梁作为耗能构件，允许其适当开裂（降低刚度）而把内力转移到剪力墙墙体及其他构件上。就是在内力计算中，对连梁刚度进行折减。《抗规》第 6.2.13 条第 2 款规定：

2 抗震墙地震内力计算时，连梁的刚度可折减，折减系数不宜小于 0.5。

《高规》第 5.2.1 条规定和上述完全一致。

审图时应注意以下几点：

（1）在计算地震作用下的构件承载力时，连梁刚度应进行折减。考虑到连梁的耗能作用，故连梁的刚度折减系数取值应根据抗震设防烈度、结构抗侧力刚度、连梁数量综合考虑。通常，设防烈度为 6、7 度连梁刚度折减系数可取较大值，8、9 度时可取较小值，但折减系数均不宜小于 0.5，以保证连梁承受竖向荷载的能力。

对没有地震作用效应参与组合的工况（如重力荷载、风荷载作用效应计算），不考虑连梁刚度折减。

（2）对框架-剪力墙结构中一端与柱相连、一端与剪力墙相连的梁以及跨高比大于 5 的连梁，受力机理类似于框架梁，竖向荷载效应比水平风载或水平地震作用效应更为明显，此时应慎重考虑梁刚度的折减问题，必要时可不进行梁刚度折减，以保证连梁在正常使用阶段的裂缝及挠度满足使用要求。

（3）计算结构侧向位移时，无论是竖向荷载还是水平荷载作用下，连梁刚度均不折减。计算结构的扭转位移时，连梁刚度也不折减。

（4）以上均是规范在小震弹性计算时对连梁刚度折减的规定，中震、大震下结构地震作用的弹塑性分析时连梁的刚度折减，应根据实际工程的具体情况分析确定。

4.2.14 当结构地震作用计算不满足规范关于楼层最小剪重比的要求时，如何调整？如果调整系数较大、调整的层数过多，能否采用全楼地震剪力放大的方法来解决？

1. 由于地震影响系数在长周期段下降较快，对于基本周期大于 3.5s 的结构，由此算得的水平地震作用下的结构效应可能太小。而对于长周期结构，地震动态作用中的地面运动速度和位移可能对结构的破坏具有更大影响，但是振型分解反应谱法对此尚无法作出估计。出于结构安全考虑，规范提出了对结构总水平地震剪力及各楼层水平地震剪力最小值的要求，规定了不同设防烈度下的楼层最小地震剪力系数（即剪重比），当不满足时，结构总剪力和各楼层的水平地震剪力均需要进行适当的调整或改变结构布置使之达到满足要求。

对于扭转效应明显或基本周期小于 3.5s 的结构，剪力系数取 $0.2\alpha_{max}$，保证足够的抗震安全度。

因此，《抗规》第 5.2.5 条规定：

5.2.5 抗震验算时，结构任一楼层的水平地震剪力应符合下式要求：

$$V_{EKi} > \lambda \sum_{j=i}^{n} G_j \qquad (5.2.5)$$

式中：V_{EKi}——第 i 层对应于水平地震作用标准值的楼层剪力；

λ——剪力系数，不应小于表 5.2.5 规定的楼层最小地震剪力系数值，对竖向不规则结构的薄弱层，尚应乘以 1.15 的增大系数；

G_j——第 j 层的重力荷载代表值。

楼层最小地震剪力系数值　　　　　　　　　　　　　　　　表 5.2.5

类别	6 度	7 度	8 度	9 度
扭转效应明显或基本周期小于 3.5s 的结构	0.008	0.016（0.024）	0.032（0.048）	0.064
基本周期大于 5.0s 的结构	0.006	0.012（0.018）	0.024（0.036）	0.048

注：1　基本周期介于 3.5s 和 5s 之间的结构，可线性插入取值；
　　2　括号内数值分别用于设计基本地震加速度为 0.15g 和 0.30g 的地区。

此条为强制性条文，设计、审图均应严格执行。

2. 剪重比的调整应注意以下几点：

（1）只要底部总剪力不满足《抗规》第 5.2.5 条的规定，则结构各楼层的地震剪力均需要调整，不能仅调整不满足的楼层。

（2）如果较多楼层的剪力系数不满足规范规定（例如 15% 以上的楼层），或底部楼层剪力系数小于规范规定的最小剪力系数太多（例如小于 85%），说明结构选型、结构的平面、立面布置等不合理，此时，应对结构的选型和结构布置等重新调整，使调整后的结构方案的计算结果能满足或接近规范规定的最小剪重比要求。而不能仅采用乘以增大系数方法处理。这样的处理虽然表面上解决了地震剪力的大小数值，但结构方案的不合理问题并没有解决。结构可能存在安全隐患，这是设计所不能允许的。

（3）满足最小地震剪力是结构后续抗震计算的前提，只有调整到符合最小地震剪力的要求，才能进行结构相应的地震倾覆力矩、构件内力、位移等的计算分析；也就是说，当各层的地震剪力需要调整时，原先计算的倾覆力矩、内力和位移均需作相应调整。

（4）对于存在竖向不规则的结构，突变部位的薄弱楼层，若楼层地震剪力不满足《抗规》第 5.2.5 条的规定，则应首先按《抗规》第 5.2.5 条的规定进行最小剪重比的调整，再按规范相关规定，乘以薄弱层的水平地震剪力放大系数。

（5）当高层建筑计算的楼层剪重比较小（小于 0.02）时，虽然结构的层间位移角满足规范要求，但有可能不满足结构的稳定性要求。此时，也应调整并增大结构的抗侧力刚度，使之满足结构的稳定性要求。并对此结构进行地震作用计算，计算结果也应满足规范最小地震剪力的规定。

（6）采用时程分析法时，其计算结果也需符合最小地震剪力的要求。

（7）《抗规》第 5.2.5 条的规定不考虑阻尼比的不同。即对各类结构，包括钢结构、隔震和消能减震结构，只要采用反应谱法计算地震作用，均需一律遵守。

（8）扭转效应明显与否一般可由考虑耦联的振型分解反应谱法分析结果判断，例如前三个振型中，两个水平方向的振型参与系数为同一个量级，即存在明显的扭转效应。

3. 抗震设计时，对于需要采用时程分析法进行补充校核计算的结构，当按时程分析法计算的结果大于按振型分解反应谱法计算出的结果时，可根据两个计算结果的比值作为放大系数，乘以按振型分解反应谱法算得的相应楼层剪力，以保证抗震设计时结构的安全可靠。这和规范规定的剪重比完全不是一个概念，当然不能采用全楼地震剪力放大的方法来解决问题。

第 5 章　混凝土结构

5.1　框架结构

5.1.1　一般规定

5.1.1.1　抗震设计时对单跨框架结构应注意哪些问题？

1. 框架结构的抗侧刚度小，承载能力低，抗震性能较差。而单跨框架结构，超静定次数少，一旦柱子出现塑性铰（在强震时不可避免），出现连续倒塌的可能性很大。震害表明，单跨框架结构，尤其是层数较多的单跨框架结构高层建筑，震害较重，甚至房屋倒塌。因此，规范规定：

（1）《抗规》第 6.1.5 条（对混凝土结构的规定）

甲、乙类建筑以及高度大于 24m 的丙类建筑，不应采用单跨框架结构；高度不大于 24m 的丙类建筑不宜采用单跨框架结构。

（2）《抗规》第 8.1.5 条（对钢结构的规定）

采用框架结构时，甲、乙类建筑和高层的丙类建筑不应采用单跨框架，多层的丙类建筑不宜采用单跨框架。

（3）《高规》第 6.1.2 条

抗震设计的框架结构不应采用单跨框架结构。

以上《抗规》的两条规定都是审查要点。

2. 工程设计中，一般情况下对单跨框架结构应严格按规范设计、审查。如建筑及其他专业功能允许，可在单跨（框架中的适当位置）增设剪力墙，使其成为框架-剪力墙结构，有剪力墙作为抗震第一道防线，结构的抗震能力将大大加强。

3. 当确有需要只能设计成单跨框架结构时，笔者建议：

（1）多层丙类建筑采用单跨框架结构时，应采取比规范更严格的设计措施如提高抗震等级、轴压比限值和位移角限值从严、加强底层柱的承载能力和延性等。4 层及以上时框架柱按中震弹性或中震不屈服设计，必要时可进行抗震性能设计。

（2）甲、乙类及高层丙类建筑应避免采用，当无法避免时应进行抗震性能设计。

不超过 3 层的甲、乙类建筑，框架柱按中震弹性设计。4 层及以上甲、乙类建筑和高层丙类建筑，原则上不允许采用，如使用功能确有需要，框架柱按大震不屈服、框架梁按中震弹性或更高的性能目标设计。

（3）建筑超过 3 层时应进行大震弹塑性变形验算。

（4）多、高层建筑不应采用大跨度单跨框架结构。

5.1.1.2　审图案例：小学教学楼之间的连廊，平面尺寸 24m×4m，地上 4 层，与两侧主体结构脱开，抗震设计时可否采用单跨框架结构？

在此之前曾审查过一个与本工程相似的设计：两小学教学楼（均为地上 4 层多跨框架）之间用连廊相连，连廊平面尺寸 24m×4m，地上 1 层。方案设计时考虑，若两侧主体与中间连廊连为一体成一个结构单元，则结构平面两个方向尺寸差异很大，刚度差异大，扭转效应明显，且平面凹凸过大，又是小学教学楼，乙类建筑，抗震要求高，设计难度大。若在两主体框架与连廊连接处设结构缝分为三个独立的结构单元，两侧主体框架虽为乙类建筑，但为多层多跨，平面竖向均较规则，设计难度不大。但中间的连廊却是单跨框架结构，抗震性能差，若为乙类建筑，则更是规范明确规定的"不应采用单跨框架结构"。在这种情况下，判断此连廊结构的抗震设防类别是乙类建筑还是丙类，就成为能否按此设计方案的关键了。

考虑到在发生地震时特别加强对未成年人的保护，《分类标准》在第 6.0.8 条规定：教育建筑中，幼儿园、小学、中学的教学用房以及学生宿舍和食堂，抗震设防类别应不低于重点设防类。目的是加强抗震措施，延缓结构破坏倒塌，使中小学生（未成年人）能够尽快疏散。而单层的连廊疏散出入口很多，疏散逃生方便、快捷，故可按丙类建筑设计。

回到本案例，情况和前者相同，只是中间连廊是 4 层单跨框架结构。如果在此 4 层的连廊中设置楼梯，人流直接由楼梯疏散。由于单跨框架结构地震中极易破坏，楼梯间倒塌的可能性更大，而中小学生逃生能力较弱，一旦结构倒塌，后果不堪设想，所以，设置有楼梯的连廊的抗震设防类别应为乙类。按规范规定不应采用单跨框架结构。

连廊仅是平时使用时的交通通道，一般情况下，人不会在此处长时间停留，更不可能在此处学习、工作。若连廊内不设置楼梯，而在其两端教学楼内设置楼梯和其他疏散通道，这样，地震时连廊底层人流可由出入口疏散，2 层及以上楼层的人流可由两侧的教学楼疏散通道疏散，则此单跨框架结构的连廊抗震设防类别可定为丙类。即采取可靠的抗震加强措施，是可以采用单跨框架结构的。

5.1.1.3　如何判定单跨框架结构？

规范对此没有明确规定，笔者建议：当结构在其一个主轴方向采用两根柱子形成单跨框架（特别是底层）的框架结构，可称为单跨框架结构。对于仅一个主轴方向的局部范围为单跨的框架结构，当多跨部分承担的剪力或倾覆力矩大于等于结构总剪力或倾覆力矩 50%，可不判定为单跨框架结构。当结构某些楼层有局部布置为单跨框架，虽然结构受力、抗震性能不好，设计中肯定应采取抗震加强措施，但不宜判定为单跨框架结构。

图 5-1 是单跨框架结构判别举例，以上仅为个人看法，供设计、审图时参考。

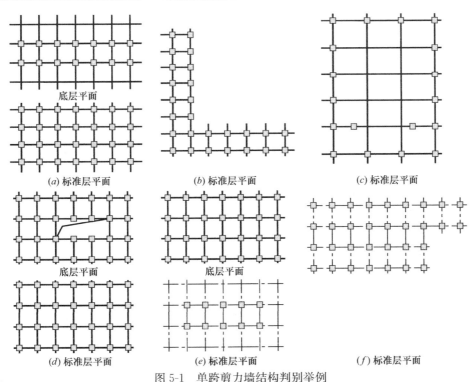

(a) 标准层平面   (b) 标准层平面   (c) 标准层平面

(d) 标准层平面   (e) 标准层平面   (f) 标准层平面

图 5-1 单跨剪力墙结构判别举例

(a)、(b)、(c) 单跨框架结构；(d)、(e)、(f) 仅局部有单跨框架的框架结构

5.1.1.4 抗震设计时，对框架结构中突出屋面的电梯机房、楼梯间等采用砌块承重

砌体结构与框架结构是两种不同结构体系，两种结构体系所用承重材料完全不同，其抗侧刚度、变形能力、结构延性、抗震性能等相差很大。如同一结构单元中采用部分由砌体墙承重、部分由框架承重的混合承重形式，必然会导致结构受力不合理、变形不协调，对结构抗震能力产生很不利影响。

同时，地震作用下，突出屋面的电梯机房、楼梯间、水箱间和设备间等受到的是经过下部主体结构放大后的地震加速度，高振型下会产生显著的鞭梢效应，水平地震作用远大于在地面时的作用。地震剪力大、变形大，更需要有承载能力高、延性好的结构体系和承重材料。而此种混合承重形式正好相反，突出屋面的小塔楼采用了比下部结构更差的结构体系和承重材料。显然，地震作用下会加剧突出屋面的小塔楼破坏和倒塌的可能性。

故《高规》第 6.1.6 条规定：

6.1.6 框架结构按抗震设计时，不应采用部分由砌体墙承重之混合形式。框架结构中的楼、电梯间及局部出屋顶电梯机房、楼梯间、水箱间等，应采用框架承重，不应采用砌体墙承重。

此为强条，设计、审图均应严格执行。

5.1.1.5 框架结构当梁、柱中心线偏心距较大时，设计中应如何考虑其对结构的不利影响？

1. 梁柱中线之间、柱墙中线间有较大偏心距时，地震下可能导致核芯区受剪面积不足，使框架柱和梁柱节点受力恶化。当梁、柱中心线偏心距大于柱截面该方向宽度 1/4 时，水平地震下节点核心区不仅出现斜裂缝，梁下方柱内还有竖向劈裂裂缝产生。9 度时，过大的偏心更易导致柱的破坏。

因此,《抗规》第 6.1.5 条规定:框架结构和框架-抗震墙结构中,框架和抗震墙均应双向设置,柱中线与抗震墙中线、梁中线与柱中线之间偏心距大于柱宽的 1/4 时,应计入偏心的影响。

此为审查要点,设计、审查均应按此执行。

《高规》第 6.1.7 条也有类似规定:梁、柱中心线之间的偏心距,9 度抗震设计时不应大于柱截面在该方向宽度的 1/4;非抗震设计和 6~8 度抗震设计时不宜大于柱截面在该方向宽度的 1/4,如偏心距大于该方向柱宽的 1/4 时,可采取增设梁的水平加腋等措施。

2. 实际工程中,框架梁、柱中心线不重合、产生偏心的情况较多。对框架,一般的措施有:

(1) 根据国内外试验研究的结果,采用水平加腋方法,能明显改善梁柱节点的承受反复荷载性能。但应注意:

1) 应按梁端水平加腋后的相关尺寸进行框架节点核心区截面的抗震验算。不能以构造措施代替框架节点核心区截面的抗震验算。

2) 水平加腋使得框架梁端截面增大,承载能力提高,地震作用下梁端可能不会出铰,同时设计当然也不允许在柱头出铰,这就有可能造成塑性铰转移,使塑性铰出现在梁端非加腋梁段。因此,梁端的箍筋加密区应自水平加腋区段向跨中方向再延伸一个加密区长度。

梁端的塑性铰转移相当于减小梁的跨度,梁的剪力相应加大,故应注意塑性铰区适当提高抗剪配筋。

3) 设置水平加腋后,仍须按考虑梁柱偏心的情况进行结构整体计算,以计入其不利影响。

(2) 当建筑功能要求建筑物的外立面平齐时,结构设计时也可以采用框架梁、柱截面中心线重合、在梁上设置挑板的做法。由梁的挑板承受外围护墙的重量,其弯矩由楼层板平衡,梁、柱没有偏心,甚至梁也没有扭矩。但应处理好填充墙与梁柱的拉接构造,防止塌落等,建筑上应注意处理好此处墙体的冷桥问题。

(3) 对于转换梁、柱截面中线偏心问题,《高规》第 10.2.8 条第 1 款规定:

10.2.8 转换梁设计尚应符合下列规定:

1 转换梁与转换柱截面中线宜重合。

此款为审查要点。《抗规》第 6.2.10 条第 4 款亦有类似规定。

设计、审查均应按此执行。

5.1.1.6　是不是框架结构抗震计算时必须计入整浇楼梯的影响而剪力墙结构等则无需考虑?

整体现浇的钢筋混凝土结构,楼梯的刚度对结构地震作用和地震反应是有影响的,楼梯构件、踏步斜板、斜梁在地震作用下将作为斜向构件参加结构抗侧力工作,使结构整体刚度加大、楼层平面内的刚度分布不均匀,结构整体分析的结果有变化,其影响的程度与结构的刚度、楼梯数量、楼梯平面位置等情况有关,对框架结构较为明显。地震作用下,楼梯梯板沿梯板方向处于非常复杂的受力状态,承受很大的轴向力及不可忽略的剪力、弯矩,为拉(压)弯剪复合受力,在平面内尚存在弯矩和扭矩。

因此,《抗规》第 6.1.15 条规定:

6.1.15 楼梯间应符合下列要求:

1 宜采用现浇钢筋混凝土楼梯。

2 对于框架结构,楼梯间的布置不应导致结构平面特别不规则;楼梯构件与主体结构整浇时，应计入楼梯构件对地震作用及其效应的影响，应进行楼梯构件的抗震承载力验算；宜采取构造措施，减少楼梯构件对主体结构刚度的影响。

3 楼梯间两侧填充墙与柱之间应加强拉结。

本条2、3两款为审查要点，应依此进行审查。

如前所述，整体现浇时，钢筋混凝土楼梯的刚度对所有结构的地震作用影响都是客观存在的。是否考虑其影响，主要是看影响的程度。较大不考虑则不安全，很小则可忽略不计。一般认为：

（1）由于剪力墙的抗侧力刚度远大于框架，故相同的楼梯对框架结构的影响要大于其他带有剪力墙的结构。所以，对于框架结构，当楼梯构件与主体整体现浇时，结构整体计算时应考虑楼梯的影响。但若梯段板滑动支承于平台板上，或平台板与主体结构脱开设计成悬挑板。则楼梯构件对主体结构几乎没有刚度贡献，结构整体计算时可不考虑楼梯的影响。

（2）带有剪力墙的结构如剪力墙结构、框架-剪力墙结构、筒体结构等，由于剪力墙抗侧力刚度很大，相比之下楼梯构件对主体结构的刚度贡献很小，故结构整体计算时也可不考虑楼梯的影响。

5.1.1.7 《抗规》第6.1.15条第2款还要求"进行楼梯构件的抗震承载力验算"，目前设计单位反映现有软件对考虑楼梯构件影响的抗震计算尚不成熟，结果异常，审查时是否必须要求提供相关计算书？

楼梯是建筑物的竖向交通要道，遇有地震等突发事件时更是人员疏散的重要通道。楼梯间（包括楼梯板）的破坏会延误人员撤离及救援工作，从而造成严重伤亡。因此，楼梯间结构应有足够的抗倒塌能力和抗震能力。

2008年汶川地震震害充分表明，框架结构中的楼梯及周边构件破坏严重。震害调查中发现框架结构中的楼梯板破坏严重，被拉断的情况非常普遍，支承梯段板的受力柱、梯段梁等甚至周边框架短柱亦有破坏；楼梯间填充墙倒塌严重。

可见楼梯构件的抗震设计特别是抗震承载力的验算是十分重要的。因此，软件对考虑楼梯构件影响的抗震计算不成熟不能成为设计不考虑的理由。故审查时应要求提供相关计算书。

楼梯构件的抗震承载力验算，主要问题是难以确定其地震作用下的内力。参照《抗规》第5.3.3条对长悬臂、大跨度结构竖向地震作用的近似计算方法，笔者建议可按如下近似方法计算水平地震在梯段板上所产生的地震作用标准值（轴向力）N：

$$N = 系数 \times 重力荷载代表值 / 0.65 \tag{5-1}$$

式中： 系数——可按《抗规》第5.3.3条的规定取用；

重力荷载代表值——按《抗规》第5.1.3条计算。

以上建议仅供设计、审图时参考。

5.1.1.8 抗震设计时，填充墙、隔墙的布置对结构有什么影响？设计可采取哪些措施？审查中应注意哪些问题？

填充墙、隔墙的设计，是框架结构抗震设计中一个十分重要的、不容忽视的内容。《抗规》第3.7.4条规定：

框架结构的围护墙和隔墙，应估计其设置对结构抗震的不利影响，避免不合理设置而导致主体结构的破坏。

此条为强制性条文，设计、审图均应严格执行。

填充墙、隔墙的设计，主要有两类问题：一是填充墙、隔墙对结构整体刚度的影响；二是填充墙、隔墙与主体结构的拉接，墙体的稳定等。一般设计对第二类问题较为重视，而对第一类问题则重视不够，特别填充墙、隔墙的布置，往往认为是建筑专业的事，结构施工图纸上没有表示，更容易忽视。事实上，填充墙、隔墙对建筑物的震害影响极大。历次地震灾害都表明：地震作用下，建筑物填充墙、隔墙的开裂、破坏、倒塌并不少见；而有些主体结构的震害也是由于填充墙、隔墙的不合理设计引起的。因此，切不可等闲视之。

1. 填充墙、隔墙对结构整体刚度的影响，主要有以下一些问题：

（1）填充墙、隔墙对结构刚度的贡献没有得到真实的反映。

当填充墙、隔墙嵌砌与主体结构构件刚性连接时，其对结构整体刚度是有贡献的，有时甚至很大。不考虑填充墙、隔墙对结构整体刚度的贡献，结构实际受到的地震作用就大于计算值，会使结构抗震设计偏于不安全。通常计算软件用周期折减系数来反映这个贡献的大小，根据不同的结构体系取用不同的折减系数。但这仅是考虑填充墙、隔墙对结构刚度影响的近似估算。实际工程中，并非框架结构就一定有填充墙、隔墙（比如采用框架结构的地上车库，一般就没有填充墙、隔墙），而剪力墙结构也不一定就没有填充墙、隔墙（比如住宅剪力墙结构，一般仅分户墙为剪力墙，户内的其他墙体均为隔墙，当分户剪力墙较长时，还会在其上开设结构洞并砌筑填充墙）。另外，目前采用的结构周期折减系数，是20世纪60、70年代根据黏土实心砖填充墙对结构刚度影响的测算给出的，目前采用的填充墙材料，较黏土实心砖刚度小，折减系数也应不同。因此，应根据不同的结构类型、不同的材料及填充墙、隔墙数量的多少选用较为符合实际结构刚度的周期折减系数。

（2）填充墙、隔墙的平面及竖向布置不当，可能会引起结构实际受力时的偏心扭转过大或上、下楼层侧向刚度突变。

比如：实际工程中，由于功能需要，平面一部分需要大开间，而另一部分需要小开间，因此将填充墙、隔墙仅布置在结构平面的一侧，就可能会使结构产生不容忽视的偏心；又比如：由于功能需要，结构某一楼层或几个楼层无填充墙、隔墙，而其他楼层则布置较多的填充墙、隔墙，可能会使结构的上、下层刚度差异过大，甚至突变形成薄弱层、软弱层，等等。意大利一座5层框架结构的旅馆，底层为大堂、餐厅等，隔墙较少，而上部2～5层为客房，隔墙很多，地震时底层完全破坏，上部4层落下压在底层上。2008年我国汶川地震，某建筑底层为车库，无填充墙，而上部有很多填充墙，结构下柔上刚，地震中底层完全破坏（图5-2）。

图5-2 汶川地震某下柔上刚结构底层完全破坏

（3）边框架外墙设带形窗，框架柱中部无填充墙，当柱上下两端设置的刚性填充墙的约束使框架柱中部形成短柱（柱中部净高与柱截面高度之比不大于 4）时，会造成剪切破坏，汶川地震中出现了不少由于填充墙形成的框架短柱剪切破坏的震害（图 5-3）。

图 5-3　汶川地震某 3 层框架结构，因填充墙不合理砌筑导致短柱破坏

2. 抗震设计时，考虑填充墙、隔墙的布置对结构的影响，建议如下：

（1）根据不同的结构类型、不同的材料及填充墙、隔墙数量的多少选用较为符合实际结构刚度的周期折减系数。《高规》第 4.3.17 条规定：

4.3.17　当非承重墙体为砌体墙时，高层建筑结构的计算自振周期折减系数可按下列规定取值：

1　框架结构可取 0.6～0.7；

2　框架-剪力墙结构可取 0.7～0.8；

3　框架-核心筒结构可取 0.8～0.9；

4　剪力墙结构可取 0.8～1.0。

当为自重较轻的砌体或填充墙较少时，周期折减系数宜酌情加大。

（2）填充墙、隔墙的平面和竖向布置，宜均匀、对称，尽可能减少因填充墙、隔墙的偏心布置而加大结构的扭转效应，避免形成上下层刚度差异过大。

目前尚没有关于填充墙、隔墙刚度计算的好方法，因而难以较准确地计算由此产生的结构偏心或上、下层刚度差异值等。因此，设计中应当从概念设计出发，从计算和构造两个方面来考虑：

1）结构分析时，若填充墙、隔墙的布置很不均匀，宜根据填充墙、隔墙的实际布置情况，设定一个较为合理的偏心距来反映平面布置的不均匀；若结构上、下层布置的填充墙、隔墙数量差异较多，宜指定柔弱的下层为薄弱层、软弱层；并取按此计算结果和不考虑这些因素的计算结果两者中的最不利情况作为设计依据。

2）采取切实可靠的构造措施来减小由于填充墙布置的不均匀、不对称而产生的结构偏心或上下层刚度差异过大所造成的不利影响。

（3）由于填充墙布置形成的短柱的抗剪承载力设计，应考虑两个方面的问题：

1）宜按柱子的净高（即楼层层高减去上下填充墙高后的高度）计算其剪力设计值；

2）应按《抗规》第 6.3.9 条的规定，框架柱箍筋全高加密。

3. 填充墙、隔墙的另一个破坏是其自身的倒塌。历次地震，这类震害量大面广，十分严重。根据汶川地震的震害调查情况来看，加强填充墙、隔墙与主体结构的可靠拉结，保证填充墙及隔墙自身的稳定性与整体性，是十分重要和必要的。对此，《高规》第 6.1.5 条第 1、2、3 款，《抗规》第 13.3.2 条、第 13.3.4 条第 1、2、3、4 款均有明确的构造规定。主要内容如下：

（1）填充墙、隔墙应尽可能选用轻质墙体材料以减轻自重。如可能，可将一部分砌体填充墙改为轻钢龙骨石膏板墙；将黏土空心砖填充墙改为石膏空心板墙等。

（2）填充墙、隔墙与主体结构应有可靠拉接，应能适应主体结构不同方向的层间位移；8、9 度时应具有满足层间变位的变形能力，与悬挑构件相连接时，尚应满足节点转动引起的变形能力。

（3）抗震设计时，砌体填充墙及隔墙应具有自身的稳定性，并应符合下列要求：

1）砌体填充墙应沿框架柱高度每隔 500mm 左右设置 2Φ6 的拉筋，拉筋伸入填充墙内的长度，6 度时宜沿墙全长贯通，7、8、9 度时应沿墙全长贯通。

2）墙长大于 5m 时，墙顶与梁（板）宜有钢筋拉结；墙长超过 8m 或层高的 2 倍时，宜设置间距不大于 4m 的钢筋混凝土构造柱；墙高超过 4m 时，墙体半高处（或门窗洞口上皮）宜设置与柱连接且沿墙全长贯通的钢筋混凝土水平系梁。

3）砌体砂浆强度等级不应低于 M5，当采用砖及混凝土砌块时，砌块的强度等级不宜低于 M5，采用轻质砌块时，砌块的强度等级不应低于 M2.5。墙顶应与框架梁或楼板密切结合。

4）砌体女儿墙在人流出入口和通道处应与主体结构有可靠锚固；非出入口无锚固的女儿墙高度，6~8 度时不宜超过 0.5m，9 度时应有可靠锚固，防震缝处的女儿墙应留有足够的宽度，缝两侧的自由端应予以加强。

5）楼梯两侧的填充墙和人流通道的维护墙，尚应设置间距不大于层高的钢筋混凝土构造柱并采用钢丝网砂浆面层加强。

以上可供设计及审图时参考。

5.1.1.9　框架结构雨篷的设计应注意哪些问题？

这里所说的雨篷，专指设置在框架中的钢筋混凝土悬挑板式雨篷。

砌体结构中这类雨篷的设计主要有三个问题：一是雨篷梁及雨篷板自身的承载能力和变形要求；二是雨篷的整体防倾覆；三是雨篷梁支承处砌体的局部受压承载能力。有的设计按砌体结构中雨篷的设计方法来设计框架结构中的雨篷，须知当雨篷板和楼层板不能整体现浇时，仅将雨篷梁（或板）支承在框架的填充墙上，这是不合适的。实际上，设置在框架中的雨篷设计和砌体结构中雨篷设计有很大区别，因为在框架结构中，砌体填充墙是非承重墙体，既不能支承雨篷梁（或板）的荷载，也不能像砌体结构的墙体那样，可以平衡雨篷板的固端弯矩，防止雨篷的整体倾覆。仅将雨篷梁（或板）支承在框架的填充墙上，虽然雨篷本身的承载能力和变形满足要求，但雨篷的整体倾覆和填充墙的局部受压强度都不可能满足要求。

一般框架结构中雨篷的设计，应注意以下问题：

（1）板悬挑长度大于等于 2m（7 度 0.15g 和 8 度）或大于等于 1.5m（9 度）时，应考虑雨篷的竖向地震作用；

（2）当雨篷板和框架梁标高接近时，应使两者整体浇灌；

（3）当雨篷板和框架梁标高相差较大，两者无法整体浇灌时，若雨篷所在跨跨度不大，可将雨篷梁向两侧延伸至框架柱，雨篷梁按弯剪扭构件设计，框架柱的设计应考虑雨篷梁传来的集中弯矩和集中力（图 5-4a）；若雨篷所在跨跨度较大，可在雨篷梁两端下立小受力柱，小受力柱上端伸入框架梁内，雨篷梁按弯剪扭构件设计，小受力柱按偏压构件设计（图 5-4b）。

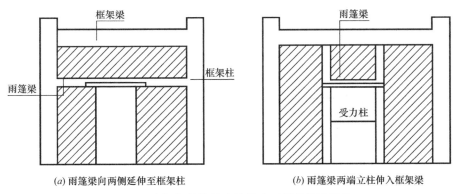

(a) 雨篷梁向两侧延伸至框架柱　　　　　(b) 雨篷梁两端立柱伸入框架梁

图 5-4　由框架结构填充墙挑出面篷的构造做法

5.1.2　框架梁构造要求

5.1.2.1　抗震设计时，框架梁端截面混凝土受压区高度的限值

梁的变形能力主要取决于梁端的塑性转动量，而梁的塑性转动量与截面混凝土相对受压区高度 x/h_0 有关。x/h_0 越小，梁的延性越好。当相对受压区高度 x/h_0 为 0.25 至 0.35 范围时，梁的位移延性系数可达到 3～4。

故《抗规》第 6.3.3 条第 1 款规定：

1　梁端计入受压钢筋的混凝土受压区高度和有效高度之比，一级不应大于 0.25，二、三级不应大于 0.35。

本款规定是抗震设计时满足框架梁延性要求的一个极重要的抗震构造措施，为规范的强制性条文；《混规》、《高规》的规定与《抗规》完全一致，且也是强制性条文。设计、审图均应严格遵守。

因为梁端有箍筋加密区，箍筋间距较密，可保证很好地发挥受压纵向钢筋的作用。所以，计算梁端相对受压区高度 x/h_0 时，宜按梁端截面实际受拉和受压纵向钢筋的面积进行计算。在满足框架梁端的受压与受拉纵向钢筋的比例 A'_s/A_s 不小于 0.5（一级）或 0.3（二、三级）的情况下，一般受压区高度 x 不大于 $0.25h_0$（一级）或 $0.35h_0$（二、三级）的条件较易满足。

计算梁端截面纵向受拉钢筋时，应采用框架梁与柱交界处截面的组合弯矩设计值，并应计入受压纵向钢筋。

应当注意：抗震设计时，框架梁外伸的悬挑梁端也应满足梁端截面混凝土受压区高度的要求。

5.1.2.2　抗震设计时，为什么要规定框架梁端截面的底部和顶部纵向受力钢筋截面面积的比值？

梁端底面和顶面纵向钢筋的比值，对梁的变形能力有较大影响。提高梁端下部纵向受力钢筋的数量，可增加梁端在负弯矩作用下的塑性转动能力，有助于改善梁端塑性铰区的延性性能。同时，梁的配筋应根据梁在各种荷载工况下的弯矩包络图计算，如图5-5所示。由于地震作用的随机性，在较强地震下梁端可能出现较大的正弯矩，该正弯矩有可能明显大于考虑常遇地震作用下的梁端组合正弯矩。若梁端下部纵向受力钢筋配置过少，将可能发生下部纵向钢筋的过早屈服或破坏过重，从而影响承载力和变形能力的正常发挥。所以这也是保证梁端底部纵向受拉钢筋最小配筋率的需要。

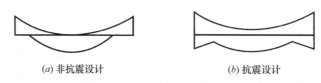

(a) 非抗震设计　　　　　　　(b) 抗震设计

图 5-5　框架梁弯矩包络图示意

因此，《抗规》第6.3.3条第2款规定：

2 梁端截面的底部和顶面纵向钢筋配筋量的比值，除按计算确定外，一级不应小于0.5，二、三级不应小于0.3。

本款规定是抗震设计时满足框架梁延性要求的又一重要抗震构造措施，为规范的强制性条文；《混规》、《高规》的规定与《抗规》完全一致，且也是强制性条文。设计、审图均应严格遵守。

这就是说：抗震设计中，若内力组合及配筋计算后梁端截面的底部和顶部纵向受力钢筋截面面积比值不符合规范规定，应调整钢筋截面面积的比值，使之既满足承载力要求，又满足梁端截面的底部和顶部纵向受力钢筋截面面积比值的要求。

应当注意的是：当按上述规定调整后梁的实配钢筋反算出的梁端抗弯承载力较计算值大很多时（一般为大10%），建议在进行强柱弱梁的内力调整时按实配反算梁抗弯承载力的方法进行。

抗震设计时框架梁外伸的悬挑梁端是否需要满足底部和顶部纵向受力钢筋截面面积比的要求？笔者认为：当悬挑梁考虑竖向地震作用的影响或不满足规范对梁端截面混凝土受压区高度的要求时，应按规定满足底部和顶部纵向受力钢筋截面面积比的要求。

5.1.2.3 抗震设计时框架梁纵筋受拉钢筋的最小配筋率要求

规定框架梁的纵筋受拉钢筋最小配筋率要求，目的是防止框架梁在荷载作用下，由于钢筋配置过少导致一拉就裂、一裂就坏的少筋梁脆性破坏，是抗震设计时满足框架梁延性要求的极其重要的抗震构造措施。

《高规》第6.3.2条第2款规定：

2 纵向受拉钢筋的最小配筋百分率 ρ_{min}（%），非抗震设计时，不应小于0.2和$45f_t/f_y$二者的较大值；抗震设计时，不应小于表6.3.2-1规定的数值。

梁纵向受拉钢筋最小配筋百分率 ρ_{min}（%）　　　　表6.3.2-1

抗震等级	位置	
	支座（取较大值）	跨中（取较大值）
一级	0.40 和 $80f_t/f_y$	0.30 和 $65f_t/f_y$
二级	0.30 和 $65f_t/f_y$	0.25 和 $55f_t/f_y$
三、四级	0.25 和 $55f_t/f_y$	0.20 和 $45f_t/f_y$

梁的纵筋受拉钢筋最小配筋率的取值采用双控方案，即一方面规定具体数值（规定值），另一方面使用与混凝土抗拉强度设计值和钢筋抗拉强度设计值相关的特征值参数（计算值）进行控制。

本规定是抗震设计时满足框架梁延性要求的又一重要抗震构造措施，为规范的强制性条文，《混规》的规定与《高规》完全一致，且也是强制性条文。设计、审图均应按此严格执行。

5.1.2.4 抗震设计时框架梁箍筋设置的具体规定

箍筋的作用有四：其一是抗剪；其二是和纵向钢筋构成骨架，便于构件的绑扎和混凝土的浇捣，方便施工；其三是减小受压钢筋的长度，防止纵向受压钢筋屈曲破坏；其四是约束混凝土，提高延性。处于三向受压状态下的混凝土，不仅可提高其受压能力，还可提高其变形能力。正是利用了混凝土的这个特性，抗震设计时，在梁端的一定范围内对箍筋进行加密，使梁端一定范围内的混凝土处于三向受压状态。所以，加密区箍筋在发挥其他作用的同时，其主要作用是约束混凝土、提高延性。规范规定梁端箍筋加密，目的是从构造上对框架梁塑性铰区的受压混凝土提供更好的约束，并有效地约束纵向受力钢筋，防止纵向受力钢筋在保护层混凝土剥落后过早压屈，以保证梁端具有足够的塑性铰转动能力。就是说，梁端箍筋加密的最主要目的并不是梁的抗剪承载力要求，而是约束混凝土、提高梁的延性、提高结构抗震性能的要求。

根据试验和震害经验，梁端的破坏主要集中于 $1.5\sim2.0$ 倍梁高的长度范围内；当箍筋间距小于 $6d\sim8d$（d 为纵向钢筋直径）时，混凝土压溃前受压钢筋一般不致压屈，延性较好。因此规定了箍筋加密区的最小长度、箍筋最大间距和最小直径，限制了箍筋最大肢距；当纵向受拉钢筋的配筋率超过 2% 时，箍筋的最小直径相应增大。

《高规》第 6.3.2 条第 4 款规定：

4 抗震设计时，梁端箍筋的加密区长度、箍筋最大间距和最小直径应符合表 6.3.2-2 的要求；当梁端纵向钢筋配筋率大于 2% 时，表中箍筋最小直径应增大 2mm。

梁端箍筋加密区的长度、箍筋最大间距和最小直径　　表 6.3.2-2

抗震等级	加密区长度（取较大值）（mm）	箍筋最大间距（取最小值）（mm）	箍筋最小直径（mm）
一	$2.0h_{\mathrm{b}}$，500	$h_{\mathrm{b}}/4$，$6d$，100	10
二	$1.5h_{\mathrm{b}}$，500	$h_{\mathrm{b}}/4$，$8d$，100	8
三	$1.5h_{\mathrm{b}}$，500	$h_{\mathrm{b}}/4$，$8d$，150	8
四	$1.5h_{\mathrm{b}}$，500	$h_{\mathrm{b}}/4$，$8d$，150	6

注：1　d 为纵向钢筋直径，h_{b} 为梁截面高度；
　　2　一、二级抗震等级框架梁，当箍筋直径大于 12mm、肢数不少于 4 肢且肢距不大于 150mm 时，箍筋加密区最大间距应允许适当放松，但不应大于 150mm。

本条规定是抗震设计时满足框架梁延性要求的又一重要抗震构造措施，是规范的强制性条文，《混规》、《抗规》的规定与《高规》完全一致，且也是强制性条文。设计、审图均应严格遵守。

审图时应注意：

（1）因为箍筋的作用是约束混凝土提高延性，故即使抗剪承载力计算不需要规范规定的这么多，也必须按规定配置。同时，也不能采用加大箍筋直径、加大箍筋间距的配置方式。

（2）当梁端纵向受拉钢筋配筋率大于 2% 时，为了更好地从构造上对框架梁塑性铰区的受压混凝土提供约束，并有效约束纵向受压钢筋，保证梁端具有足够的塑性铰转动能力，此时表中箍筋最小直径应增大 2mm。例如，一级抗震的框架梁，当梁端的纵向受拉钢筋配筋率为 2.1%，梁端加密区箍筋的最小直径应取为 12mm，而不应是表中的 10mm。

（3）若箍筋直径较大、间距过密且肢数较多时，不利于混凝土的浇筑，难以保证混凝土的质量，影响钢筋和混凝土的共同工作性能。规范还给出了可适当放松梁端加密区箍筋的间距的条件：特一、一、二级抗震等级框架梁，当箍筋直径大于 12mm 且肢数不少于 4 肢时，箍筋加密区最大间距应允许适当放松，但不应大于 150mm。以使钢筋和混凝土既有较好的握裹力，又能很好地约束混凝土，满足梁端的抗震性能要求。

5.1.2.5　梁截面高度范围内有集中荷载作用时，附加横向钢筋的设计应注意什么？

当集中荷载作用在梁高范围内或梁下部时，为防止集中荷载影响区下部混凝土的撕裂及裂缝，并弥补因间接加载导致的梁斜截面受剪承载力的降低，应在集中荷载影响区内配置附加横向钢筋。试验研究表明：当梁受剪箍筋配筋率满足要求时，由计算确定的横向钢筋能较好发挥受剪作用，并能限制斜裂缝及局部受拉裂缝的宽度。因此，《混规》第 9.2.11 条规定：

9.2.11　位于梁下部或梁截面高度范围内的集中荷载，应全部由附加横向钢筋承担；附加横向钢筋宜采用箍筋。

箍筋应布置在长度为 $2h_1$ 与 $3b$ 之和的范围内（图 9.2.11）。当采用吊筋时，弯起段应伸至梁的上边缘，且末端水平段长度不应小于本规范第 9.2.7 条的规定。

附加横向钢筋所需的总截面面积应符合下列规定：

$$A_{sv} \geqslant \frac{F}{f_{yv}\sin\alpha} \tag{9.2.11}$$

式中：A_{sv}——承受集中荷载所需的附加横向钢筋总截面面积；当采用附加吊筋时，A_{sv} 应为左、右弯起段截面面积之和；

F——作用在梁的下部或梁截面高度范围内的集中荷载设计值；

α——附加横向钢筋与梁轴线间的夹角。

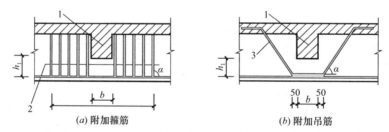

图 9.2.11　梁截面高度范围内有集中荷载作用时附加横向钢筋的布置
注：图中尺寸单位 mm。
1—传递集中荷载的位置；2—附加箍筋；3—附加吊筋

审图中应注意以下几点：

（1）设计中不允许用布置在集中荷载影响区内的受剪箍筋代替附加横向钢筋。

（2）位于梁下部或梁截面高度范围内的集中荷载，应全部由附加横向钢筋承担；附加横向钢筋宜采用箍筋。箍筋应布置在长度为 $s(s=2h_1+3b)$ 的范围内（《混规》第 9.2.11 条图 9.2.11）。当采用吊筋时，弯起段应伸至梁的上边缘，且末端水平段长度不应小于《混规》第 9.2.7 条的规定。

（3）当有两个沿梁长度方向相互距离较小的集中荷载作用于梁高范围内时，可能会形成一个总的撕裂效应和撕裂破坏面。偏安全的做法是：在不减少两个集中荷载之间应配附加横向钢筋数量的同时，分别适当增大两个集中荷载作用点以外附加横向钢筋的数量。

（4）当采用弯起钢筋作附加钢筋时，《混规》第 9.2.11 条式（9.2.11）中的 A_{sv} 应为左右弯起段截面面积之和。弯起式附加钢筋的弯起段应伸至梁上边缘，且其尾部应按规定设置水平锚固段。

5.1.2.6 梁端按简支计算但实际受到部分约束时，简支端支座上筋水平直锚最小长度取多少，如何审查？

在现浇钢筋混凝土结构的情况下，梁端虽然按简支计算但实际上会受到部分约束，在竖向荷载作用下，梁端多少总会产生一些负弯矩。为抵抗此负弯矩，防止梁端上部出现过大的裂缝，应在支座区上部设置一定数量的纵向钢筋，以抵抗此弯矩。《混规》第 9.2.6 条第 1 款规定：当梁端按简支计算但实际受到部分约束时，应在支座区上部设置纵向构造钢筋。其截面面积不应小于梁跨中下部纵向受力钢筋计算所需截面面积的 1/4，且不应少于两根。该纵向构造钢筋自支座边缘向跨内伸出的长度不应小于 $0.2l_0$，此处 l_0 为该跨的计算跨度。

此条为审查要点，应认真执行。

上述对梁支座区上部设置纵向构造钢筋规定多且很具体，但就是没有规定其水平直锚最小长度，因此原则上不属于审查内容。但此钢筋实际受力，参考有关标准图集，建议此钢筋的水平直锚最小长度应伸至梁端且不宜小于 $0.35l_{ab}$。

5.1.2.7 《抗规》第 6.3.3 条第 3 款中框架梁端纵向受拉钢筋配筋大于 2% 时箍筋直径应增大，此时梁配筋率计算时按梁高 h 还是按梁有效高度 h_0？

1. 计算构件最小配筋率时截面面积的取用，《混规》第 8.5.1 条表 8.5.1 的注 4、注 5 分别规定：

受压构件的全部纵向钢筋和一侧纵向钢筋的配筋率以及轴心受拉构件和小偏心受拉构件一侧受拉钢筋的配筋率应按构件的全截面面积计算；受弯构件、大偏心受拉构件一侧受拉钢筋的配筋率应按全截面面积扣除受压翼缘面积 $(b_f' - b)h_f'$ 后的截面面积计算。

故梁高取 h 而不取有效高度 h_0。

2. 计算构件的最大配筋率，规范无明确规定。笔者认为：可按梁的有效高度 h_0 计算其截面面积，这是偏于安全的。

3.《抗规》第 6.3.3 条为强制性条文。

5.1.2.8 抗震设计时对梁宽大于柱宽的扁梁截面尺寸有什么规定？

普通梁的截面高度一般为截面宽度的 2～3 倍，而宽扁梁截面较宽高度较小，高宽比在 1.0 左右，甚至梁宽大于梁高。采用宽扁梁时，梁的自重加大，而刚度较小，对结构的抗侧刚度贡献也小。并可能使框架柱、剪力墙等竖向抗侧力构件配筋加大，框架梁自身配筋也将加大，从结构设计来看，经济性可能不是很好。但采用宽扁梁时可以有效降低层高而满足楼层净空高度的要求，整个工程的综合经济性能较好。同时，宽扁梁的梁截面高度小，容易形成梁铰机制，截面宽度大，可以更好地约束节点核心区混凝土，改善节点的延性，于抗震有利。

宽扁梁有两种情况：一种是梁宽大于梁高但小于柱宽，另一种是梁宽大于梁高且小于柱宽。后者在受力上特别是节点受力上更为不利。因此，是否采用宽扁梁或加大梁的宽度而减小梁的高度，也应考虑结构层高及建筑净空高度、梁的承载力、梁的挠度及裂缝宽度、结构刚度、梁纵向受力钢筋的肢距等诸多因素的影响，应综合确定。

宽扁梁截面尺寸的确定，同样应满足"防止剪切破坏先于弯曲破坏、混凝土的压溃先于钢筋的屈服、钢筋的锚固粘结破坏先于钢筋破坏"的基本要求之一。因此，应从整个框架结构中梁、柱的相互关系，如在强柱弱梁基础上提高梁变形能力的要求等来处理。

《抗规》第 6.3.2 条规定：

6.3.2 梁宽大于柱宽的扁梁应符合下列要求：

1 采用扁梁的楼、屋盖应现浇，梁中线宜与柱中线重合，扁梁应双向布置。扁梁的截面尺寸应符合下列要求，并应满足现行有关规范对挠度和裂缝宽度的规定：

$$b_b \leqslant 2b_c \tag{6.3.2-1}$$

$$b_b \leqslant b_c + h_b \tag{6.3.2-2}$$

$$h_b \geqslant 16d \tag{6.3.2-3}$$

式中：b_c——柱截面宽度，圆形截面取柱直径的 0.8 倍；

b_b、h_b——分别为梁截面宽度和高度；

d——柱纵筋直径。

2 扁梁不宜用于一级框架结构。

本条为审查要点，审图时应认真执行。还应注意：

（1）本条规定主要针对梁宽大于柱宽的扁梁；

（2）不应为了满足其他要求而把梁截面高度压得过小；

（3）除承载力满足要求外，还应验算梁的挠度和裂缝宽度；

（4）一级框架结构不宜采用扁梁框架梁。

5.1.2.9　为什么规定梁端纵向受拉钢筋的最大配筋率？

抗震设计时，控制框架梁端纵向受拉钢筋的最大配筋率目的主要是满足框架梁的延性要求。具体有以下两点：

（1）地震作用下，如果梁端出现破坏，应保证是具有较高延性的适筋破坏；

（2）不应使框架梁柱节点纵向受拉钢筋设置过于密集，防止由于梁端纵向受力钢筋滑移失锚而破坏。

框架梁的延性性能随其配筋率提高而降低。但提高框架梁的延性性能还有其他措施：限制计入受压钢筋作用的梁端混凝土受压区高度，保证梁端截面的底面和顶面纵向钢筋截面面积的比值，……，以及其他抗震构造措施等。抗震设计时，只要框架梁端混凝土受压区高度 x 满足《抗规》第 6.3.3 条第 1 款的规定，梁端截面的底面和顶面纵向钢筋配筋量的比值满足《抗规》第 6.3.3 条第 2 款的规定，即使配筋率较大，梁端仍具有较好的延性；但是，较大的配筋率可能会使梁端纵向受拉钢筋过于密集，造成混凝土对钢筋的握裹力不足，导致在地震反复荷载作用下，框架梁由于梁端纵向受力钢筋滑移失锚而破坏（这也是一种脆性破坏）。此外，较大的梁端纵向受拉钢筋配筋率，也给梁的"强剪弱弯"增加难度。

根据国内、外试验资料，受弯构件当配置不少于受拉钢筋 50% 的受压钢筋时，其延性可以与低配筋率的构件相当。新西兰规范规定：当受弯构件的压区钢筋大于拉区钢筋 50%

时，受拉钢筋配筋率不大于 2.5% 的规定可适当放松。当受压钢筋不少于受拉钢筋的 75% 时，其受拉钢筋的配筋率可提高 30%，即可放宽到 3.25%。

高层建筑，特别是设防烈度高又较为复杂的高层建筑，梁端纵向受拉钢筋可能配置较多，如果强制规定配筋率必须小于 2.5%，则可能不满足承载力的要求，而为了满足承载能力的要求，不得不加大梁的截面尺寸或采用其他措施。但其实这都是不必要的，因为如上所述，只要抗震措施合适，即使配筋率较大，梁端仍具有较好的延性。

考虑到近年来工程应用的情况，《高规》第 6.3.3 条第 1 款规定：

1 抗震设计时，梁端纵向受拉钢筋的配筋率不宜大于 2.5%，不应大于 2.75%；当梁端受拉钢筋的配筋率大于 2.5% 时，受压钢筋的配筋率不应小于受拉钢筋的一半。

本款规定不是审查要点，但笔者建议审图时关注这个问题。梁端纵向受拉钢筋的配筋率尽量不要大于 2.5%；对由于设防烈度高或荷载较大等导致少数框架梁端弯矩设计值偏大，配筋率大于 2.5% 时，要求受压钢筋的配筋率一定不应小于受拉钢筋的一半。

5.1.2.10 抗震等级为一级的框架梁，当变形不满足规范规定时而采用预应力筋时，是否可以采用无粘结预应力？

采用预应力技术对减小构件的裂缝等有很明显的效果，但预应力结构构件的延性性能较差，抗震性能不好，而无粘结预应力构件的延性性能较粘结预应力构件更差，地震作用下更容易发生突然的脆性破坏。《抗规》第 6.1.18 条规定：预应力混凝土结构抗震设计应符合本规范附录 C 的规定。附录 C 第 C.0.3 条规定：抗震设计时，后张预应力框架、门架、转换层的转换大梁，宜采用有粘结预应力筋。承重结构的受拉杆件和抗震等级为一级的框架，不得采用无粘结预应力筋。

规范规定很明确，此时不允许采用无粘结预应力钢筋。

《抗规》第 6.1.18 条规定是审图点，因此，附录 C 第 C.0.3 条规定也是审图要点，设计、审图应按此规定执行。

5.1.2.11 预应力混凝土框架梁、柱的抗震构造应如何审查？

分析研究表明：为保证预应力钢筋混凝土梁的延性要求，应和非预应力梁一样限制梁端截面混凝土受压区高度、底面纵向钢筋和顶面纵向钢筋配筋面积比；当允许配置受压钢筋平衡部分纵向受拉钢筋以减小混凝土受压区高度时，考虑到截面受拉区配筋过多会引起梁端截面中较大的剪力以及钢筋过于密集、施工不便等，也应对梁端截面受拉钢筋最大配筋率作出限制；采用预应力筋和非预应力筋混合配筋方式是提高构件抗震性能的有效途径之一，预应力筋配置较多虽然可提高构件的承载力，但抗震延性降低，故应控制二者的强度比。

《抗规》第 C.0.7 条规定：

C.0.7 预应力混凝土结构的抗震构造，除下列规定外，应符合本规范第 6 章对钢筋混凝土结构的要求：

1 抗侧力的预应力混凝土构件，应采用预应力筋和非预应力筋混合配筋方式。二者的比例应依据抗震等级按有关规定控制，其预应力强度比不宜大于 0.75。

2 预应力混凝土框架梁端纵向受拉钢筋的最大配筋率、底面和顶面非预应力钢筋配筋量的比值，应按预应力强度比相应换算后符合钢筋混凝土框架梁的要求。

3 预应力混凝土框架柱可采用非对称配筋方式；其轴压比计算，应计入预应力筋的总有效预加力形成的轴向压力设计值，并符合钢筋混凝土结构中对应框架柱的要求；箍筋宜全高加密。

4 板柱-抗震墙结构中，在柱截面范围内通过板底连续钢筋的要求，应计入预应力钢筋截面面积。

《抗规》第6.1.18条规定是审图要点，因此，附录C第C.0.7条规定也是审图要点，设计、审图应按此规定执行。

审图时应注意：

（1）考虑地震组合的预应力混凝土框架柱，可等效为承受预应力作用的非预应力偏心受压构件，在计算中将预应力作用按总有效预应力表示，并乘以预应力分项系数1.2，故预应力作用引起的轴向力设计值为 $1.2N_{pe}$。

（2）对于承受较大弯矩而轴向压力较小的框架顶层边柱，可按预应力混凝土梁设计，采用非对称配筋的预应力混凝土柱，弯矩较大截面的受拉一侧采用预应力筋和非预应力筋混合配筋，另一侧仅配非预应力筋，并应符合相应的配筋构造要求。

（3）结构设计中对一些大跨度梁、悬挑梁采用预应力混凝土梁，应特别注意对梁端截面配筋强度比的审查。

5.1.3　框架柱构造要求

5.1.3.1　对柱轴压比的审查应注意哪些问题？

轴压比是衡量柱子延性的重要参数。柱轴压比小，延性好；轴压比大，延性差。限制柱子的轴压比就是希望在地震作用下，如果柱屈服，则出现大偏心受压的延性破坏而不要出现小偏心受压等的脆性破坏。因此，抗震设计时，限制柱子的轴压比是保证框架柱和框支柱的塑性变形能力和延性要求、保证框架的抗倒塌能力的重要措施之一。

《抗规》第6.3.6条规定：

6.3.6 柱轴压比不宜超过表6.3.6的规定；建造于Ⅳ类场地且较高的高层建筑，柱轴压比限值应适当减小。

柱轴压比限值　　　　　　　　　　　　　　　　　　表6.3.6

结构类型	抗震等级			
	一	二	三	四
框架结构	0.65	0.75	0.85	0.90
框架-抗震墙、板柱-抗震墙、框架—核心筒及筒中筒	0.75	0.85	0.90	0.95
部分框支抗震墙	0.6	0.7	—	—

注：1　轴压比指柱组合的轴压力设计值与柱的全截面面积和混凝土轴心抗压强度设计值乘积之比值；对本规范规定不进行地震作用计算的结构，可取无地震作用组合的轴力设计值计算；

2　表内限值适用于剪跨比大于2、混凝土强度等级不高于C60的柱；剪跨比不大于2的柱，轴压比限值应降低0.05；剪跨比小于1.5的柱，轴压比限值应专门研究并采取特殊构造措施；

3　沿柱全高采用井字复合箍且箍筋肢距不大于200mm、间距不大于100mm、直径不小于12mm，或沿柱全高采用复合螺旋箍、螺旋间距不大于100mm、箍筋肢距不大于200mm、直径不小于12mm，或沿柱全高采用连续复合矩形螺旋箍、螺旋净距不大于80mm、箍筋肢距不大于200mm、直径不小于10mm，轴压比限值均可增加0.10；上述三种箍筋的最小配箍特征值均应按增大的轴压比由本规范表6.3.9确定；

4　在柱的截面中部附加芯柱，其中另加的纵向钢筋的总面积不少于柱截面面积的0.8%，轴压比限值可增加0.05；此项措施与注3的措施共同采用时，轴压比限值可增加0.15，但箍筋的体积配箍率仍可按轴压比增加0.10的要求确定；

5　柱轴压比不应大于1.05。

此条为审查要点，设计、审图均应认真执行。

《混规》、《高规》对轴压比的规定和《抗规》基本一致，但比《抗规》多了个注2："表内数值适用于混凝土强度等级不高于C60的柱。当混凝土强度等级为C65～C70时，轴压比限值应比表中数值降低0.05；当混凝土强度等级为C75～C80时，轴压比限值应比表中数值降低0.10；"。笔者认为，此注虽然不是审查要点，但建议按审查要点审查。

审图时应注意：

（1）规范中所说的"较高的高层建筑"，是指高于40m的框架结构或高于60m的其他结构体系的混凝土房屋建筑。

（2）表中的轴压比限值，仅适用于剪跨比大于2且混凝土强度等级为C60及以下的柱。当混凝土强度等级为C60及以下，但剪跨比不大于2但不小于1.5，规范规定其柱轴压比限值应比表中数值减小0.05；剪跨比小于1.5的柱，轴压比限值应专门研究并采取特殊构造措施。

（3）要区别不同结构体系中的框架柱其轴压比限值不同。框支柱以及框架结构的柱抗震能力较差，应从严控制其轴压比；框架-剪力墙、板柱-剪力墙及筒体结构中，框架属于第二道防线，其中框架的柱与框架结构的柱相比，其重要性相对较低，因此可适当放宽其轴压比限值。

（4）采用配置复合螺旋箍筋、螺旋箍筋或连续复合矩形螺旋箍筋方式可放宽柱轴压比限值，但应满足规范规定的构造要求（箍筋直径、间距肢数等）；矩形截面柱采用连续矩形复合螺旋箍是一种非常有效的提高延性的措施，采用连续复合矩形螺旋箍可按圆形复合螺旋箍对待。

（5）当采用设置配筋芯柱的方式放宽柱轴压比限值时，芯柱纵向钢筋配筋量应符合本条表注的有关规定，其截面宜符合下列规定（图5-6）：

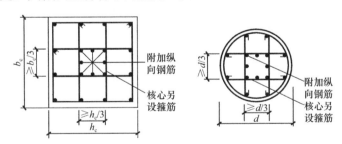

图5-6 芯柱尺寸示意图

1）当柱截面为矩形时，配筋芯柱也可采用矩形截面，其边长不宜小于柱截面相应边长的1/3；

2）当柱截面为正方形时，配筋芯柱可为正方形或圆形，其边长或直径不宜小于柱截面边长的1/3；

3）当柱截面为圆形时，配筋芯柱宜采用圆形，其直径不宜小于柱截面直径的1/3。

（6）按上述第4、5两款放宽轴压比的上限控制条件后，应注意：

1）由于轴压比直接影响柱的截面设计，规范规定应控制轴压比最大值。即无论何种情况下，柱轴压比不应大于1.05。

2）箍筋加密区的最小体积配箍率应按放宽后的设计轴压比确定，且沿柱全高采用相同的配箍特征值。

（7）《高规》中提出的特一级抗震等级的框架柱、框支柱，其轴压比限值规范未作明确规定。建议按相应情况下的一级抗震等级确定。

5.1.3.2　抗震设计时框架柱纵筋最小配筋率有哪些规定？

1. 规定柱子纵向受力钢筋的最小配筋率，是抗震设计时柱子满足延性要求的抗震构造措施之一。主要作用是：考虑到实际地震作用在大小及作用方向上的随机性，经计算确定的配筋仍可能在结构中造成某些估计不到的薄弱构件或薄弱截面；通过规定纵向受力钢筋最小配筋率，可以对这些薄弱部位进行补救，以提高结构整体地震反应能力的可靠性；此外，与非抗震情况相同，纵向受力钢筋最小配筋率可保证柱截面开裂后抗弯刚度不致削弱过多；另外，纵向受力钢筋最小配筋率使设防烈度不高的地区一部分框架柱的抗弯能力在"强柱弱梁"措施基础上有进一步提高，这也相当于对"强柱弱梁"措施的某种补充。

《高规》第 6.4.3 条第 1 款规定：

1　柱全部纵向钢筋的配筋率，不应小于表 6.4.3-1 的规定值，且柱截面每一侧纵向钢筋配筋率不应小于 0.2%；抗震设计时，对Ⅳ类场地上较高的高层建筑，表中数值应增加 0.1。

柱纵向受力钢筋的最小配筋百分率（%）

表 6.4.3-1

柱类型	抗震等级				非抗震
	一级	二级	三级	四级	
中柱、边柱	0.9 (1.0)	0.7 (0.8)	0.6 (0.7)	0.5 (0.6)	0.5
角柱	1.1	0.9	0.8	0.7	0.5
框支柱	1.1	0.9	—	—	0.7

注：1　表中括号内数值适用于框架结构；
　　2　采用 335MPa 级、400MPa 级纵向受力钢筋时，应分别按表中数值增加 0.1 和 0.05 采用；
　　3　混凝土强度等级高于 C60 时，上述数值应增加 0.1 采用。

此款为规范强制性条文，《抗规》第 6.3.7 条第 1 款与上述规定基本一致，亦为强制性条文，设计、审图应严格执行。

2. 审图时应注意以下几点：

（1）角柱、框支柱和边柱、中柱的最小配筋率不同，角柱、框支柱的最小配筋率比边柱、中柱大 0.2%。

（2）考虑到高强混凝土对柱抗震性能的不利影响，当混凝土强度等级为 C60 及以上时，最小配筋率应按表中的数值增加 0.1。

（3）表中数值是以 500MPa 级钢筋为基准规定的，当采用 335MPa 级、400MPa 级纵向受力钢筋时，应分别按表中数值增加 0.1 和 0.05。

（4）为防止柱每侧的配筋过少，还要求每侧的最小配筋率不应小于 0.2%。即框架柱的纵向受力钢筋最小配筋率是双控，应同时满足全截面和一侧纵向受力钢筋的最小配筋率两个要求；审图中曾发现过这样的案例，全截面配筋满足最小配筋率，但一侧配筋不满足 0.2% 的要求。

（5）对建造在Ⅳ类场地上较高的高层建筑，最小配筋率应按表中的数值增加 0.1。

所谓"较高的高层建筑"是指高于 40m 的框架结构或高于 60m 的其他结构体系的混

凝土房屋建筑。

（6）特一级抗震等级柱的最小配筋率，应按《高规》第 3.10.2 条、第 3.10.4 条规定取用。

（7）多层建筑设有转换层时，应按《抗规》第 6.3.7 条表 6.3.7-1 规定，三级、四级抗震等级时框支柱全截面最小配筋率分别为 0.8%、0.7%。

其实，设计人对柱纵向受力钢筋的最小配筋率概念是很清楚的，但由于规定内容较多，加之设计时间紧、任务多，有可能忙中疏忽了，应提醒自己。

5.1.3.3 抗震设计时，对出现偏心受拉的框架柱，如何审查其纵筋受力钢筋的配筋量？

当结构平面尺寸较长、房屋层数少而抗震设防烈度又较高时，框架柱在地震作用组合下可能会处于小偏心受拉状态，为了避免柱的受拉纵筋屈服后再受压时，由于包兴格效应而导致纵筋压屈。《抗规》第 6.3.8 条第 4 款规定：

6.3.8 柱的纵向钢筋配置，尚应符合下列规定：

4 边柱、角柱及抗震墙端柱在小偏心受拉时，柱内纵筋总截面面积应比计算值增加 25%。

此款为审查要点，设计、审图均应认真执行。

审查时应注意：若计算值小于规范规定的柱纵向受力钢筋总截面面积最小值（即柱纵向受力钢筋最小配筋率乘以柱截面面积），则应在规范规定的柱纵向受力钢筋总截面面积最小值基础上增加 25%。

5.1.3.4 如何确定抗震设计时框架柱箍筋加密区的长度？

抗震设计时，框架柱箍筋在规定的范围内应加密。和框架梁端的箍筋加密道理一样，框架柱箍筋在柱端规定的范围内加密也是为了约束混凝土、提高柱端塑性铰区的变形能力，是满足框架柱延性要求的重要抗震构造措施之一。

框架柱端箍筋加密区长度的确定，是根据试验结果和震害经验作出的。该长度相当于柱端潜在塑性铰区的范围再加上一定的安全裕量。

地震时框架角柱处于复杂的受力状态，同时双向受力作用十分明显，结构的扭转效应对内力影响较大，其弯矩和剪力都比其他柱要大。剪跨比不大于 2 的柱以及因填充墙等形成的柱净高与截面高度之比不大于 4 的柱，地震作用下易发生脆性的剪切破坏，箍筋应在柱的全高范围加密。

《抗规》第 6.3.9 条第 1 款规定：

6.3.9 柱的箍筋配置，尚应符合下列要求：

1 柱的箍筋加密范围，应按下列规定采用：

1） 柱端，取截面高度（圆柱直径）、柱净高的 1/6 和 500mm 三者的最大值；

2） 底层柱的下端不小于柱净高的 1/3；

3） 刚性地面上下各 500mm；

4） 剪跨比不大于 2 的柱、因设置填充墙等形成的柱净高与柱截面高度之比不大于 4 的柱、框支柱、一级和二级框架的角柱，取全高。

本款是审查要点，设计、审图应认真执行。

对规范上述规定另补充以下几点提请审图时注意：

（1）室内外有高差时，室外地坪以上柱段应全高加密，室外地坪以下柱段可按上述

《抗规》第 6.3.9 条第 1 款 1）规定加密（图 5-7），若为短柱则全高加密。

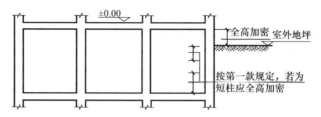

图 5-7 室内外有高层时柱箍筋加密区

（2）当结构嵌固部位位于地下一层底板时，地下一层顶板处（即±0.00）框架柱上下两端也应按柱根要求进行箍筋加密。

（3）注意对底层柱柱根部位加密范围要求从严：是"柱根以上 1/3 柱净高的范围"均需加密，而不是"柱净高之 1/6 和 500mm 三者之最大值"。

（4）关于刚性地面，规范对此没有明确规定。参考建筑构造做法，地面做法中有 200mm 厚的钢筋混凝土结构层或素混凝土层，一般可认为是刚性地面。

（5）对结构中有越层柱的情况，当结构中某根柱子周边均无楼层梁时，柱高应取越层柱的实际几何长度（即二层或三层楼层高度）；当柱子一个方向与楼层梁相连，另一个方向无楼层梁时，则无楼层梁方向的柱高仍应为各相应楼层层高。柱箍筋加密区的范围应以此柱两个方向不同的高度按上述第 1 款规定，取最不利情况确定其加密区长度（图 5-8）。

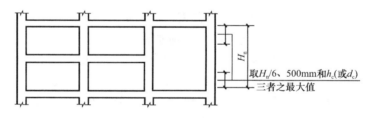

图 5-8 越层柱箍筋加密区

5.1.3.5 《抗规》第 6.3.9 条第 1 款 4）规定，柱净高与柱截面高度之比不大于 4 的柱，其箍筋全柱高加密，对圆柱，审查时是按柱截面高度取圆柱直径还是取圆柱截面有效高度 h_0？

1. 对框架柱采取箍筋加密等措施可以提高其变形能力和抗震性能。由于短柱在地震时所受到的剪力较一般框架柱大，柱的延性也较一般框架柱差，容易出现脆性的剪切破坏。因此，对短柱的箍筋加密提出了更高的要求。

2. 判别短柱时剪跨比值 λ 的计算，有两种情况：

（1）对一般偏压构件取 $\lambda = M/(Vh_0)$；

（2）对框架结构中的框架柱，由于反弯点在层高范围内，可取 $\lambda = H_n/(2h_0)$。

《抗规》的规定是针对框架柱，由上述（2）款公式计算出的框架柱剪跨比 $\lambda \leq 4$ 即为短柱。对矩形截面柱，h_0 是柱截面的有效高度。对圆形截面柱，规范无明确规定，建议近似取圆柱截面的直径，这是偏于安全的。

5.1.3.6 确定框架柱加密区箍筋体积配箍率应注意什么？

框架柱的弹塑性变形能力，主要与柱的抗震等级、轴压比和箍筋对混凝土的约束程度有关。轴压比大的柱，要求的箍筋约束程度高；柱子的抗震等级越高，抗震性能要求也相应提高；只有对框架柱配置更高的体积配箍率，才能使框架柱具有大体上相同的变形能力，满足柱子抗震时的延性要求。而箍筋对混凝土的约束程度，主要与箍筋形式、体积配箍率、箍筋抗拉强度以及混凝土轴心抗压强度等因素有关；混凝土强度等级越高，配箍率越高；而箍筋强度越高，配箍率则可相应降低。

《抗规》第 6.3.9 条第 3、4 款规定：

3 柱箍筋加密区的体积配筋率，应按下列规定采用：

1）柱箍筋加密区的体积配筋率应符合下式要求：

$$\rho_v \geq \lambda_v f_c / f_{yv} \tag{6.3.9}$$

式中：ρ_v——柱箍筋加密区的体积配箍率，一级不应小于 0.8%，二级不应小于 0.6%，三、四级不应小于 0.4%；计算复合螺旋箍的体积配箍率时，其非螺旋箍的箍筋体积应乘以折减系数 0.80；

f_c——混凝土轴心抗压强度设计值，强度等级低于 C35 时，应按 C35 计算；

f_{yv}——箍筋或拉筋抗拉强度设计值；

λ_v——最小配箍特征值，宜按表 6.3.9 采用。

柱箍筋加密区的箍筋最小配箍特征值

表 6.3.9

抗震等级	箍筋形式	轴压比								
		≤0.3	0.4	0.5	0.6	0.7	0.8	0.9	1.0	1.05
一	普通箍、复合箍	0.10	0.11	0.13	0.15	0.17	0.20	0.23	—	—
	螺旋箍、复合或连续复合矩形螺旋箍	0.08	0.09	0.11	0.13	0.15	0.18	0.21	—	—
二	普通箍、复合箍	0.08	0.09	0.11	0.13	0.15	0.17	0.19	0.22	0.24
	螺旋箍、复合或连续复合矩形螺旋箍	0.06	0.07	0.09	0.11	0.13	0.15	0.17	0.20	0.22
三、四	普通箍、复合箍	0.06	0.07	0.09	0.11	0.13	0.15	0.17	0.20	0.22
	螺旋箍、复合或连续复合矩形螺旋箍	0.05	0.06	0.07	0.09	0.11	0.13	0.15	0.18	0.20

注：普通箍指单个矩形箍和单个圆形箍，复合箍指由矩形、多边形、圆形箍或拉筋组成的箍筋；复合螺旋箍指由螺旋箍与矩形、多边形、圆形箍或拉筋组成的箍筋；连续复合矩形螺旋箍指用一根钢筋加工而成的箍筋。

2）框支柱宜采用复合螺旋箍或井字复合箍，其最小配箍特征值应比表 6.3.9 内数值增加 0.02，且体积配箍率不应小于 1.5%。

3）剪跨比不大于 2 的柱宜采用复合螺旋箍或井字复合箍，其体积配箍率不应小于1.2%，9 度一级时不应小于 1.5%。

4 柱箍筋非加密区的箍筋配置，应符合下列要求：

1）柱箍筋非加密区的体积配箍率不宜小于加密区的 50%。

2）箍筋间距，一、二级框架柱不应大于 10 倍纵向钢筋直径，三、四级框架柱不应大于 15 倍纵向钢筋直径。

上述规定均是审查要点，设计、审图应认真执行。

以下几点提请审图时注意：

（1）体积配箍率、箍筋强度及混凝土强度三者可以用配箍特征值表示。按《抗规》表 6.3.9 查最小配箍特征值所采用的轴压比，是柱子的实际轴压比。当其值处于表中数值之间时可按线性插值求得。

（2）箍筋最小配箍特征值，与柱子的轴压比有关：在抗震等级相同的情况下，轴压比大的柱，其配箍特征值大于轴压比低的柱；还与箍筋形式有关：轴压比相同的柱，采用普通箍或复合箍时的配箍特征值，大于采用螺旋箍、复合螺旋箍或连续复合螺旋箍时的配箍特征值。《混规》第11.4.17条表注3规定：混凝土强度等级高于C60时，箍筋宜采用复合箍、复合螺旋箍或连续复合矩形螺旋箍，当轴压比不大于0.6时，其加密区的最小配箍特征值宜按表中数值增加0.02；当轴压比大于0.6时，宜按表中数值增加0.03。此条规定虽然不是审查要点，但建议设计、审图时予以关注。

（3）注意规范对最小体积配箍率的规定。特别是对框支柱、剪跨比不大于2的柱和9度一级柱的最小体积配箍率，往往容易疏忽。

（4）按《抗规》式（6.3.9）计算柱加密区箍筋的体积配筋率时应注意：

1）柱的混凝土强度等级低于C35时，应按C35取用其轴心抗压强度设计值；

2）作为约束混凝土、提高延性而采用的箍筋，应分别取用其强度设计值，其抗拉强度设计值不折减；

3）计算箍筋体积时，应扣除重叠部分的箍筋体积；

4）计算复合螺旋箍的体积配筋率时，其非螺旋箍筋的体积应乘以换算系数0.8。

5.1.3.7 抗震设计的框架柱，对箍筋的直径、间距、肢距有哪些具体规定？

箍筋对混凝土的约束程度，主要与箍筋形式、体积配箍率、箍筋抗拉强度以及混凝土轴心抗压强度等因素有关。加密范围内箍筋的间距小、直径大、肢距密，则约束混凝土的效果更好；同时限制箍筋肢距还可对框架柱的纵向受压钢筋在两个方向进行有效约束以减小其长度，防止纵向受压钢筋的屈曲失稳。

《抗规》第6.3.7条第2款规定：

2 柱箍筋在规定的范围内应加密，加密区的箍筋间距和直径，应符合下列要求：

1）一般情况下，箍筋的最大间距和最小直径，应按表6.3.7-2采用。

柱箍筋加密区的箍筋最大间距和最小直径　　　　　表6.3.7-2

抗震等级	箍筋最大间距（采用较小值，mm）	箍筋最小直径（mm）
一	6d，100	10
二	8d，100	8
三	8d，150（柱根100）	8
四	8d，150（柱根100）	6（柱根8）

注：1　d为柱纵筋最小直径；
　　2　柱根指底层柱下端箍筋加密区。

2）一级框架柱的箍筋直径大于12mm且箍筋肢距小于150mm及二级框架柱的箍筋直径不小于10mm且箍筋肢距不大于200mm时，除底层柱下端外，最大间距应允许采用150mm；三级框架柱的截面尺寸不大于400mm时，箍筋最小直径应允许采用6mm；四级框架柱剪跨比不大于2时，箍筋直径不应小于8mm。

3）框支柱和剪跨比不大于2的框架柱，箍筋间距不应大于100mm。

《抗规》第6.3.9条第2款规定：

2 柱箍筋加密区的箍筋肢距，一级不宜大于200mm，二、三级不宜大于250mm，四级不宜大于 300mm。至少每隔一根纵向钢筋宜在两个方向有箍筋或拉筋约束；采用拉筋复合箍时，拉筋宜紧靠纵向钢筋并钩住箍筋。

《抗规》第 6.3.7 条第 2 款为规范强制性条文，第 6.3.9 条第 2 款是审图要点，《高规》第 6.4.3 条第 2 款与《抗规》第 6.3.7 条第 2 款规定一致，且亦为强制性条文。设计、审图应严格执行。

审图时应注意：

（1）考虑强底层柱底的要求，底层框架柱柱根加密区的箍筋直径和间距比其他柱端箍筋加密间距要求要严。例如：根据以上述规定，抗震等级为三、四级的框架柱，其他部位加密区箍筋间距可采用 150mm 和 8d 中的较小值，而底层框架柱柱根加密区箍筋间距应采用 100mm 和 8d 中的较小值。不区别柱根部位和其他部位，将三、四级框架柱加密区箍筋间距一律采用 150mm，不符合规范规定。

（2）当箍筋直径较大、肢数较多、肢距较小时，加密区箍筋的间距过小会造成钢筋过密，不利于混凝土的浇筑施工及保证混凝土的浇筑质量，影响钢筋和混凝土的共同工作性能。适当放宽箍筋间距要求，使钢筋和混凝土既有较好的握裹力，又能很好地约束混凝土，仍然可以满足柱端的抗震性能要求。故规范增加了对框架柱端加密区箍筋间距可以适当放松的规定，但应注意：箍筋的间距放宽后，柱的体积配箍率仍需满足规范的相关要求。

（3）框支柱和剪跨比不大于 2 的柱，地震作用下易发生脆性的剪切破坏，要求从严。

（4）又考虑到框架柱在整个层高范围内剪力不变以及可能存在的扭转影响，为避免箍筋非加密区的受剪承载能力突然降低很多，导致柱的中段出现受剪破坏，《抗规》在第 6.3.9 条第 4 款第 2）小款对非加密区箍筋的间距也作了规定：箍筋间距，一、二级框架柱不应大于 10 倍纵向钢筋直径，三、四级框架柱不应大于 15 倍纵向钢筋直径。

（5）特一级框支柱、框架柱柱端加密区最小配箍特征值、箍筋体积配箍率应符合《高规》第 3.10.2 条、第 3.10.4 条的规定，箍筋的最小直径、最大间距、最大肢距一般可按一级抗震等级确定。

5.1.3.8 不属于超限建筑的工程，其穿层柱、斜柱的抗震措施是否按一般柱审查？

结构中有少数穿层柱、斜柱等，不属于超限建筑工程，说明结构整体上并不是很复杂，无须对整个结构从结构方案到结构构件提出更高的要求。但具体到少数穿层柱、斜柱等，其受力、变形等显然比一般构件要复杂，因此不能一概而论。首先应符合一般框架柱的相关规定，并应根据工程的具体情况、构件受力的复杂程度，确定是否需提高其承载能力、变形能力和抗震延性能力，采取相应的加强措施等；此外，还应注意相邻构件的受力变化等，例如，与斜柱相连的框架梁及邻近楼板还受有拉力。

5.2 剪力墙结构

5.2.1 一般规定

5.2.1.1 剪力墙墙肢与其平面外方向的楼面梁连接时，审图中应注意哪些问题？

剪力墙肢的截面尺寸，一个方向很长（平面内方向），一个方向很短（平面外方向）。

所以剪力墙肢的截面特性是平面内刚度和承载力很大，而平面外刚度和承载力都相对很小。也因此目前一些设计计算时假定墙平面外刚度为 0、承载能力为 0，这对比较薄的剪力墙是合适的。当剪力墙肢与平面外方向的楼面梁连接时，无论是刚接还是铰接，由于梁、墙整体现浇，墙肢平面外或多或少总会产生弯矩。虽然剪力墙平面外也有一定的刚度和抗弯能力，但如果是刚接，较薄的剪力墙能否承受较大的弯矩？即使是铰接，当梁截面较高（刚度大）时较薄的剪力墙平面外能否承受这个弯矩也是一个问题。因此，应注意剪力墙平面外受弯时的安全问题。当梁高大于约 2 倍墙厚时，刚性连接梁的梁端弯矩将使剪力墙平面外产生较大的弯矩，此时应采取措施，以保证剪力墙平面外的安全。

《高规》第 7.1.6 条规定：

7.1.6 当剪力墙或核心筒墙肢与其平面外相交的楼面梁刚接时，可沿楼面梁轴线方向设置与梁相连的剪力墙、扶壁柱或在墙内设置暗柱，并应符合下列规定：

1 设置沿楼面梁轴线方向与梁相连的剪力墙时，墙的厚度不宜小于梁的宽度；

2 设置扶壁柱时，其截面宽度不应小于梁宽，其截面高度可计入墙厚；

3 墙内设置暗柱时，暗柱的截面高度可取墙的厚度，暗柱的截面宽度可取梁宽加 2 倍墙厚；

4 应通过计算确定暗柱或扶壁柱的纵向钢筋（或型钢），纵向钢筋的总配筋率不宜小于表 7.1.6 的规定。

暗柱、扶壁柱纵向钢筋的构造配筋率 表 7.1.6

设计状况	抗震设计				非抗震设计
	一级	二级	三级	四级	
配筋率（%）	0.9	0.7	0.6	0.5	0.5

注：采用 400MPa、335MPa 级钢筋时，表中数值宜分别增加 0.05 和 0.10。

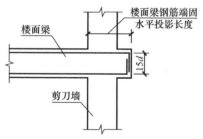

图 7.1.6 楼面梁伸出墙面形成梁头

5 楼面梁的水平钢筋应伸入剪力墙或扶壁柱，伸入长度应符合钢筋锚固要求。钢筋锚固段的水平投影长度，非抗震设计时不宜小于 $0.4l_{ab}$，抗震设计时不宜小于 $0.4l_{abE}$；当锚固段的水平投影长度不满足要求时，可将楼面梁伸出墙面形成梁头，梁的纵筋伸入梁头后弯折锚固（图 7.1.6），也可采取其他可靠的锚固措施。

6 暗柱或扶壁柱应设置箍筋，箍筋直径，一、二、三级时不应小于 8mm，四级及非抗震时不应小于 6mm，且均不应小于纵向钢筋直径的 1/4；箍筋间距，一、二、三级时不应大于 150mm，四级及非抗震时不应大于 200mm。

审图时应从以下问题入手：

（1）在上述规定中，第 1、2 款中所提措施，由结构整体计算即可得构件内力及配筋，此两种措施可以使剪力墙平面外不承受弯矩，效果最好。但也许会影响建筑的功能使用要求，难以做到。

（2）墙内设置暗柱（或型钢）时，要注意：

1）梁、暗柱的线刚度宜接近，梁比暗柱的线刚度不应大得过多。对此，未见规范有明确规定，仅供参考。

2）应通过计算确定暗柱或扶壁柱的竖向钢筋（或型钢）。

如何较准确合理地计算剪力墙暗柱的承载力，使墙体平面外具有足够的抗弯承载力，不致因平面外弯矩过大而造成墙体开裂破坏，是一个十分重要的问题。根据有关文献，笔者建议，暗柱的承载力计算可按以下方法进行：

墙内暗柱的截面高度可取墙的厚度，暗柱的截面宽度不应小于梁宽加 2 倍墙厚、不宜大于墙厚的 4 倍；暗柱弯矩设计值取为 $0.6\eta_c M_b$，此处，M_b 为与墙平面外连接的梁端弯矩设计值，η_c 为暗柱柱端弯矩设计值增大系数，剪力墙或核心筒为一、二、三、四级抗震等级时分别取 1.4、1.2、1.1 和 1.1；暗柱轴向压力设计值取暗柱从属面积下的重力荷载代表值计算出的设计值，轴力对暗柱正截面承载力有利时可取梁上截面，且作用分项系数可取 1.0；轴力对暗柱正截面承载力不利时可取梁下截面，且作用分项系数可取 1.25；按偏心受压柱计算配筋。若钢筋混凝土暗柱不能满足承载力要求，可在剪力墙暗柱内设置型钢，按型钢混凝土柱计算其承载力。

3）纵向受力钢筋应对称配置，竖向钢筋全截面的最小配筋率不宜小于《高规》表 7.1.6 的规定。这个配筋率既不同于剪力墙边缘构件的配筋率，也不同于剪力墙小墙肢（柱）的最小配筋率。

4）箍筋的构造要求。

5）楼面梁的水平钢筋伸入剪力墙或扶壁柱的锚固要求。

注意剪力墙肢与平面外方向的楼面梁连接并非不是刚接就是铰接。当梁截面过高，梁线刚度比暗柱大很多时，可能刚接、铰接都很困难。此时，也可通过支座弯矩调幅或变截面梁实现梁端铰接或半刚接设计，以减小墙肢平面外弯矩。但这种方法应在梁出现裂缝不会引起结构其他不利影响的情况下采用。此时，应在墙、梁相交处设置构造暗柱，暗柱的截面宽尺寸同上述第一款的要求，暗柱配筋按剪力墙相应抗震等级构造边缘构件设置；应相应加大楼面梁的跨中弯矩，楼面梁的纵向受力钢筋锚入暗柱内的构造要求按铰接梁、柱节点构造。

5.2.1.2 结构计算嵌固端位于地下一层顶板时，如何确定剪力墙底部加强部位的高度？

抗震设计的剪力墙结构要求"强底层墙底"，即控制剪力墙在其底部嵌固端以上屈服，出现塑性铰。设计时，将墙体底部可能出现塑性铰的高度范围作为底部加强部位，在此范围内采取增加边缘构件箍筋和墙体水平钢筋等必要的抗震加强措施，使之具有较大的弹塑性变形能力，保证剪力墙底部出现塑性铰后具有足够大的延性，避免脆性的剪切破坏，提高整个结构的抗地震倒塌能力。

部分框支剪力墙结构传力不直接、很复杂，结构竖向刚度变化很大，甚至是突变，地震作用下易使框支剪力墙结构在转换层附近的刚度、内力和传力途径发生突变，易形成薄弱层。转换层下部的框支结构构件易于开裂和屈服，转换层上部的墙体易于破坏。随着转换层位置的增高，结构传力路径更复杂、内力变化更大。根据抗震概念设计的原则，这些部位都应予以加强。

一般情况下单个塑性铰的发展高度约为墙肢截面高度，故底部加强部位与墙肢总高度和墙肢截面高度有关，不同墙肢截面高度的剪力墙肢加强部位高度不同。为了简化设计，规范改为底部加强部位的高度仅与墙肢总高度相关。

《抗规》第 6.1.10 条规定：

6.1.10 抗震墙底部加强部位的范围，应符合下列规定：

1 底部加强部位的高度，应从地下室顶板算起。

2 部分框支抗震墙结构的抗震墙，其底部加强部位的高度，可取框支层加框支层以上两层的高度及落地抗震墙总高度的1/10二者的较大值。其他结构的抗震墙，房屋高度大于24m时，底部加强部位的高度可取底部两层和墙体总高度的1/10二者的较大值；房屋高度不大于24m时，底部加强部位可取底部一层。

3 当结构计算嵌固端位于地下一层的底板或以下时，底部加强部位尚宜向下延伸到计算嵌固端。

此条为审查要点，设计、审图均应按此执行。

审图时应注意：

(1) 规范对此明确规定：底部加强部位的高度，应一律从地下室顶板向上算起。不是指室外地坪，也不是指嵌固端，更不是指基础顶面。

(2) 这里所说的剪力墙包括落地剪力墙和转换构件上部的剪力墙两者。即两者的底部加强部位高度取相同值。有的设计仅对落地剪力墙按《高规》第10.2.2条规定确定底部加强部位高度或仅对框支剪力墙按《高规》第10.2.2条规定确定底部加强部位高度，对落地剪力墙则按墙肢总高度的1/10和底部两层二者的较大值确定底部加强部位高度，都是不对的。

(3) 有裙房时，主楼与裙房顶对应的相邻上下各一层应适当加强抗震构造。此时，底部加强部位的高度也可以根据具体情况，延伸至裙房以上一层。

根据规范规定，当结构计算嵌固端位于地下一层底板时，底部加强部位宜延伸到地下一层底板。即地下一层的剪力墙也应按底部加强部位的要求加强，但底部加强部位的高度，仍应从地下室顶板算起。

5.2.1.3 审图案例：某剪力墙住宅，地上28层，地下2层。地上部分墙肢高厚比大于8，均为普通剪力墙。地下室范围由于挡土墙等原因墙加厚，墙肢高厚比小于8，结构嵌固部位在地下1层底板。是否应按短肢剪力墙较多的剪力墙结构设计？

《高规》第7.1.8条规定：

7.1.8 抗震设计时，高层建筑结构不应全部采用短肢剪力墙；B级高度高层建筑以及抗震设防烈度为9度的A级高度高层建筑，不宜布置短肢剪力墙，不应采用具有较多短肢剪力墙的剪力墙结构。当采用具有较多短肢剪力墙的剪力墙结构时，应符合下列规定：

1 在规定的水平地震作用下，短肢剪力墙承担的底部倾覆力矩不宜大于结构底部总地震倾覆力矩的50%；

2 房屋适用高度应比本规程表3.3.2-1规定的剪力墙结构的最大适用高度适当降低，7度、8度（0.2g）和8度（0.3g）时分别不应大于100m、80m和60m。

> 注：1 短肢剪力墙是指截面厚度不大于300mm、各肢截面高度与厚度之比的最大值大于4但不大于8的剪力墙；
> 2 具有较多短肢剪力墙的剪力墙结构是指，在规定的水平地震作用下，短肢剪力墙承担的底部倾覆力矩不小于结构底部总地震倾覆力矩的30%的剪力墙结构。

此条为审查要点，设计、审图均应按此执行。

谈到短肢剪力墙，基本认识是：短肢剪力墙和与其墙厚相同的普通剪力墙相比，由于截面平面内方向尺寸短，故此方向抗侧力刚度相应较小，承载能力相应较低。如《高规》

第7.1.8条注1所述，判断短肢剪力墙的一个条件是：短肢剪力墙截面厚度不大于300mm、各墙肢截面高度与厚度之比为4～8。本题中，既然地面以上的墙肢高厚比大于8，均为普通剪力墙，通过计算可以满足抗震设计的要求，那么将地面以下墙肢加厚而长度并未减短，对结构受力应更有利，结构的延性、抗震性能应更好；更为重要的是：在室外地坪和地下室顶板高差不大的情况下，周边土体对地下室有很好的侧向约束作用，地下室部分的剪力墙肢和地面以上的剪力墙肢在地震反应上有很大区别。更何况加厚后墙肢厚度可能会超过300mm（这对挡土墙是很有可能的）。所以从概念上讲，地下一层的剪力墙肢不应为短肢剪力墙，仅从墙肢的高度与厚度之比而不看其抗侧力刚度、承载能力，不看其墙厚，判定是否为短肢剪力墙是不妥的。

如《高规》第7.1.8条注2所述，在规定的水平地震作用下，当短肢剪力墙承担的倾覆力矩大于或等于结构底部总倾覆力矩的30%而小于50%时，称为具有较多短肢剪力墙的剪力墙结构。退一步说，即使地下一层的剪力墙肢有部分为短肢剪力墙，但因为短肢剪力墙所受地震剪力不大，到结构嵌固部位的距离小（仅一层高度），两者的乘积（短肢剪力墙承担的倾覆力矩）自然很小。在规定的水平地震作用下，由短肢剪力墙承担的倾覆力矩也难以超过结构底部总倾覆力矩的30%，故不应判定为短肢剪力墙较多的剪力墙结构。

当然，如果地下1层出现少数短肢剪力墙，且结构嵌固部位又在地下1层底板，对结构抗震总是不好的。故对这少数短肢剪力墙应按如《高规》第7.2.2条的规定采取相应加强措施。但没有必要将整个结构按短肢剪力墙较多的剪力墙结构设计。

审查时对短肢剪力墙的判定，还应注意以下几点：

（1）指的是地面以上的剪力墙肢，并不包括地下室墙肢。

（2）肢截面的高厚比，对L形、T形、I字形、十字形等截面的剪力墙肢，只要有某一方向墙肢截面的高厚比大于8，就不是短肢剪力墙。

（3）应是独立的剪力墙肢。即墙肢两侧均与弱连梁相连或一端与弱连梁相连（连梁的跨高比大于5）、一端为自由端，如图5-9所示。《高规》第7.1.8条条文说明指出：对于采用刚度较大的连梁与墙肢形成的开洞剪力墙，不宜按单独墙肢判断其是否属于短肢剪力墙。

例如，图5-9a、b中应为短肢剪力墙，而图5-9c中的剪力墙虽然一个方向墙肢截面高度与厚度之比为4～8，但另一个方向墙肢截面高度与厚度之比大于8，不应判定为短肢剪力墙，图5-9d中剪力墙因其两侧均与较强的连梁相连，也不应判定为短肢剪力墙。

由剪力墙开洞后所形成的联肢墙、壁式框架等，虽然其墙肢的截面高度与厚度之比也很可能为4～8，但这些墙肢不是独立墙肢，它们并不是各自独立发挥作用，而是和连梁一起共同工作，有着较大的抗侧力刚度。故由联肢墙、壁式框架等构成的结构不应判定为短肢剪力墙较多的剪力墙结构，不应按短肢剪力墙较多的剪力墙结构进行设计。

在筒中筒结构中，虽然外框筒的墙肢截面高度与厚度之比可能为4～8，但这些墙肢也不是独立墙肢，它们并不是各自独立发挥作用，而是和裙梁（强连梁）一起，构成了抗侧力刚度很大的外框筒。因此，也不应判定为短肢剪力墙较多的剪力墙结构，不必遵守短肢剪力墙较多的剪力墙结构的有关规定，而应按筒中筒结构的有关规定进行设计。

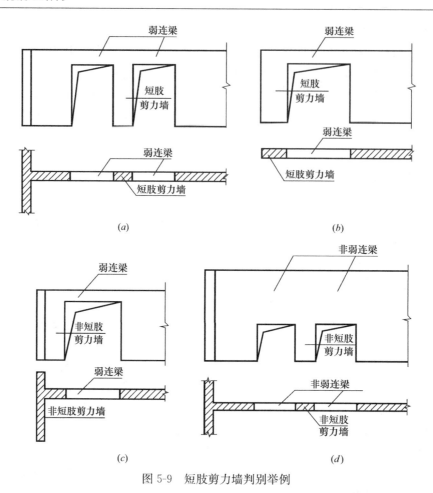

图 5-9　短肢剪力墙判别举例

5.2.1.4　层数为 9 层的短肢剪力墙结构是否可不按《高规》有关规定设计？

9 层小于 10 层，从《高规》关于高层建筑层数方面的规定判别，似不属于高层建筑。但《高规》关于高层建筑的全部规定是：10 层及 10 层以上或房屋高度大于 28m 的住宅建筑以及房屋高度大于 24m 的其他高层民用建筑混凝土结构。即还有一个结构高度方面的判别规定。是否为高层建筑，可以根据层数判定，也可以根据结构高度判定。9 层房屋建筑，按每层 2.8m 计算，结构高度为 25.2m，如果是剪力墙住宅，则是高层建筑；即使为其他民用建筑，按每层 3.2m 计算，结构高度为 28.8m，也是高层建筑。当此结构中短肢剪力墙较多（见本书第 5.2.1.3 节如何判定短肢剪力墙？如何判定短肢剪力墙较多的剪力墙结构？），成为短肢剪力墙较多的剪力墙结构时，则应按《高规》关于短肢剪力墙较多的剪力墙结构的有关规定设计。

即使是结构高度小于 28.0m 的其他民用建筑，按《高规》判别不属于高层建筑，但既然短肢剪力墙较多的高层剪力墙结构可以设计，那么短肢剪力墙较多的多层剪力墙结构当然也是可以设计的。由于规范对短肢剪力墙较多的多层剪力墙结构设计未作规定，笔者建议：

（1）短肢剪力墙较多的多层剪力墙结构应设置由普通剪力墙或剪力墙筒体，形成短肢剪力墙和普通剪力墙共同承担水平力。在规定的水平地震作用下，由短肢剪力墙承担的倾覆力矩应小于结构底部总倾覆力矩的 50%。

（2）考虑到层数较少，墙肢的最小厚度可取为 180mm。

（3）短肢剪力墙较多的多层剪力墙结构设计的其他要求，宜按《高规》的规定进行。

5.2.1.5 要求小墙肢按柱进行设计的墙肢长与厚度之比，《抗规》第 6.4.6 条与《高规》第 7.1.7 条分别规定为 3 和 4。《抗规》尚有全高箍筋加密的要求，审查时如何要求？

剪力墙与框架柱虽然都是偏心受压构件，但其截面尺寸有很大不同。以矩形截面为例：剪力墙截面一个方向尺寸很大而另一方向很小，其长方向侧向刚度大、承载能力高，而短方向侧向刚度小、承载能力低，以至于计算中对其平面外一般假定其刚度为 0、承载能力为 0；而框架柱虽截面尺寸不很大，但两个方向尺寸接近，都具有一定的侧向刚度和承载能力。故框架柱和剪力墙墙肢在截面承载能力设计和构造要求上各不相同。

当剪力墙墙肢界面的长度与厚度之比很小时，水平荷载下构件反弯点会出现在层高范围内。更接近框架柱的受力状态。故规范规定宜按框架柱进行截面设计。

《抗规》第 6.4.6 条和《高规》第 7.1.7 条的规定概念上是一致的，只是具体判定"柱"的界限有所不同。审图时建议对高层建筑，按《高规》第 7.1.7 条审查，对多层建筑按《抗规》第 6.4.6 条进行审查。

5.2.2 截面设计及构造

5.2.2.1 关于剪力墙的最小厚度，《抗规》第 6.4.1 条和《高规》第 7.2.1 条规定有不同，如何审查？

规定剪力墙截面的最小厚度，首要目的是为了保证剪力墙平面外的刚度和稳定性能，也是高层建筑剪力墙截面厚度的最低构造要求。剪力墙截面厚度除应满足稳定性要求外，还应满足剪力墙受剪截面限制条件、剪力墙正截面受压承载力要求以及剪力墙轴压比限值等要求。

《抗规》第 6.4.1 条规定：

6.4.1 抗震墙的厚度，一、二级不应小于 160mm 且不宜小于层高或无支长度的 1/20，三、四级不应小于 140mm 且不宜小于层高或无支长度的 1/25；无端柱或翼墙时，一、二级不宜小于层高或无支长度的 1/16，三、四级不宜小于层高或无支长度的 1/20。

底部加强部位的墙厚，一、二级不应小于 200mm 且不宜小于层高或无支长度的 1/16，三、四级不应小于 160mm 且不宜小于层高或无支长度的 1/20；无端柱或翼墙时，一、二级不宜小于层高或无支长度的 1/12，三、四级不宜小于层高或无支长度的 1/16。

《高规》第 7.2.1 条规定：

7.2.1 剪力墙的截面厚度应符合下列规定：

1 应符合本规程附录 D 的墙体稳定验算要求。

2 一、二级剪力墙：底部加强部位不应小于 200mm，其他部位不应小于 160mm；一字形独立剪力墙底部加强部位不应小于 220mm，其他部位不应小于 180mm。

3 三、四级剪力墙：不应小于 160mm，一字形独立剪力墙的底部加强部位尚不应小于 180mm。

4 非抗震设计时不应小于 160mm。

5 剪力墙井筒中，分隔电梯井或管道井的墙肢截面厚度可适当减小，但不宜小于 160mm。

可以看出，两本规范对最小墙厚的具体规定上有区别：

（1）《高规》要求先验算稳定性，然后规定了最小墙厚的具体数值；而《抗规》并未要求验算墙体的稳定性。

（2）剪力墙平面外的稳定与该层墙体顶部所受的轴向压力的大小密切相关，不考虑墙体顶部轴向压力的影响，单一用墙厚与层高或无支长度的比值来确定墙厚，可能会造成不够合理的情况。而《高规》附录 D 的墙体稳定验算公式能合理地反映楼层墙体顶部轴向压力以及层高或无支长度对墙体平面外稳定的影响，并具有适宜的安全储备。而《抗规》仍采用限制墙厚与层高之比来确定墙体最小厚度。

（3）《抗规》有墙厚与层高或剪力墙无支长度比值的限制要求，《高规》则无此规定。

（4）《高规》规定一、二级抗震设计无端柱或翼墙的底部加强部位一字形独立剪力墙，墙厚不应小于 220mm，《抗规》则无此规定。

（5）《高规》有非抗震设计时墙体最小厚度的规定，《抗规》则无此规定。

显然《高规》的规定较《抗规》要严。这是因为高层建筑比多层建筑底层墙肢所受的轴向压力大，水平地震作用下墙肢的效应也大。墙体的最小厚度适当加大是合情合理的。

应当注意：上述关于剪力墙最小厚度的规定，仅是针对一般剪力墙结构中的剪力墙肢。其他结构（如框架-剪力墙结构、板柱-剪力墙结构、框架-核心筒结构以及部分框支-剪力墙结构等）中剪力墙最小厚度的规定，详见有关章节。

两条规定都是审图要点，建议多层建筑按《抗规》第 6.4.1 条审查，高层建筑按《高规》第 7.2.1 条审查。

5.2.2.2　《高规》第 7.2.1 条第 1 款要求一字形独立剪力墙底部加强部位不应小于 220mm，是否必须执行？

剪力墙平面外的稳定性除与墙厚有关外，与层高、剪力墙无支长度以及轴向压力的大小密切相关。当墙肢有端柱或平面外有与其相交的剪力墙时，可视为剪力墙的支承，有利于保证剪力墙平面外的刚度和稳定性。试验表明，有边缘构件约束的矩形截面抗震墙与无边缘构件约束的矩形截面抗震墙相比，极限承载力约提高 40%，极限层间位移角约增加一倍，对地震能量的消耗能力增大 20% 左右，且有利于墙体平面外的稳定。

抗震等级为一、二级无端柱或翼墙的一字形独立剪力墙，又是底部加强部位，轴向压力大，平面外又无翼墙或端柱，显然其墙厚应适当加厚。

《高规》第 7.2.1 条是审查要点，对高层建筑结构应按此设计、审查。

5.2.2.3　高层建筑中楼梯间紧邻建筑外墙设置，应注意外墙平面外墙体稳定问题

建筑结构中楼梯间紧邻外侧钢筋混凝土墙设置，按一般施工习惯，墙体和梯段板不是整体现浇，在这种情况下，梯段板和外墙并不相连，不能作外墙的水平支点。所以，房屋层数越多、结构高度越高，外墙平面外墙体稳定就是一个十分敏感的问题。特别是若此处墙在楼层和休息平台位置开设大洞，则邻近梯段板的外墙成为和房屋结构高度等高的独立墙肢，如果将墙体取楼层高度按《抗规》第 6.4.1 条（此条为审查要点）的规定确定墙厚，其平面外稳定要求很可能得不到满足。而在地下室，此部分外墙是挡土墙，平面外稳定不是主要问题，但应当注意挡土墙作为平面外受弯构件的计算尺寸取值。

如果将墙体取结构总高度按《抗规》第6.4.1条的规定确定墙厚，虽然平面外稳定要求得到满足，但显然墙体很厚，不但浪费也无必要，更不符合工程实际。笔者建议采取如下措施，供设计、审图参考。

（1）对上部结构的楼梯间外墙，应根据结构布置情况，考虑梯段作为外墙的水平支点，将梯段板、外墙整体现浇，并采取有效措施保证楼梯梯段板与外墙的可靠连接：

1）在施工图中明确注明设计已考虑楼梯梯段板作为此外墙的支点，要求采取必要的施工措施，保证楼梯梯段板与此外墙的可靠连接；

2）楼梯梯段板分布钢筋应双层配筋，直径不应小于8mm，间距不应大于200mm；

3）楼梯梯段板在靠近外墙一侧宜集中配置一定数量的加强纵筋；

4）楼梯休息平台板亦应加强与外墙体的整体连接。

（2）和建筑等专业协商，避免在楼层和休息平台处的墙上开洞，如必须在墙上开洞，建议将洞开在靠近梯段板的外墙上。

（3）对此部分地下室挡土墙，亦可按上述第1款处理。否则，此挡土墙作为平面外受弯构件沿竖向的尺寸应根据实际情况取地下室各层层高之和。

5.2.2.4 对剪力墙轴压比的审查应注意什么？

轴压比是影响剪力墙在地震作用下塑性变形能力的重要因素，是衡量其延性的重要参数。清华大学及国内外研究单位的试验表明，相同条件的剪力墙，轴压比低的，其延性大，轴压比高的，其延性小；虽然通过设置约束边缘构件，可以提高高轴压比剪力墙的塑性变形能力，但轴压比大于一定值后，即使设置约束边缘构件，在强震作用下，剪力墙可能因混凝土压溃而丧失承受重力荷载的能力。因此，《抗规》第6.4.2条规定：

6.4.2 一、二、三级抗震墙在重力荷载代表值作用下墙肢的轴压比，一级时，9度不宜大于0.4，7、8度不宜大于0.5；二、三级时不宜大于0.6。

注：墙肢轴压比指墙的轴压力设计值与墙的全截面面积和混凝土轴心抗压强度设计值乘积之比值。

本条为审查要点，设计、审图均应遵照执行。

审查时应注意以下几点：

（1）轴压比限值的规定，根据《抗规》第6.4.2条、《高规》第7.2.13条和《高规》第7.2.2条第2款的规定，应符合表5-1的要求：

剪力墙墙肢轴压比限值 表5-1

类别		特一级、一级（9度）	一级（6、7、8度）	二级	三级
普通剪力墙		0.40	0.50	0.60	0.60
短肢剪力墙	有翼缘或端柱		0.45	0.50	0.55
	无翼缘或端柱		0.35	0.40	0.45

注意同样是一级抗震等级，9度和6、7、8度的轴压比限值是不同的。对短肢剪力墙墙肢轴压比限值则要求更严。

《高规》第7.2.2条同样是审查要点，《高规》第7.2.13条虽不是审查要点，但6度区B级高度高层建筑有可能抗震等级为一级。

（2）墙肢轴压比的计算公式为 $u_N = N/(Af_c)$，式中，N 为重力荷载代表值作用下剪力墙墙肢的轴向压力设计值；A 为剪力墙墙肢截面面积；f_c 为混凝土轴心抗压强度设计值。

重力荷载代表值按《抗规》第 5.1.3 条（强制性条文）计算，不计入地震作用组合，但应取分项系数 1.2。对一般民用建筑，重力荷载代表值作用下剪力墙墙肢轴向压力设计值可近似按下式计算：

$$N = 1.20(S_{Gk} + 0.5S_{Qk}) \tag{5-2}$$

式中：N——重力荷载代表值作用下剪力墙墙肢轴向压力设计值；

　　　S_{Gk}——按永久荷载标准值 G_k 计算的荷载效应值；

　　　S_{Qk}——按可变荷载标准值 Q_k 计算的荷载效应值。

（3）对四级抗震等级的剪力墙轴压比限值，规范未作明确规定，笔者建议：对普通剪力墙可取 0.7，对短肢剪力墙可分别取 0.65（有翼缘或端柱）、0.55（无翼缘或端柱），供参考。

5.2.2.5　对剪力墙墙体竖向、水平分布钢筋配筋率的审查应注意什么？

剪力墙是结构体系的主要抗侧力构件和承重构件。即使混凝土墙体具有正截面抗弯能力，理论计算不需配置钢筋，为了防止混凝土墙体在受弯裂缝出现后立即达到极限抗弯承载力导致破坏，必须配置一定量的竖向分布钢筋。同时，由于混凝土的收缩及温度变化，也将在墙体内产生较大的剪应力。为了防止斜裂缝出现后发生脆性的剪拉破坏，也必须配置一定量的水平分布钢筋。因此，规范规定了一般剪力墙竖向和水平分布钢筋的最小配筋百分率：

《高规》第 7.2.17 条：

7.2.17　剪力墙竖向和水平分布钢筋的配筋率，一、二、三级时均不应小于 0.25%，四级和非抗震设计时均不应小于 0.20%。

《抗规》第 6.4.3 条第 1 款：

1　一、二、三级抗震墙的竖向和横向分布钢筋最小配筋率均不应小于 0.25%，四级抗震墙分布钢筋最小配筋率不应小于 0.20%。

注：高度小于 24m 且剪压比很小的四级抗震墙，其竖向分布筋的最小配筋率应允许按 0.15% 采用。

以上《高规》第 7.2.17 条为强制性条文，《抗规》第 6.4.3 条第 1 款为审查要点，设计、审图均应严格执行。

审查时应注意以下几点：

（1）上述关于剪力墙肢竖向和水平分布钢筋最小配筋率的规定，仅是针对一般剪力墙结构中的剪力墙肢。其他结构（如框架-剪力墙结构、框架-核心筒结构以及部分框支-剪力墙结构等）中剪力墙肢的竖向和水平分布钢筋的最小配筋率都比此要高。详见有关章节。

（2）注意《抗规》规定中的注：高度小于 24m 且剪压比很小的四级抗震墙，其竖向分布钢筋的最小配筋率应允许按 0.15% 采用。所谓"剪压比很小"一般是指剪压比小于 0.02；并注意：规范仅规定竖向分布钢筋最小配筋率应允许按 0.15% 采用，而水平分布钢筋最小配筋率应按 0.20% 采用。

（3）《高规》第 7.2.19 条规定：房屋顶层剪力墙、长矩形平面房屋的楼梯间和电梯间剪力墙、端开间纵向剪力墙以及端山墙的水平和竖向分布钢筋的配筋率均不应小于 0.25%，间距均不应大于 200mm。

此条虽不是审查要点，但这些部位一般可能应力较大，建议审查时对重要部位的剪力墙、墙中温度、收缩应力较大的部位，提醒设计宜适当提高墙体分布钢筋的配筋率。

（4）特一级剪力墙的相关抗震构造要求，《高规》有专门规定：

《高规》第3.10.1条：

3.10.1 特一级抗震等级的钢筋混凝土构件除应符合一级钢筋混凝土构件的所有设计要求外，尚应符合本节的有关规定。

《高规》第3.10.5条：

3.10.5 特一级剪力墙、筒体墙应符合下列规定：

1 底部加强部位的弯矩设计值应乘以1.1的增大系数，其他部位的弯矩设计值应乘以1.3的增大系数；底部加强部位的剪力设计值，应按考虑地震作用组合的剪力计算值的1.9倍采用，其他部位的剪力设计值，应按考虑地震作用组合的剪力计算值的1.4倍采用。

2 一般部位的水平和竖向分布钢筋最小配筋率应取为0.35%，底部加强部位的水平和竖向分布钢筋的最小配筋率应取为0.40%。

3 约束边缘构件纵向钢筋最小构造配筋率应取为1.4%，配箍特征值宜增大20%；构造边缘构件纵向钢筋的配筋率不应小于1.2%。

4 框支剪力墙结构的落地剪力墙底部加强部位边缘构件宜配置型钢，型钢宜向上、下各延伸一层。

5 连梁的要求同一级。

以上第3.10.1条是审查要点，据此第3.10.5条也是审查要点。设计、审图均应遵照执行。

5.2.2.6 剪力墙结构中有很少量短肢剪力墙，是否应满足《高规》7.2.2条规定？

厚度不大的剪力墙开设较大洞口时，会形成短肢剪力墙。短肢剪力墙墙肢沿建筑高度可能有较多楼层会在层高中部出现反弯点，受力特点接近异形柱；同时剪力墙墙肢又承担较大轴力与剪力，和普通的剪力墙（肢较长）相比，由于墙肢长度不长、厚度不厚，刚度小，其承载能力、变形能力及延性性能均较差。如结构中这样的墙肢较多，结构的整体抗震性能当然比一般剪力墙结构要差。一旦结构中的筒体（或一般剪力墙）出现问题，很可能短肢剪力墙就会随之破坏，并有可能发生楼板的连续倒塌。加之地震区应用经验不多，为安全起见，《高规》第7.2.2条对短肢剪力墙构件本身的墙肢形状、厚度、轴压比、纵向钢筋的配筋率、边缘构件等均作了相应规定。

抗震设计时，短肢剪力墙墙肢的设计应符合下列规定：

（1）短肢剪力墙截面厚度除应符合《高规》第7.2.1条的要求外，底部加强部位尚不应小于200mm，其他部位尚不应小于180mm。

（2）一、二、三级短肢剪力墙的轴压比，分别不宜大于0.45、0.50、0.55，一字形截面短肢剪力墙的轴压比限值应相应减少0.1。

（3）短肢剪力墙的底部加强部位应按《高规》第7.2.6条调整剪力设计值，其他各层一、二、三级时剪力设计值应分别乘以增大系数1.4、1.2和1.1。

（4）短肢剪力墙边缘构件的设置应符合《高规》第7.2.14条的规定。

（5）短肢剪力墙的全部竖向钢筋的配筋率，底部加强部位一、二级不宜小于1.2%，三、四级不宜小于1.0%；其他部位一、二级不宜小于1.0%，三、四级不宜小于0.8%。

（6）不宜采用一字形短肢剪力墙，不宜在一字形短肢剪力墙上布置平面外与之相交的单侧楼面梁。

应特别注意:《高规》第 7.2.2 条是对短肢剪力墙构件设计的具体要求。不论是短肢剪力墙较多的剪力墙结构还是结构中仅有少数短肢剪力墙墙肢,只要结构中有短肢剪力墙,则所有短肢剪力墙墙肢的设计都应满足本条规定。

此条是审查要点,对高层建筑结构均应按此设计、审查。

顺便指出:《高规》第 7.2.2 条对剪力墙结构中设有短肢剪力墙(无论是较多还是较少)的规定是针对高层建筑提出的要求,《抗规》没有对短肢剪力墙的相关规定。多层剪力墙结构中若设有少量短肢剪力墙,根据力学概念,应是可以的。具体设计时,可参考《高规》的规定设计、审查,也可按《抗规》对一般剪力墙肢的要求设计、审查。

5.2.2.7　审图案例:抗震等级为 8 度一级的剪力墙结构,底部加强部位绝大部分墙肢轴压比都在 0.3 左右,但有一墙肢轴压比为 0.15,此墙肢是否可以设置构造边缘构件?

试验表明,有边缘构件约束的矩形截面剪力墙与无边缘构件约束的矩形截面剪力墙相比,极限承载力约提 40%,极限层间位移角约增加一倍,对地震能量的消耗能力增大 20% 左右。可见,在剪力墙墙肢两端设置边缘构件是提高墙肢的承载能力、抗震延性性能和塑性耗能能力的重要措施。

剪力墙墙肢的塑性变形能力和抗地震倒塌能力,除了与截面形状、纵向配筋与墙两端的约束范围、约束范围内的箍筋配箍特征值有关外,更主要的是与截面相对受压区高度内的压应力即相对受压区的轴压比有关。当截面相对受压区高度或轴压比较小时,即使不设边缘构件,剪力墙也具有较好的延性和耗能能力;当截面相对受压区高度或轴压比大到一定值时,就需设置边缘构件,采用箍筋约束墙肢端部混凝土,使之具有较大的受压变形能力;当轴压比更大时,即使有约束边缘构件,在强烈地震作用下,剪力墙也有可能压溃、丧失承担竖向荷载的能力。

边缘构件分为约束边缘构件和构造边缘构件两种。当对承载能力、变形能力和延性性能有较高要求时,应设置约束边缘构件,否则,可设置构造边缘构件。即"缺的多,补的多;缺的少,补的少"。剪力墙墙肢的底部加强部位在罕遇地震作用下有可能进入屈服后弹塑性变形状态。该部位也是防止结构在罕遇地震作用下发生倒塌的关键部位。为了保证该部位有良好的抗震延性性能和塑性耗能能力,规范规定应设置约束边缘构件;考虑到底部加强部位以上相邻层的剪力墙,其轴压比可能仍较大,将约束边缘构件向上延伸一层;其他部位则可设置构造边缘构件。

《抗规》第 6.4.5 条规定:

6.4.5　抗震墙两端和洞口两侧应设置边缘构件,边缘构件包括暗柱、端柱和翼墙,并应符合下列要求:

1　对于抗震墙结构,底层墙肢底截面的轴压比不大于表 6.4.5-1 规定的一、二、三级抗震墙及四级抗震墙,墙肢两端可设置构造边缘构件,构造边缘构件的范围可按图 6.4.5-1 采用,构造边缘构件的配筋除应满足受弯承载力要求外,并宜符合表 6.4.5-2 的要求。

抗震墙设置构造边缘构件的最大轴压比　　　　　　　　　　　　　　　表 6.4.5-1

抗震等级或烈度	一级(9 度)	一级(7、8 度)	二、三级
轴压比	0.1	0.2	0.3

抗震墙构造边缘构件的配筋要求　　　　　　　　　表 6.4.5-2

抗震等级	底部加强部位			其他部位		
	纵向钢筋最小量（取较大值）	箍筋		纵向钢筋最小量（取较大值）	拉筋	
		最小直径（mm）	沿竖向最大间距（mm）		最小直径（mm）	沿竖向最大间距（mm）
一	$0.010A_c$，$6\phi16$	8	100	$0.008A_c$，$6\phi14$	8	150
二	$0.008A_c$，$6\phi14$	8	150	$0.006A_c$，$6\phi12$	8	200
三	$0.006A_c$，$6\phi12$	6	150	$0.005A_c$，$4\phi12$	6	200
四	$0.005A_c$，$4\phi12$	6	200	$0.004A_c$，$4\phi12$	8	250

注：1 A_c 为边缘构件的截面面积；
　　2 其他部位的拉筋，水平间距不应大于纵筋间距的2倍；转角处宜采用箍筋；
　　3 当端柱承受集中荷载时，其纵向钢筋、箍筋直径和间距应满足柱的相应要求。

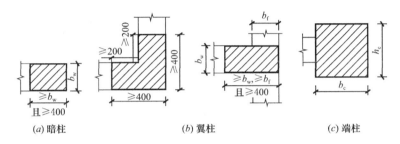

(a) 暗柱　　　　　　　　　(b) 翼柱　　　　　　　　　(c) 端柱

图 6.4.5-1　抗震墙的构造边缘构件范围

2 底层墙肢底截面的轴压比大于表 6.4.5-1 规定的一、二、三级抗震墙，以及部分框支抗震墙结构的抗震墙，应在底部加强部位及相邻的上一层设置约束边缘构件，在以上的其他部位可设置构造边缘构件。约束边缘构件沿墙肢的长度、配箍特征值、箍筋和纵向钢筋宜符合表 6.4.5-3 的要求（图 6.4.5-2）。

抗震墙约束边缘构件的范围及配筋要求　　　　　　　表 6.4.5-3

项目	一级（9度）		一级（7、8度）		二、三级	
	$\lambda\leqslant0.2$	$\lambda>0.2$	$\lambda\leqslant0.3$	$\lambda>0.3$	$\lambda\leqslant0.4$	$\lambda>0.4$
l_c（暗柱）	$0.20h_w$	$0.25h_w$	$0.15h_w$	$0.20h_w$	$0.15h_w$	$0.20h_w$
l_c（翼墙或端柱）	$0.15h_w$	$0.20h_w$	$0.10h_w$	$0.15h_w$	$0.10h_w$	$0.15h_w$
λ_v	0.12	0.20	0.12	0.20	0.12	0.20
纵向钢筋（取较大值）	$0.012A_c$，$8\phi16$		$0.012A_c$，$8\phi16$		$0.010A_c$，$6\phi16$（三级 $6\phi14$）	
箍筋或拉筋沿竖向间距	100mm		100mm		150mm	

注：1 抗震墙的翼墙长度小于其3倍厚度或端柱截面边长小于2倍墙厚时，按无翼墙、无端柱查表；端柱有集中荷载时，配筋构造尚应满足与墙相同抗震等级框架柱的要求；
　　2 l_c 为约束边缘构件沿墙肢长度，且不小于墙厚和400mm；有翼墙或端柱时不应小于翼墙厚度或端柱沿墙肢方向截面高度加300mm；
　　3 λ_v 为约束边缘构件的配箍特征值，体积配箍率可按本规范式（6.3.9）计算，并可适当计入满足构造要求且在墙端有可靠锚固的水平分布钢筋的截面面积；
　　4 h_w 为抗震墙墙肢长度；
　　5 λ 为墙肢轴压比；
　　6 A_c 为图 6.4.5-2 中约束边缘构件阴影部分的截面面积。

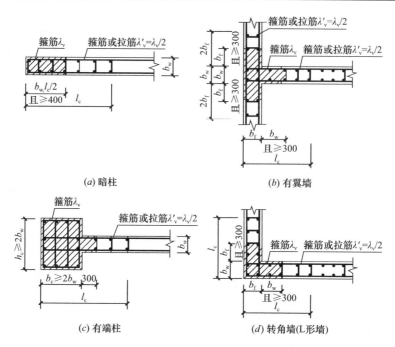

图 6.4.5-2　抗震墙的约束边缘构件

　　本工程中，抗震设防烈度为 8 度，抗震等级为一级，底部加强部位大部分墙肢的轴压比大于《抗规》表 6.4.5-1 规定的最大值，肯定应设置约束边缘构件。而那个轴压比为 0.15 的墙肢，根据规定，是可以不设置约束边缘构件而设置构造边缘构件的。但是，显然可见此墙肢和本层的其他墙肢很不均匀。为什么会出现轴压比如此小的墙肢？是否是结构平面布置不当造成所受轴压力偏小？墙肢截面是否偏厚？此墙肢是否会出现偏心受拉等？首先应当分析、考虑这些问题，看看结构的平、立面布置是否合理，墙肢的厚度是否合理等。如果确实是墙肢厚度选择不当或结构平面布置不当，造成轴压比计算值很小，经调整使之较为合理，各墙肢较为均匀，则可能此墙肢轴压比接近 0.3，则当然也应设置约束边缘构件。退一步说，即使上述问题不存在，由于仅是个别墙肢，考虑墙肢的均匀性，笔者建议也宜设置约束边缘构件。

　　审查时还应注意：《抗规》表 6.4.5-1 中 9 度一级和 7、8 度一级墙肢的最大轴压比限值是不同的。

5.2.2.8　审图案例：某剪力墙结构地下室顶板为结构的嵌固部位，当上部结构剪力墙底部加强部位及相邻的上一层设置约束边缘构件时，地下一层与地上一层直通的剪力墙是否必须设置约束边缘构件？

　　《抗规》第 6.4.5 条并没有明确规定地下一层的剪力墙必须设置约束边缘构件，审图时，根据实际工程的具体情况可提出建议：

　　（1）根据《抗规》第 6.1.14 条第 4 款规定：地下室顶板作为上部结构的嵌固部位时，地下一层抗震墙墙肢端部边缘构件纵向钢筋的截面面积，不应少于地上一层对应墙肢端部边缘构件纵向钢筋的截面面积。既然地下一层剪力墙边缘构件纵向钢筋已经和上部结构剪力墙约束边缘构件一样，只要对边缘构件的箍筋稍稍加强即可成为约束边缘构件。所以，实际工程中，高层建筑的地下一层，一般宜设置约束边缘构件。而对多层建筑，即使是底部加强部位，墙肢的轴压比也很小，本身就可能无需设置约束边缘构件，则地下一层剪力墙肢就更无必要设置约束边缘构件了。

（2）如果地下一层底板为结构的嵌固部位，则当上部结构剪力墙底部加强部位及相邻上一层设置约束边缘构件时，根据《抗规》第6.1.10条第3款的规定：当结构计算嵌固端位于地下一层的底板或以下时，底部加强部位尚宜向下延伸到计算嵌固端。故地下一层应设置约束边缘构件。

（3）特一级剪力墙约束边缘构件和构造边缘构件纵向钢筋的最小配筋率见《高规》第3.10.5条第3款的规定。此款是审查要点。

5.2.2.9 非抗震设计的剪力墙端部是否需要设置边缘构件？

抗震设计的剪力墙端部设置边缘构件筋，目的有三：一是满足偏心受压的剪力墙肢正截面承载力的要求；二是为了保证剪力墙肢和筒壁墙肢底部所需的延性和塑性耗能能力；三是为了对剪力墙肢和筒壁墙肢底部的抗弯能力做必要的加强，使连肢剪力墙和连肢筒壁墙肢中的塑性铰首先在各层洞口连梁中形成，推迟剪力墙和筒壁墙肢底部塑性铰的形成。

实际上非抗震设计的剪力墙端部也应满足墙肢正截面抗弯、提高延性这两个能力，只是程度上比抗震设计时的要求有所放宽。

《混规》第9.4.8条规定：

剪力墙墙肢两端应配置竖向受力钢筋，并与墙内的竖向分布钢筋共同用于墙的正截面受弯承载力计算。每端的竖向受力钢筋不宜少于4根，直径不小于12mm或2根直径不小于16mm的钢筋；并宜沿该竖向钢筋方向配置直径不小于6mm、间距为250mm的箍筋或拉筋。

此条为审查要点。《高规》第7.2.16条第5款也有同样的规定。

所以非抗震设计时，剪力墙端部必须按《混规》第9.4.18条规定设置暗柱。审图时还要注意：这仅是最低的、构造上的要求，同时必须满足剪力墙正截面抗弯承载力的计算配筋和最小配筋率的要求。

5.2.2.10 设计中当剪力墙边缘构件中纵向受力钢筋的配筋率、配筋量均满足《抗规》第6.4.5条规定的前提下，剪力墙边缘构件的纵筋直径或根数是否可以小于规范的要求？

根据《抗规》第6.4.5条的规定，剪力墙约束边缘构件阴影部分的竖向钢筋除应满足正截面偏心受压承载力计算要求外，其最小配筋率抗震等级为一、二、三级时分别不应小于1.2%、1.0%和1.0%。承受集中荷载的端柱还要符合框架柱的配筋要求。当采用335MPa级、400MPa级纵向钢筋时，宜分别根据相应抗震等级的框架柱按《抗规》表6.3.7-1规定的最小配筋率数值增加0.1和0.05采用。

规范还规定了约束边缘构件阴影部分纵向受力钢筋的最少根数和最小直径："一、二、三级时……分别不应少于8ϕ16、6ϕ16和6ϕ14的钢筋（ϕ表示钢筋直径）"。设计时当阴影部分尺寸较大，为了使纵向受力钢筋肢距不致过大而增加根数，在保证配筋率、配筋量均满足《抗规》第6.4.5条规定的前提下，钢筋直径是否可以根据等强代换的原则减小？这个问题规范未作明确规定。对此，笔者提出个人看法供审图时参考：考虑到约束边缘构件阴影部分的纵筋都同时是受力钢筋直径不宜过小，故建议在满足配筋率、配筋量的前提下，增加钢筋根数可相应减小钢筋直径。但直径不宜减小过多，一般减小 2mm 为宜，如直径 16mm 减为 14mm，直径 14mm 减为 12mm，等等。

对规范规定的构造边缘构件纵向钢筋最小直径和最少根数问题，也可按此办法处理。

5.2.2.11　审图案例：抗震等级为二级的剪力墙墙肢端部设置约束边缘构件，阴影部分箍筋沿竖向间距取 150mm，考虑到规范规定非阴影部分的配箍特征值是阴影部分配箍特征值筋的一半，故非阴影部分沿竖向配置箍筋间距取为 300mm，审图可否通过？

和框架柱端的箍筋加密道理一样，抗震设计时剪力墙约束边缘构件设置箍筋并加密间距也是为了约束混凝土、提高墙肢的变形能力、耗能能力，满足墙肢的延性要求。

箍筋约束混凝土的效果，除了与箍筋的体积配箍率、箍筋或拉筋的直径有关外，还与其沿竖向的间距有关。所以，为了更好地约束混凝土，《抗规》第 6.4.5 条对约束边缘构件的箍筋或拉筋不仅规定了体积配箍率（根据配箍特征值计算），还规定了沿竖向的最大间距。

根据《抗规》第 6.4.5 条的规定，二级抗震等级的剪力墙约束边缘构件箍筋或拉筋沿竖向的最大间距为 150mm。注意：无论是阴影部分还是非阴影部分，都是约束边缘构件，其箍筋或拉筋沿竖向的间距要求是一样的，与配箍特征值没有关系。设计根据非阴影部分的配箍特征值是阴影部分的一半，就简单地将非阴影部分箍筋的直径、水平间距（肢距）取和阴影部分相同，而竖向间距取阴影部分的一倍，这样做就达不到很好地约束混凝土的目的，是不符合规范要求的。本题中非阴影部分的箍筋或拉筋沿竖向间距取为 300mm，比墙体的水平分布钢筋间距还大，对非阴影部分（同样是约束边缘构件）还能有多少约束效果呢？

同理，9 度一级、8 度一级的剪力墙约束边缘构件非阴影部分箍筋或拉筋沿竖向的最大间距应为 100mm 而不能为 200mm。

如前所述，《抗规》第 6.4.5 条是审查要点。

5.2.2.12　剪力墙端的翼缘短墙肢，当其除箍筋外没有配置水平分布筋时，短墙肢的箍筋配置如何审查？

抗震设计时的剪力墙肢，通常配有四种钢筋，每种钢筋的作用各不相同：

（1）墙体的水平分布筋，主要作用是抗剪；

（2）竖向分布筋作用是，靠近端部边缘构件处的竖向分布筋和边缘构件里的纵向受力钢筋共同抵抗剪力墙正截面的偏心受压，其余部分的竖向分布筋则和楼板里的分布筋作用相同；

（3）边缘构件里的纵筋，主要是抵抗剪力墙正截面的偏心受压；

（4）边缘构件里的箍筋，主要是约束混凝土提高延性，不抗剪。

剪力墙肢端部的翼缘短墙肢在剪力墙平面内是剪力墙的边缘构件，而在平面外（翼墙方向）则是该方向的剪力墙（尽管是短墙肢或比短肢墙更短的所谓"柱"）。因为很短，设计中往往仅配置箍筋而省去水平分布筋、仅配置受力纵筋而省去竖向分布筋，一筋二用。在这种情况下，此短墙肢的箍筋应同时满足以下两个功能要求，取两者的最不利情况包络设计：

（1）满足作为剪力墙边缘构件的抗震构造要求（体积配箍率、最小直径、最大间距等）；

（2）应能承担沿翼墙方向的水平剪力。

1）当翼缘短墙肢的截面高度与墙厚之比大于 4 但小于 8 时，箍筋应满足翼墙方向短墙肢抗剪承载力的计算要求且满足《抗规》第 6.4.3 条第 1 款中关于墙体水平分布筋最小配筋率、最小直径、最大间距等。

2）当翼缘短墙肢的截面高度与墙厚之比不大于 4 时，箍筋应满足翼墙方向短墙肢抗剪承载力的计算要求且满足作为柱的箍筋最小配箍率、箍筋最小直径、最大间距等。

审图时曾发现对剪力墙端的翼缘短墙肢，仅配置箍筋没有配置水平分布筋，而所配箍筋仅满足边缘构件的构造要求不满足翼缘短墙肢抗剪的水平分布筋最小配筋率要求，这是不妥的。

不满足上述要求，应判为违反规范强制性条文。

5.2.2.13 《高规》和《抗规》对剪力墙构造边缘构件的范围规定不同，如何审查？

和约束边缘构件一样，剪力墙构造边缘构件的构造做法同样有构造边缘构件的几何尺寸、纵向钢筋、箍筋三个方面的规定。只是要求适当放宽。

剪力墙构造边缘构件的范围：对翼柱的具体尺寸，《高规》第 7.2.16 条和《抗规》第 6.4.5 条有区别：《高规》规定出墙外 300mm（图 5-10），而《抗规》规定出墙外大于等于 200mm，且总长不小于 400mm。《高规》规定的尺寸要大一些，这是因为《抗规》的规定既适用于多层建筑又适用于高层建筑，多层建筑结构水平地震作用下的地震剪力和地震倾覆力矩相对较小，墙肢的轴压比也较小，对承载力、延性等的需求相应较小，故剪力墙构造边缘构件的范围可适当小些。而《高规》仅是对高层建筑的规定，高层建筑结构水平地震作用下的地震剪力和地震倾覆力矩均较大，墙肢的轴压比也较大，对承载力、延性等的需求相应较大，故剪力墙构造边缘构件的范围应相应加大。所以这个区别应是情理之中的。可以理解《抗规》的规定是最低要求，对多层建筑结构可取 200mm，而随着结构高度的增加，也可取 250mm；而对高层建筑结构可取 300mm，对于更高的高层建筑结构，此尺寸甚至可取为 350mm、400mm 等。事实上，考虑到连体结构、错层结构以及 B 级高度高层建筑结构中的剪力墙（筒体）墙肢受力复杂，《高规》还明确规定这些结构中的剪力墙（筒体）墙肢构造边缘构件应比一般剪力墙有更高的要求。

《高规》第 7.2.16 条不是审查要点，但笔者建议：审图时，多层建筑可按《抗规》第 6.4.5 条审查，高层建筑应按《高规》第 7.2.16 条审查，如果高层建筑设计中构造边缘构件翼柱的尺寸仅取 200mm，应视为不满足审查要点。

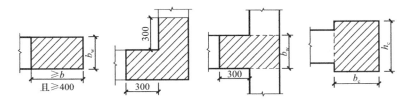

图 5-10　剪力墙的构造边缘构件范围（《高规》第 7.2.16 条）

5.2.2.14 框架梁要求箍筋加密区最大间距≤$h_b/4$，对连梁是否必须执行？框架梁或连梁高度较小时，如不大于 300mm，是否也必须执行该项要求？

箍筋是框架梁抗剪的主要配筋形式，抗震设计时，框架梁端一定范围内箍筋加密又是提高梁延性的有效措施。剪力墙连梁也是如此，特别是跨高比较小的连梁，由水平荷载（无论是水平地震作用还是风荷载）产生的剪力往往为主且沿梁全跨各截面处处相等，容易使连梁出现剪切斜裂缝。为防止剪切斜裂缝出现后的脆性破坏，规范对剪力墙连梁的箍筋配筋构造做出了具体规定。这不仅是抗震设计时约束混凝土提高连梁延性的需要，也是保证连梁抗剪承载力的需要。

《高规》第 7.2.27 条第 2 款规定：

2　抗震设计时，沿连梁全长箍筋的构造应符合本规程第 6.3.2 条框架梁梁端箍筋加密区的箍筋构造要求；非抗震设计时，沿连梁全长的箍筋直径不应小于 6mm，间距不应大于 150mm。

《混规》第 11.7.11 条第 3 款的规定和《高规》相同，此处略。这两款规定均为审查要点。

而《高规》第 6.3.2 条表 6.3.2-2 均明确规定箍筋加密区的最大间距应取纵向钢筋直径、梁截面高度的 1/4 和 100mm（150mm）三者的最小值。且这条规定为强制性条文。故设计、审图时均应严格按规范要求执行。

即使是非抗震设计，梁的截面高度越小，其箍筋间距也应越密，否则所配箍筋就有可能因间距过大而起不到抗剪作用。这是梁抗剪的一个基本概念，从《混规》第 9.2.9 条表 9.2.9 也可以看出这一点。同时，间距越密，约束性能越好，对提高梁的延性效果越好。例如，若框架梁或连梁截面高度为 300mm，则箍筋间距不得大于 75mm。当然梁高 300mm 偏小，实际工程中并不多见，但规范的规定必须严格执行。

5.2.2.15　《混规》第 11.7.11 条第 1 款规定连梁纵筋最小配筋率 0.15%，与《高规》第 7.2.24 条中的 0.20% 不一致，是否按《高规》审查？

《混规》第 11.7.11 条第 1 款规定：

11.7.11　剪力墙及筒体洞口连梁的纵向钢筋、斜筋及箍筋的构造应符合下列要求：

1　连梁沿上、下边缘单侧纵向钢筋的最小配筋率不应小于 0.15%，且配筋不宜少于 2φ12；交叉斜筋配筋连梁单向对角斜筋不宜少于 2φ12，单组折线筋的截面面积可取为单向对角斜筋截面面积的一半，且直径不宜小于 12mm；集中对角斜筋配筋连梁和对角暗撑连梁中每组对角斜筋应至少由 4 根直径不小于 14mm 的钢筋组成。

《高规》第 7.2.24 条规定：

7.2.24　跨高比（l/h_b）不大于 1.5 的连梁，非抗震设计时，其纵向钢筋的最小配筋率可取为 0.2%；抗震设计时，其纵向钢筋的最小配筋率宜符合表 7.2.24 的要求；跨高比大于 1.5 的连梁，其纵向钢筋的最小配筋率可按框架梁的要求采用。

跨高比不大于 1.5 的连梁纵向钢筋的最小配筋率（%）　　　表 7.2.24

跨高比	最小配筋率（采用较大值）
$l/h_b \leq 0.5$	0.20，$45f_t/f_y$
$0.5 < l/h_b \leq 1.5$	0.25，$55f_t/f_y$

可见两款规定的适用范围不同。《混规》第 11.7.11 条第 1 款的规定适用于抗震设计时的所有连梁，是基本要求、最低要求。而《高规》第 7.2.24 条的规定仅适用于高层建筑结构中跨高比不大于 1.5 的连梁。

《混规》第 11.7.11 条第 1 款为审查要点。抗震设计时，无论何种连梁首先都必须满足此款要求；对高层建筑跨高比不大于1.5的连梁，还应满足《高规》第7.2.24条规定。如不满足，可能存在安全隐患。

5.2.2.16 《混规》第11.7.11条第5款规定连梁腰筋最小直径不应小于10mm，与《高规》第7.2.27条第4款中8mm不一致，是否按《高规》审查？

《混规》第11.7.11条第5款规定：

11.7.11 剪力墙及筒体洞口连梁的纵向钢筋、斜筋及箍筋的构造应符合下列要求：

5 剪力墙的水平分布钢筋可作为连梁的纵向构造钢筋在连梁范围内贯通。当梁的腹板高度h_w不小于450mm时，其两侧面沿梁高范围设置的纵向构造钢筋的直径不应小于8mm，间距不应大于200mm；对跨高比不大于2.5的连梁，梁两侧的纵向构造钢筋的面积配筋率尚不应小于0.3%。

《高规》第7.2.27条第4款规定：

7.2.27 连梁的配筋构造（图7.2.27）应符合下列规定：

4 连梁高度范围内的墙肢水平分布钢筋应在连梁内拉通作为连梁的腰筋。连梁截面高度大于700mm时，其两侧面腰筋的直径不应小于8mm，间距不应大于200mm；跨高比不大于2.5的连梁，其两侧腰筋的总面积配筋率不应小于0.3%。

此两款规定均是审查要点。

注意到《混规》第11.7.11条第5款的规定是专门针对抗震设计的，而《高规》第7.2.27条第4款的规定并没有区分抗震设计还是非抗震设计。故可以认为连梁腰筋的最小直径不应小于8mm是非抗震设计时建筑结构的最低要求，而当抗震设计时，连梁腰筋的最小直径不应小于10mm。

还应注意连梁截面高度这个条件：《混规》是连梁的腹板高度h_w不小于450mm时，而《高规》是连梁截面高度大于700mm时。

5.2.2.17 关于连梁的配筋构造，除上条外，《混规》第11.7.11条第3、4两款和《高规》第7.2.27条第1、2、3款都还有规定，且都是审查要点，审查时如何把握？

《混规》第11.7.11条第3、4款规定：

11.7.11 剪力墙及筒体洞口连梁的纵向钢筋、斜筋及箍筋的构造应符合下列要求：

3 沿连梁全长箍筋的构造宜按规范第11.3.6条和第11.3.8条框架梁梁端加密区箍筋的构造要求采用；对角暗撑配筋连梁沿连梁全长箍筋的间距可按表11.3.6-2中规定值的两倍取用。

4 连梁纵向受力钢筋、交叉斜筋伸入墙内的锚固长度不应小于l_{aE}，且不应小于600mm；顶层连梁纵向钢筋伸入墙体的长度范围内，应配置间距不大于150mm的构造箍筋，箍筋直径应与该连梁的箍筋直径相同。

《高规》第7.2.27条第1、2、3款规定：

7.2.27 连梁的配筋构造（图7.2.27）应符合下列规定：

1 连梁顶面、底面纵向水平钢筋伸入墙肢的长度，抗震设计时不应小于l_{aE}，非抗震设计时不应小于l_a，且均不应小于600mm。

2 抗震设计时，沿连梁全长箍筋的构造应符合本规程第6.3.2条框架梁梁端箍筋加

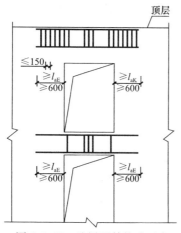

图 7.2.27 连梁配筋构造示意

注：非抗震设计时图中 l_{aE} 取 l_a

密区的箍筋构造要求；非抗震设计时，沿连梁全长的箍筋直径不应小于 6mm，间距不应大于 150mm。

3 顶层连梁纵向水平钢筋伸入墙肢的长度范围内应配置箍筋，箍筋间距不宜大于 150mm，直径应与该连梁的箍筋直径相同。

上述规定都是审查要点，且内容基本一致，略有细小区别：

（1）《混规》第 11.7.11 条仅适用于抗震设计，非抗震设计时规定见《混规》第 9.4.7 条（此处略），与《高规》规定一致，故审查时按《高规》规定即可。

（2）连梁顶面、底面纵向水平钢筋伸入墙肢的长度，非抗震设计时不应小于 l_a，且不应小于 600mm。《混规》在第 9.4.7 条中并未见"不应小于 600mm"的规定。因此，对于高层建筑应按《高规》要求，伸入墙肢的长度，非抗震设计时不应小于 l_a 且不应小于 600mm；对多层建筑不应小于 l_a，但"不应小于 600mm"的要求，可根据工程具体情况适当放宽。

还需指出的是：本条中所述及的"连梁的配筋构造"，仅指配置梁顶、梁底水平纵向受力钢筋和垂直箍筋的连梁配筋构造。配置斜向交叉钢筋连梁的配筋构造，详见本章第 5 节有关内容。

5.2.2.18 剪力墙连梁剪力超限时，如何审查？超限连梁未采取可靠措施时，是否必须要求按《高规》第 7.2.26 条验算？

剪力墙连梁对剪切变形十分敏感，其平均剪应力大小对连梁抗剪性能影响较大，尤其在小跨高比条件下，如果平均剪应力较大，会使连梁在早期出现斜裂缝，在箍筋充分发挥作用之前，连梁就会发生剪切破坏。特别是抗震设计时，在很多情况下设计计算会出现连梁剪压比不满足规范规定也即连梁箍筋超筋的情况，此时即使配置很多抗剪钢筋，也不能满足连梁抗剪承载力的要求，过早产生剪切破坏。这是小跨高比连梁抗震设计时的一个比较难以解决的问题。《高规》第 7.2.26 条对此提出一些处理方法。

《高规》第 7.2.26 条规定：

7.2.26 剪力墙的连梁不满足本规程第 7.2.22 条的要求时，可采取下列措施：

1 减小连梁截面高度或采取其他减小连梁刚度的措施。

2 抗震设计剪力墙连梁的弯矩可塑性调幅；内力计算时已经按本规程第 5.2.1 条的规定降低了刚度的连梁，其弯矩值不宜再调幅，或限制再调幅范围。此时，应取弯矩调幅后相应的剪力设计值校核其是否满足本规程第 7.2.22 条的规定；剪力墙中其他连梁和墙肢的弯矩设计值宜视调幅连梁数量的多少而相应适当增大。

3 当连梁破坏对承受竖向荷载无明显影响时，可按独立墙肢的计算简图进行第二次多遇地震作用下的内力分析，墙肢截面应按两次计算的较大值计算配筋。

本条第 3 款为审查要点，应按此要求进行审查。

当采用《高规》第 7.2.26 条中第 1、2 款措施均不能解决问题时，可按第 3 款规定方法设计。审查时应注意：

（1）考虑已经破坏的连梁退出工作后的第二次结构整体计算，仍然是多遇地震作用下的结构整体计算。计算出的结构弹性层间位移角、位移比、周期、周期比等宏观指标均满足规范规定，按两次计算结果的最不利情况进行包络设计。有的设计认为，此时已经有连梁破坏，故只需结构构件满足承载力要求就可以了，这是不合适的。审查应要求结构的弹性层间位移角限值也必须满足规范规定。

（2）应要求提供相应的结构计算书，否则应视为不满足《高规》第 7.2.26 条第 3 款的规定。

此外，《高规》第 9.3.8 条和《混规》第 11.7.10 条还提出了配置交叉斜向钢筋抗剪或配置交叉斜向钢筋抗剪同时配置普通垂直箍筋两者共同抗剪的方法。见本节"5.2.2.19 对于一、二级抗震等级的连梁，当跨高比不大于 2.5 时，《混规》第 11.7.10 条'宜'另配置斜向交叉钢筋，而《高规》第 7.2.27 条没有相关规定，两个条款均为审查要点，是否一律按《混规》第 11.7.10 条执行？"

5.2.2.19　对于一、二级抗震等级的连梁，当跨高比不大于 2.5 时，《混规》第 11.7.10 条"宜"另配置斜向交叉钢筋，而《高规》第 7.2.27 条没有相关规定，两个条款均为审查要点，是否一律按《混规》第 11.7.10 条执行？

跨高比不大于 2.5 时的连梁抗震受剪性能试验表明：采用不同的配筋方式，连梁达到所需延性时能承受的最大剪压比是不同的。通过改变小跨高比连梁的配筋方式，即配置交叉斜筋配筋并同时配置垂直箍筋和集中对角斜筋配筋或对角暗撑配筋两种配筋方式，可以在不降低或有限降低连梁相对作用剪力（即不折减或有限折减连梁刚度）的条件下提高连梁的延性，使该类连梁发生剪切破坏时，其延性能力能够达到地震作用时剪力墙对连梁的延性需求，连梁不再抗剪超筋，对提高其抗震性能有较好的作用。

《混规》第 11.7.10 条规定：

11.7.10　对于一、二级抗震等级的连梁，当跨高比不大于 2.5 时，除普通箍筋外宜另配置斜向交叉钢筋，其截面限值条件及斜截面受剪承载力可按下列规定计算：（以下略）

此条是审查要点。《高规》对此没有相应的规定。

注意到《混规》第 11.7.10 条规定配置斜向交叉钢筋的条件：一、二级抗震等级、跨高比不大于 2.5、同时配置普通箍筋，而且是"宜"（不是"应"）另配置斜向交叉钢筋。因为当抗震等级较高、跨高比较小，仅配置普通箍筋可能并不能满足"连梁发生剪切破坏时，其延性能力能够达到地震作用时剪力墙对连梁的延性需求"。但如采取其他措施可以解决连梁的延性需求问题，则可以仅配置普通箍筋。所以，并非一、二级抗震等级、跨高比不大于 2.5 的连梁都应配置斜向交叉钢筋，更不是只要是抗震设计的连梁都应配置斜向交叉钢筋。《混规》在本条的条文说明中也指出：设计时可根据连梁的适用条件以及连梁宽度等要求选用相应的配筋形式和设计方法。

事实上，《高规》在第九章"筒体结构设计"第 9.3.8 条也有连梁配置斜向交叉钢筋的规定，而且在抗震、非抗震设计情况下都有可能配置。在第 7 章"剪力墙结构设计"第 7.2.27 条中，对于一般剪力墙结构、框架-剪力墙结构，则给出了解决连梁抗剪箍筋超筋的其他办法，即配置斜向交叉钢筋不是唯一的办法。

审查时应按《混规》第 11.7.10 条规定，一、二级抗震等级、跨高比不大于 2.5、剪压比超过 0.15 时宜另配斜向交叉钢筋。但如果采用减小连梁截面高度、连梁弯矩塑性调幅等措施能满足连梁的塑性需求，不另配置斜向交叉钢筋，审图也是允许的。

对高层建筑非抗震设计的连梁，如采用减小连梁截面高度、连梁弯矩塑性调幅等措施不能满足连梁的塑性需求，也应配斜向交叉钢筋。

5.2.2.20　审图案例：某住宅建筑剪力墙结构，为了避免剪力墙连梁抗剪超筋，在剪力墙上开较大洞口，使形成的连梁截面高度均不大于 400mm，跨高比绝大多数大于 5，计算分析显示结构弹性层间位移角、位移比、最小剪重比、构件承载力均满足规范要求，审图是否通过？

《高规》在第 7.1.1 条条文说明中指出：本规程所指的剪力墙结构是以剪力墙及因剪力墙开洞形成的连梁组成的结构，其变形特点为弯曲型变形，目前有些项目采用了大部分由跨高比较大的框架梁联系的剪力墙形成的结构体系，这样的结构虽然剪力墙较多，但受力和变形特性接近框架结构，当层数较多时对抗震是不利的，宜避免。

本例中虽然剪力墙墙肢较多，但连梁截面高度均不大于 400mm，跨高比绝大多数大于 5，均为弱连梁。这样的连梁对剪力墙墙肢的约束能力很小，耗能能力很弱，延性差。他们和剪力墙肢组成的结构受力和变形特性接近框架结构。地震作用下这些连梁不能很好地起到抗震第一道防线的作用。特别是大震作用下，这些连梁梁端都可能很快开裂、出铰，仅作为墙肢的连杆，甚至不少连梁破坏退出工作，导致结构抗侧力刚度削弱过多而破坏、倒塌。

审图时宜向设计人员指出这个问题，建议将一部分连梁截面加高，使连梁"级配合理"。这里的"级配合理"是个比喻。意指剪力墙开洞后形成的连梁截面高度大小有一定的比例，不要全部为强连梁，否则结构刚度过大，地震作用过大无必要。同时，大震下连梁梁端开裂、出铰乃至退出工作，结构可能因抗侧力刚度削弱过多而破坏、倒塌。也不要全部为弱连梁，连梁"级配合理"，使结构即有强连梁又有弱连梁、既有独立墙肢又有连肢墙，结构的抗侧力刚度适当、承载能力适当、耗能能力适当。地震下，弱连梁率先开裂、出铰；大震下弱连梁逐渐退出工作，强连梁出铰继续耗能。实现"强弱合理、多道防线"，从而使结构具有较好的延性性能和抗震性能。

5.3　框架-剪力墙结构

5.3.1　一般规定

5.3.1.1　《抗规》第 6.1.3 条第 1 款和《高规》第 8.1.3 条第 3、4 款对少墙框架结构设计规定有所不同，两条均为审查要点，如何审查？

框架和剪力墙的抗侧力刚度、承载能力差别较大，由框架和剪力墙组成的框架-剪力墙结构，在规定的水平力作用下，结构底层框架部分承受的地震倾覆力矩占结构总地震倾覆力矩的比值不同，其结构性能特别是抗震性能也很不相同。故结构设计时，应根据这个比值的不同，确定结构相应的设计方法。

《高规》第 8.1.3 条第 3、4 款规定

8.1.3　抗震设计的框架-剪力墙结构，应根据在规定的水平力作用下结构底层框架部分承受

的地震倾覆力矩与结构总地震倾覆力矩的比值，确定相应的设计方法，并应符合下列规定：

3 当框架部分承受的地震倾覆力矩大于结构总地震倾覆力矩的 50% 但不大于 80% 时，按框架-剪力墙结构进行设计，其最大适用高度可比框架结构适当增加，框架部分的抗震等级和轴压比限值宜按框架结构的规定采用；

4 当框架部分承受的地震倾覆力矩大于结构总地震倾覆力矩的 80% 时，按框架-剪力墙结构设计，但其最大适用高度宜按框架结构采用，框架部分的抗震等级和轴压比限值应按框架结构的规定采用。当结构的层间位移角不满足框架-剪力墙结构的规定时，可按本规程第 3.11 节的有关规定进行结构抗震性能分析和认证。

《抗规》第 6.1.3 条第 1 款规定：

1 设置少量抗震墙的框架结构，在规定的水平力作用下，底层框架部分所承担的地震倾覆力矩大于结构总地震倾覆力矩的 50% 时，其框架的抗震等级应按框架结构确定，抗震墙的抗震等级可与其框架的抗震等级相同。

注：底层指计算嵌固端所在的层。

第 6.2.13 条第 4 款规定：

4 设置少量抗震墙的框架结构，其框架部分的地震剪力值，宜采用框架结构模型和框架-抗震墙结构模型二者计算结果的较大值。

可见两本规范的规定有不同点也有相同点。

（1）不同点是：

《抗规》认为只要在规定水平力作用下结构底层框架部分所承担的地震倾覆力矩大于结构总地震倾覆力矩的 50%，框架抗震等级应按框架结构确定，剪力墙抗震等级与其框架抗震等级相同。《抗规》删除了上一版规定的"最大适用高度可比框架结构适当增加"，似可理解为最大适用高度可按框架结构取用。

《高规》将其进一步细分为两种情况：当框架部分承受的地震倾覆力矩大于结构总地震倾覆力矩的 50% 但不大于 80% 时，表明结构中剪力墙的数量偏少，框架承担较大的地震作用，应按框架-剪力墙结构进行设计。此时，框架部分的抗震等级和轴压比限值宜（注意是"宜"）按框架结构的规定采用，其最大适用高度可比框架结构适当增加，增加的幅度可视剪力墙承担的地震倾覆力矩来确定；当框架部分承受的地震倾覆力矩大于结构总地震倾覆力矩的 80% 时，说明框架部分已居于较主要地位，应加强框架部分的抗震能力，框架部分的抗震等级和轴压比限值应（注意是"应"）按框架结构的规定采用，剪力墙部分的抗震等级和轴压比按框架-剪力墙结构的规定采用，但其最大适用高度宜按框架结构采用。但两种情况下的剪力墙抗震等级均未作明确规定。

（2）相同点是：

1）抗震设计时，框架部分的地震剪力值，宜采用框架结构模型和框架-抗震墙结构模型二者计算结果的较大值取用；

2）层间位移角限值应根据底层框架部分所承担的地震倾覆力矩占结构总地震倾覆力矩的比值，在框架结构和框架-剪力墙结构两者的层间位移角限值之间线性插值。

上述规定均是审查要点。建议多层建筑可按《抗规》第 6.1.3 条第 1 款、第 6.2.13 条第 4 款审查，按《高规》第 8.1.3 条第 3、4 款也应允许。高层建筑应按《高规》第 8.1.3 条第 3、4 款审查。剪力墙部分的抗震等级一般可按框架-剪力墙结构确定。

5.3.1.2　剪力墙结构中含有少量框架，应按框架-剪力墙结构还是按剪力墙结构设计、审查？

《高规》第 8.1.3 条第 1 款规定

8.1.3　抗震设计的框架-剪力墙结构，应根据在规定的水平力作用下结构底层框架部分承受的地震倾覆力矩与结构总地震倾覆力矩的比值，确定相应的设计方法，并应符合下列规定：

1　框架部分承受的地震倾覆力矩不大于结构总地震倾覆力矩的 10％时，按剪力墙结构进行设计，其中的框架部分应按框架-剪力墙结构的框架进行设计。

这种情况表明结构中框架部分承担的地震作用较小，结构的地震作用绝大部分由剪力墙部分承担，工作性能接近纯剪力墙结构。此时结构中剪力墙部分的抗震等级可按剪力墙结构的规定确定，结构最大适用高度仍按剪力墙结构的规定确定。计算分析时按框架-剪力墙结构进行（包括按本章第一节"三、抗震设计时框架-剪力墙结构框架部分的内力调整"进行内力调整）。其侧向位移控制指标按剪力墙结构的规定确定，框架部分的设计应符合本章框架-剪力墙结构中框架部分的相关规定。

本款规定是审查要点。

对于这种少框架的剪力墙结构，由于框架部分承担的地震倾覆力矩很少，内力调整时，要求其达到结构底部地震总剪力的 20％和按侧向刚度分配的框架部分按楼层地震剪力中最大值 1.5 倍二者较大值，则调整的内力放大系数必然很大，很可能使框架柱超筋，实际上框架部分很难起到结构抗震第二道防线的作用。此时也可采用类似本书第 5.5.1.4 节的方法进行调整，即当框架部分楼层地震剪力标准值的最大值小于结构底部总地震剪力标准值的 10％时，各层框架部分承担的地震剪力标准值应增大到结构底部总地震剪力标准值的 15％，其各层剪力墙或核心筒墙体的地震剪力标准值应适当放大，墙体的抗震构造措施应适当加强。

5.3.1.3　审图案例：某结构顶部某层框架部分承担的地震倾覆力矩占该层底部总地震倾覆力矩的 52％，是否应按《高规》第 8.1.3 条第 3 款设计？

当框架部分承受的地震倾覆力矩大于结构底部总地震倾覆力矩的 50％但不大于 80％时，表明结构中剪力墙的数量偏少，框架承担较大的地震作用，虽然按框架-剪力墙结构进行设计，此类结构的抗侧力刚度、承载能力比典型的框架-剪力墙结构（即《高规》第 8.1.3 条第 2 款所述的结构）要差一些，有必要提高框架部分的抗震构造要求。因此，《高规》第 8.1.3 条第 3 款规定：

3　当框架部分承受的地震倾覆力矩大于结构进行总地震倾覆力矩的 50％但不大于 80％时，按框架-剪力墙结构进行设计，其最大适用高度可比框架结构适当增加，框架部分的抗震等级和轴压比限值宜按框架结构的规定采用。

此款为审查要点，设计、审图均应遵照执行。

本案例中，判别是否按《高规》第 8.1.3 条第 3 款设计，关键在于对条款中"结构总地震倾覆力矩"的理解，即要求结构底层框架部分承受的地震倾覆力矩大于结构底部总地震倾覆力矩的 50％但不大于 80％。如果只是结构顶部某一层框架部分承担的地震倾覆力矩占该层底部总地震倾覆力矩的 52％，不符合《高规》第 8.1.3 条第 3 款的规定，不能由此判定应按《高规》第 8.1.3 条第 3 款设计。

事实上，由于框架-剪力墙结构的协同工作，结构顶部某一、二层框架部分承担的地震倾覆力矩占该层底部总地震倾覆力矩的比值较大反而可能是框架-剪力墙结构的正常情况。虽然上部几层框架部分承担的地震倾覆力矩多一点，但结构下部较多的楼层框架部分承担的地震倾覆力矩很少，故累加起来，到结构底层，框架部分承受的地震倾覆力矩与结构总地震倾覆力矩的比值就很小。当这个比值大于结构总地震倾覆力矩的 50% 但不大于 80% 时，则应按《高规》第 8.1.3 条第 3 款设计，否则应按第 2 款设计。

在规定的水平力作用下结构底层框架部分承受的地震倾覆力矩的计算，应按下式计算：

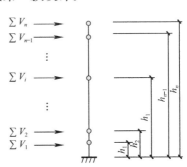

$$M_c = \sum_1^n \sum_1^m V_{ij} h_i \qquad (5\text{-}3)$$

式中：M_c——框架部分承担的在规定的水平力作用下的地震倾覆力矩。所谓"规定的水平力"一般是指采用振型组合后的楼层地震剪力换算的水平作用力；

　　　n——房屋层数；

　　　m——框架第 i 层的柱根数；

　　　V_{ij}——第 i 层第 j 根框架柱的计算地震剪力；

　　　h_i——第 i 层层高。

图 5-11　结构底层框架部分承担的地震倾覆力矩的计算

5.3.1.4　审图案例：结构嵌固端在地下一层底板，地下室顶板和室外地坪高差很小，计算底层框架部分所承担的地震倾覆力矩时，应计算到哪一层？

《抗规》第 6.1.3 条第 1 款注明确指出：底层指计算嵌固端所在的层。故对本工程应计算到地下一层底板。考虑到地下室顶板和室外地坪高差很小，地上一层底部实际所受到的剪力、倾覆力矩等都很大且无侧向约束，建议同时按首层（地下一层顶板）和嵌固端所在层分别计算框架所承担的倾覆力矩，取两者最不利计算结果判断是否为少墙框架结构，这是偏于安全的。

对计算书的审查还应注意：《抗规》第 6.1.3 条第 1 款中所说的"规定的水平力"，一般是指采用振型组合后的楼层地震剪力换算的水平作用力。该水平力的换算原则：每一楼面处的水平作用力取该楼面上、下两个楼层的地震剪力差的绝对值。

5.3.1.5　审图案例：抗震设计的长矩形平面结构，短方向布置了剪力墙，长方向仅有框架柱，但结构两方向抗侧力刚度相差不大，是否可以按框架-剪力墙结构设计？

《高规》第 8.1.5 条规定：

8.1.5　框架-剪力墙结构应设计成双向抗侧力体系；抗震设计时，结构两主轴方向均应布置剪力墙。

此条为强制性条文，设计、审图必须严格执行。

框架-剪力墙结构是框架和剪力墙共同承担竖向和水平作用的结构体系，布置适量的剪力墙是其基本特点。同时，由于水平荷载特别是地震作用的多方向性，故结构应在各个方向布置抗侧力构件，才能抵抗水平荷载，保证结构在各个方向具有足够的刚度和承载力。当结构平面为正交时，则应在平面两个主轴方向布置抗侧力构件，形成双向抗侧力体系。同时，剪力墙是结构主要抗侧力构件，如果仅在一个方向布置剪力墙，另一个方向不布置剪力墙，一方面会使该方向带有纯框架的性质，没有多道防线，地震作用下可能会使结构在此方向首先破坏。另一方面会造成结构在两个主轴方向的刚度差异过大，无剪力墙的方向抗侧力刚度不足，且产生很大的结构整体扭转。本例中，虽然结构两方向抗侧力刚度相差不大，但长方向没有布置剪力墙，实际上长方向是纯框架受力，无抗震多道防线。结构在两个方向的受力，特别是耗能能力、延性性能等都有很大差别，是不可以的。

顺便指出：《高规》第 8.1.5 条规定并不是仅对抗震设计的要求，对非抗震设计的框架-剪力墙结构同样如此，即非抗震设计时，同样应设计成双向抗侧力体系，在结构两个主轴方向布置剪力墙。

5.3.1.6 钢筋混凝土框架-剪力墙结构和框架-核心筒结构，在进行关于 $0.2V_0$ 的楼层地震剪力调整时，可否设置上限（如 2.0）？

框架-剪力墙结构中，框架柱与剪力墙相比，其抗侧力刚度是很小的。故在水平地震作用下，楼层地震总剪力主要由剪力墙来承担（一般剪力墙承担楼层地震总剪力的 70%、80% 甚至更多），框架只承担很小的一部分。就是说，水平地震作用引起的框架部分的内力一般都较小。按多道防线的概念设计要求，墙体是第一道防线，在设防地震、罕遇地震下先于框架破坏，由于塑性内力重分布，框架部分按侧向刚度分配的剪力会比多遇地震下加大。如果不做调整就按这个计算出来的内力进行框架部分的抗震设计，框架部分就不能有效地作为抗震的第二道防线。为保证作为第二道防线的框架具有一定的抗侧力能力，需要对框架承担的剪力予以适当的调整。因此《抗规》第 6.2.13 条第 1 款规定：

1 侧向刚度沿竖向分布基本均匀的框架-抗震墙结构和框架-核心筒结构，任一层框架部分承担的剪力值，不应小于结构底部总地震剪力的 20% 和按框架-抗震墙结构、框架-核心筒结构计算的框架部分各楼层地震剪力中最大值 1.5 倍二者的较小值。

可见对框架部分地震剪力的调整，目的是为了使框架部分能有效地作为抗震的第二道防线。设置调整的上限，意味着调整不到位，框架部分没有足够的承载能力，因而也就难以作为抗震的第二道防线，这是不允许的。《抗规》第 6.2.13 条对框架-剪力墙和框架-核心筒结构中框架承担剪力进行调整的要求，属于审查要点规定的审查内容，应按此规定审查，不允许设置上限。

但是，如果某楼层段减少的框架柱较多，按结构底层或每段底层总剪力 V_0 来调整框架柱的剪力时，将使这些楼层的单根框架柱内力放大系数过大，造成框架柱的剪力设计值过大，致使柱子超筋。对这样的楼层，建议参考《抗规》第 9.1.11 条（审图要点）第 2 款关于框架-核心筒结构框架部分内力调整的办法。即当结构某层（或某段）框架部分楼层地震剪力标准值的最大值小于结构该层（或该段）底层总地震剪力标准值的 10% 时，框架部分承担的地震剪力标准值应增大到本层框架柱不超筋且该层（或该段）总剪力不小于底层总地震剪力标准值的 15%，该层（或该段）剪力墙的地震剪力标准值应适当放大，放大系数一般不小于 1.1，根据实际工程的具体情况可酌情增加；墙体的抗震构造措施应适当加强，必要时此部分剪力墙抗震等级可提高一级。以上可供设计及审图时参考。

审图时应注意：《抗规》第 6.2.13 条条文说明指出，此项规定适用于竖向结构布置基本均匀的情况；对塔类结构出现分段规则的情况，可分段调整；对有加强层的结构，不含加强层及其上下层的调整；不适用于部分框架柱不到顶，使上部框架柱数量较少的楼层。

5.3.1.7 审图案例：框架-剪力墙结构、板柱-剪力墙结构中要注意规范对剪力墙间距的限值规定

框架-剪力墙结构、板柱-剪力墙结构是通过刚性楼、屋盖的连接，将水平荷载传递到剪力墙上，保证结构在水平荷载作用下的整体工作的。按国外的有关规定，楼盖周边两端位移不超过平均位移 2 倍的情况称为刚性楼盖，超过 2 倍则属于柔性楼盖。长矩形平面或平面有一方向较长（如 L 形平面中有一肢较长）时，如横向剪力墙间距较大，在水平荷载作用下，两墙之间的楼、屋盖即使楼板不开洞且有一定的厚度，但仍会产生较大的面内变形。楼、屋盖平面内的变形，将影响楼层水平剪力在各抗侧力构件之间的分配，造成该区间的框架（或板柱）不能和邻近的剪力墙协同工作而增加框架（或板柱）负担。为了使两墙之间的楼、屋盖能获得足够的平面内刚度，保证结构在水平荷载作用下的整体工作性能，有效地传递水平荷载，规范对框架-剪力墙结构、板柱-剪力墙结构中的剪力墙平面布置提出间距要求。

6.1.6 《抗规》第 6.1.6 条规定：

框架-抗震墙、板柱-抗震墙结构以及框支层中，抗震墙之间无大洞口的楼、屋盖的长宽比，不宜超过表 6.1.6 的规定；超过时，应计入楼盖平面内变形的影响。

抗震墙之间楼屋盖的长宽比　　　　　　　　　　　表 6.1.6

楼、屋盖类型		设防烈度			
		6	7	8	9
框架-抗震墙结构	现浇或叠合楼、屋盖	4	4	3	2
	装配整体式楼、屋盖	3	3	2	不宜采用
板柱-抗震墙结构的现浇楼、屋盖		3	3	2	—
框支层的现浇楼、屋盖		2.5	2.5	2	—

剪力墙的间距过大，结构整体计算采用楼板平面内刚性的假定，不仅结构的受力不合理，不能很好地起到框架、剪力墙协同工作的效果，更重要的是计算结果不可靠，结构可能存在安全隐患。建议审图时注意此问题。

审图时应注意：

（1）结合《高规》第 8.1.8 条规定，框架-剪力墙结构、板柱-剪力墙结构中，剪力墙之间无大洞口的楼、屋盖的剪力墙间距，不宜超过表 5-2 的规定。

剪力墙间距（m）　　　　　　　　　　　　　表 5-2

楼屋盖类型		抗震设防烈度			
		非抗震设计	6 度、7 度（取较小值）	8 度（取较小值）	9 度（取较小值）
框架-剪力墙结构	现浇或叠合楼、屋盖	5.0B，60	4.0B，50	3.0B，40	2.0B，30
	装配整体式楼、屋盖	3.5B，50	3.0B，40	2.0B，30	不宜采用
板柱-剪力墙结构的现浇楼、屋盖		4.0B，50	3.0B，40	2.0B，30	—

（2）表中的数值适用于楼、屋盖无大洞口时，当两墙之间的楼、屋盖有较大开洞时，该段楼、屋盖的平面内刚度更差，剪力墙的间距应适当减小。同时楼板应按弹性楼板假定进行结构整体计算。

（3）超过表中数值时，即使楼、屋盖无大洞口，也应考虑其平面内变形对楼层水平剪力分配的影响，即应按弹性楼板假定进行结构整体计算。

（4）表中的 B 为相邻剪力墙之间的相应楼盖宽度。若结构平面有凹凸时，同一楼层不同剪力墙之间的楼盖宽度 B 可能不同。如图 5-12 所示，B_1 是确定相邻剪力墙 W_1 和 W_2 间距的楼盖宽度，B_2、B_3、B_4 分别是确定相邻剪力墙 W_2 和 W_3、W_3 和 W_4、W_4 和 W_5 间距的楼盖宽度。

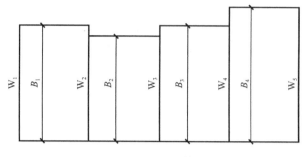

图 5-12　楼盖宽度 B

5.3.1.8　重视抗震设计时对装配整体式楼盖构造要求的审查

装配整体式楼、屋盖中的预制板当连接不足时，地震中将造成严重的震害。故需要特别加强。《抗规》第 6.1.7 条规定：

6.1.7　采用装配整体式楼、屋盖时，应采取措施保证楼、屋盖的整体性及其与抗震墙的可靠连接。装配整体式楼、屋盖采用配筋现浇面层加强时，其厚度不应小于 50mm。

此条为审查要点，设计、审查均应按此执行。

结合《抗规》第 6.1.7 条的规定，对抗震设计时采用符合规定的装配整体式混凝土楼、屋盖，应符合下列构造要求：

（1）无现浇叠合层的预制板，板端搁置在梁上的长度不宜小于 50mm；

（2）预制板板端宜预留胡子筋，其长度不宜小于 100mm；

（3）预制板板孔应有堵头，堵头深度不宜小于 60mm，并应采用强度等级不低于 C20 的混凝土浇灌密实；

（4）楼盖的预制板板缝宽度不宜小于 40mm，板缝大于 40mm 时应在板缝内配置钢筋，并宜贯通整个结构单元；现浇板缝、板缝梁的混凝土强度等级宜高于预制板的混凝土强度等级；

（5）楼盖每层宜设置钢筋混凝土现浇层；现浇层厚度不应小于 50mm，并应双向配置直径不小于 6mm、间距不大于 200mm 的钢筋网，钢筋应锚固在梁或剪力墙内。

5.3.1.9　框架-剪力墙结构是否可做成框架-短肢剪力墙结构？

就构件本身而言，短肢剪力墙墙肢在平面内方向的承载能力、抗侧力刚度，和框架-剪力墙结构中的框架柱相比，短肢剪力墙稍强。但在平面外方向，短肢剪力墙墙肢的承载能力、抗侧力刚度，要比框架-剪力墙结构中的框架柱差很多。同时，短肢剪力墙空间性能差。因此，将框架-剪力墙结构中的剪力墙全部改为采用短肢剪力墙，形成所谓"框架-短肢剪力墙结构"，但短肢剪力墙根本不具备长肢剪力墙（普通剪力墙）的抗侧力刚度和承载能力等，因此是不可以的。如果在框架-剪力墙结构中在设置短肢剪力墙墙肢，特别是设置较多的短肢剪力墙墙肢，比如在规定的水平地震作用下，由短肢剪力墙承担的倾覆力矩占结构底部总倾覆力矩的 30% 甚至更多，则作为抗震第一道防线的剪力墙的能力大大削弱，整个结构的承载能力、抗侧力刚度、抗震性能也大大削弱，这显然是不合适的。况且，规范并没有述及这种结构如何设计。

当框架-剪力墙结构中仅设置极少数短肢剪力墙墙肢，并按《高规》第7.2.2条的规定设计，笔者认为应是可以的。但既然采用了框架-剪力墙结构，建筑功能上已经允许设置凸出墙面的框架柱，那么，将这极少数短肢剪力墙墙肢改为框架柱似乎更好。

5.3.2 截面设计及构造要求

5.3.2.1 对框架-剪力墙结构中剪力墙最小墙厚的审查应注意什么？

框架-剪力墙结构的剪力墙比剪力墙结构中的剪力墙更重要，受力更大，抗侧力刚度要求也更高，故墙肢的最小厚度要求适当从严。

《抗规》第6.5.1条第1款规定：

6.5.1 框架-抗震墙结构的抗震墙厚度和边框设置，应符合下列要求：

1 抗震墙的厚度不应小于160mm且不宜小于层高或无支长度的1/20，底部加强部位的抗震墙厚度不应小于200mm且不宜小于层高或无支长度的1/16。

此款为审查要点，设计、审图均应遵照执行。

审图时应注意：

（1）和剪力墙结构中的剪力墙相比，框架-剪力墙结构剪力墙的最小厚度不再区分抗震等级；一、二、三、四级抗震等级剪力墙的最小厚度取值相同。

（2）本款未明确规定有端柱或翼墙时剪力墙的最小厚度取值，建议一律按《抗规》第6.5.1条第1款的规定（即无端柱或翼墙时）。这是偏于安全的。

5.3.2.2 对框架-剪力墙结构中剪力墙的水平、竖向分布钢筋最小配筋率的审查应注意什么？

框架-剪力墙结构、板柱-剪力墙结构中的剪力墙比剪力墙结构中的剪力墙更重要：它不但要承担自己"分内的"水平荷载和竖向荷载，还要"帮助"框架（或板柱）承担更多的水平荷载，必须保证其安全可靠。因此，剪力墙的竖向、水平分布钢筋的配筋率比剪力墙结构中的配筋率有所提高。《高规》第8.2.1条规定：

8.2.1 框架-剪力墙结构、板柱-剪力墙结构中，剪力墙的竖向、水平分布钢筋的配筋率，抗震设计时均不应小于0.25%，非抗震设计时均不应小于0.20%，并应至少双排布置。各排分布筋之间应设置拉筋，拉筋的直径不应小于6mm、间距不应大于600mm。

本条为强制性条文，设计、审图均应严格执行。

审图时应注意：

（1）《高规》第8.2.1条虽然是对高层建筑抗震、非抗震设计时墙体竖向、水平分布钢筋最小配筋率的规定；但根据《抗规》第6.5.2条、《混规》第9.4.4条（条文略）有关规定，多层建筑抗震、非抗震设计时墙体竖向、水平分布钢筋最小配筋率均可按《高规》规定审查。

（2）对分布钢筋的直径《高规》未作规定，而《抗规》规定"直径不宜小于10mm"；笔者建议：分布钢筋的直径，抗震设计时不宜小于10mm，非抗震设计时不宜小于8mm，间距均不宜大于300mm，并至少应双排布置。

（3）为了提高混凝土开裂后的剪力墙受力性能和保证施工质量，墙体各排分布钢筋之间应设置拉筋。对拉筋的最小直径、最大间距要求，可按《高规》审查。

5.3.2.3 《抗规》第 6.5.1 条第 2 款要求带端柱剪力墙的端柱"应满足本规程第 6.3 节对框架柱的要求",审图中如何确定其抗震等级及构造要求?

剪力墙通常有两种布置方式:一种是剪力墙与框架分开,剪力墙围成筒,墙的两端没有柱;另一种是剪力墙嵌入框架内,有端柱、有边框梁,成为带边框剪力墙。第一种情况的剪力墙,与剪力墙结构中的剪力墙、筒体结构中的核心筒或内筒墙体区别不大。对于第二种情况的剪力墙,剪力墙周边受框架梁柱的约束,在侧向反复地震(大变形)作用下只承受剪力,墙体在楼层区格内产生斜向交叉裂缝,达到耗能作用,剪力墙周边框架梁柱仍能承受竖向荷载,起到多道防线的作用。

《抗规》第 6.5.1 条第 2 款规定:

6.5.1 框架-抗震墙结构的抗震墙厚度和边框设置,应符合下列要求:

2 有端柱时,墙体在楼盖处宜设置暗梁,暗梁的截面高度不宜小于墙厚和 400mm 的较大值;端柱截面宜与同层框架柱相同,并应满足本规范第 6.3 节对框架柱的要求;抗震墙底部加强部位的端柱和紧靠抗震墙洞口的端柱宜按柱箍筋加密区的要求沿全高加密箍筋。

此条为审查要点,审图应按此条进行。

审图时应注意:

(1)剪力墙端柱兼做框架柱时,框架柱在剪力墙平面内作为墙肢的边缘构件,其抗震等级应和剪力墙一致,即按剪力墙确定其抗震等级;而在剪力墙平面外,应按框架-剪力墙结构中的框架柱确定其抗震等级。应特别注意:作为剪力墙边缘构件的"柱子"和作为框架-剪力墙结构中的"框架柱",即使抗震等级相同,构造要求也不一定完全一样。按各自的抗震等级采取相应的构造措施,最后取两者最不利情况包络设计。

(2)底部加强部位剪力墙的端柱和紧靠剪力墙洞口的端柱要求从严,宜按框架柱箍筋加密区的要求沿全高加密箍筋。

5.3.2.4 《高规》第 8.2.2 条第 3 款规定:"与剪力墙重合的框架梁可保留,亦可做成宽度与墙厚相同的暗梁",《抗规》第 6.5.1 条第 2 款规定:"有端柱时,墙体在楼盖处宜设置暗梁"。对框架-剪力墙结构墙体在楼盖处是否设边框梁,审图时如何把握?

对于将剪力墙嵌入框架内,成为带有边框(有端柱、有边框梁)的剪力墙,有试验资料指出:有端柱剪力墙的受剪承载力比矩形截面剪力墙的受剪承载力提高 42.5%,有端柱剪力墙的极限层间位移比,比矩形截面剪力墙的极限层间位移比提高 110%,有端柱剪力墙在反复大幅度位移的情况下耗能比矩形截面剪力墙提高 23%。这就很好地说明:设置端柱或翼缘,特别是增加端柱或翼缘的约束箍筋可以延缓纵筋压屈,保持混凝土截面承载力,增强沿裂缝处抗滑移能力,从而提高了剪力墙的延性及耗能能力。但是,如果梁的宽度大于墙的厚度,则每一层的剪力墙有可能成为高宽比小的矮墙,强震作用下容易发生剪切破坏,同时,剪力墙给柱端施加很大的剪力,使柱端剪坏,这对抗地震倒塌是非常不利的。2005 年、2006 年,国外曾做过两个模型的对比试验,一个 1/3 比例的 6 层 2 跨、3 间的框架-剪力墙结构模型的振动台试验,剪力墙嵌入框架内,结果首层剪力墙剪切破坏,剪力墙的端柱剪坏,首层其他柱的两端出现塑性铰,首层倒塌;另一个足尺的 6 层 2 跨、3 开间的框架-剪力墙结构模型的振动台试验,与 1/3 比例的模型相比,除了模型比例不同外，嵌入框架内的剪力墙采用开缝墙。试验结果，首层开缝墙出现弯曲破坏和剪切斜裂缝，没有出现首层倒塌的破坏现象。

可以看出：剪力墙中仅带端柱，对剪力墙受力有利，而带有边框梁则对剪力墙受力作用不大。

《抗规》第6.5.1条规定：

6.5.1 框架-抗震墙结构的抗震墙厚度和边框设置，应符合下列要求：

1 抗震墙的厚度不应小于160mm且不宜小于层高或无支长度的1/20，底部加强部位的抗震墙厚度不应小于200mm且不宜小于层高或无支长度的1/16。

2 有端柱时，墙体在楼盖处宜设置暗梁，暗梁的截面高度不宜小于墙厚和400mm的较大值；端柱截面宜与同层框架柱相同，并应满足本规范6.3节对框架柱的要求；抗震墙底部加强部位的端柱和紧靠抗震墙洞口的端柱宜按柱箍筋加密区的要求沿全高加密箍筋。

此条为审查要点，审图应按此条进行。即应注意：

(1) 有端柱时，墙体在楼盖处宜设置暗梁，暗梁的截面高度不宜小于墙厚和400mm的较大值，不要求一定设置梁宽大于墙厚的边框梁。

(2) 与剪力墙平面重合时可在剪力墙内设置暗梁；而与框架平面不重合的剪力墙内不是必须设置暗梁。

顺便说一句：框架-剪力墙结构中的剪力墙最小厚度，比剪力墙结构中的规定要严。所以在审查剪力墙的最小厚度时，应注意区别。

5.3.2.5 审图案例：一端与框架柱、剪力墙扶壁柱、剪力墙平面内相连的梁，该端支座附近配筋是否应满足框架梁的抗震构造要求，如不满足是否按违反强制性条文？

一端与框架柱、剪力墙扶壁柱、剪力墙平面内相连的梁，该端与柱、墙通常设计成刚接，水平地震下梁端产生弯矩，反之则不产生弯矩。故《高规》第6.1.8条条文说明指出：不与框架柱（包括框架-剪力墙结构中的柱）相连的次梁，可按非抗震设计。……，其一端与框架柱相连，另一端与梁相连；与框架柱相连端应按抗震设计，其要求应与框架梁相同，与梁相连端构造按非抗震设计。

本案例中所述的三种情况均为梁、柱（墙）刚接，水平地震下梁端产生弯矩，故应按抗震设计。当梁端应按框架梁设计而未满足《高规》第6.3.2条要求（此条为强制性条文）时，应属违反强制性条文。

当剪力墙连梁跨高比不小于5时，《高规》第7.1.3条规定宜按框架梁设计，此时也应按《高规》第6.3.2条要求审查。

考虑竖向地震作用的悬挑梁，竖向地震下梁固结端产生弯矩，故梁此端应按抗震设计，应按《高规》第6.3.2条要求审查。

5.3.2.6 审图案例：带端柱的剪力墙肢，采用计算软件计算其正截面承载力配筋时，端柱和墙肢一个超筋，一个构造配筋，如何确定此带端柱剪力墙肢的受力纵筋配筋量？

带端柱的剪力墙肢本是一个构件，但在构件配筋计算时，有的计算是将其分开，按端柱和剪力墙肢作为两个构件取各自内力设计值分别计算其配筋，然后将其相连处的端部配筋值相加作为构件的最后配筋。这显然是不合适的。

某框架-剪力墙结构，计算中对某带端柱的剪力墙肢（图 5-13）按上述方法，人为地将此构件分别按框架柱和剪力墙肢两个构件进行配筋计算，计算结果显示端柱超筋而剪力墙构造配筋。这里我们且不论此计算是否正确，配筋值相加，超筋加构造配筋其值等于多少呢？显然这个计算结构并不可靠，与实际情况并不一致。

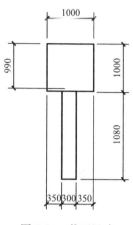

图 5-13　截面尺寸

事实上，端柱和剪力墙肢为同一构件，应在同一控制内力下按同一构件计算其截面配筋。所以我们讲端柱和剪力墙肢还原为一个构件，根据原计算结果，分别取端柱和剪力墙肢的组合控制内力向此 T 形截面形心集中，根据《高规》第 7.2.8 条按 T 形截面手算其配筋，计算结构为计算配筋值。

可见此带端柱的剪力墙肢是一适筋偏心受压构件而不是超筋构件，也不是构造配筋构件。

以上计算，也是一种近似。因为由原"框架柱""剪力墙肢"形心处算得的组合控制内力集中到 T 形截面剪力墙形心处的弯矩、剪力值未必就是此构件的控制内力，一次也不一定是最不利的。故在一般情况下应对计算出的配筋量根据工程具体情况适当加大。

需要指出的是：如果按分为若干个构件的配筋都是计算值，可按相连处相加的方法处理。毕竟大量的工程实践证明是安全可靠的。但若分开计算而其中又有的是超筋或构造配筋，建议采用上述近似方法。

当然，这样的情况并不多见，当遇到这种情况时，以上做法可供设计人员参考。

5.4　板柱结构、板柱-剪力墙结构

5.4.1　一般规定

5.4.1.1　如何确定柱间设有宽扁梁的板柱-剪力墙结构最大适用高度？如何确定其抗震等级？

典型的板柱-剪力墙结构的特点是除周边外其余部位柱间均无梁。对于柱间设有宽扁梁的板柱-剪力墙结构的最大适用高度和抗震等级等，国家标准均无相关规定。《广东省执行高规的补充规定》第 3.3.1 条表 3.3.1-1 注 5 指出：楼板（包括空心楼板）的厚度不小于 $l/25$（l 为板跨），柱间设有扁（暗）梁的或宽扁（暗）梁的板柱-剪力墙结构的最大适用高度可适当增加至非抗震设计 130m，6 度时 110m、7 度时 100m、8 度时 80m，抗震等级应按规范规定的板柱-剪力墙结构抗震等级考虑。

即在板厚较厚时（一般现浇实心板板厚取 1/45～1/40 板短跨），房屋最大适用高度可比规范规定的板柱-剪力墙结构适当增加，而构件的抗震等级特别是板柱部分的抗震等级要求从严。

以上规定可供设计、审图时参考。

5.4.1.2　审图案例：审图时如何判别其结构类型？是板柱-剪力墙结构还是框架-核心筒结构？

板柱-剪力墙结构由水平构件板和竖向构件柱及剪力墙组成，其内部无梁。为了提高结构的抗震性能，规范规定板柱-剪力墙结构周边应设置有梁框架，当剪力墙为由楼电梯、

管道井筒围成的筒体且布置在平面中部时，其平面布置如图 5-14 所示。

中央为由楼电梯、管道井筒围成的核心筒，周边为较大柱距的框架，是框架-核心筒结构较为典型的平面布置。当外框和核心筒间距离较大时，设计中可能会在其间另设内柱以减小梁或板的跨度，在外框和核心筒间不设置框架主梁的情况下，其平面布置如图 5-15 所示。

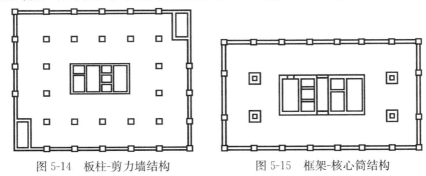

图 5-14 板柱-剪力墙结构   图 5-15 框架-核心筒结构

此时两种情况下的平面布置是十分相似的，但框架-筒体结构受力特点类似于框架-剪力墙，具有较大的抗侧力刚度和强度，空间整体性较好，抗震性能好。而板柱-剪力墙结构抗侧刚度小、延性差，地震作用下柱头极易发生破坏，抗震性能差。因此，两个结构体系在房屋最大适用高度、抗震措施等方面设计上有很大差别。所以，分清两种不同的结构体系是一件十分重要的事情，否则就会造成结构选型及设计错误。设计、审图应在研究分析建筑专业提供的设计资料基础上，判别好两种不同的结构体系，选择合理的结构方案。

笔者建议，一般可从以下两方面区分板柱-剪力墙结构和框架-核心筒结构：

（1）板柱-剪力墙结构有剪力墙（或同时有剪力墙筒）和外围周边柱，同时内部柱子（内柱）数量较多，楼层平面除周边柱间有梁、楼梯间有梁外，内外柱及内柱之间、内柱与剪力墙筒间均无梁，内柱承担较大部分的竖向荷载，并参与结构整体抗震（虽然其作用不大）。剪力墙（或剪力墙筒）是主要抗侧力构件，但柱子也是抗侧力构件。而框架-核心筒结构的内柱数量很少（甚至没有），且一般为不设梁的、仅承受竖向荷载的轴力柱，所承担的水平荷载很小，核心筒是主要抗侧力构件，周边框架参与结构整体抗震。

（2）框架-核心筒结构的核心筒每侧边长一般不小于结构相应边长的 1/3，高宽比一般较大（当然不超过 12），核心筒承担结构大约承担 70% 以上的倾覆力矩。而板柱-剪力墙结构的剪力墙筒和结构平面尺寸相比较小，每侧边长一般远小于结构相应边长的 1/3，高宽比一般较大，远超过 12。剪力墙筒和结构中的其他剪力墙共同承担绝大部分倾覆力矩。仅仅剪力墙筒承担的倾覆力矩往往不大。

以上建议可供审图时参考。

从图 5-15 中可以看出，该结构井筒的平面尺寸远小于结构相应边长的 1/3，且仅靠结构中部较小的井筒不足以承担绝大部分倾覆力矩，故其他部位又设置了一些剪力墙，应按板柱-剪力墙结构设计、审图。

5.4.1.3 审图时是否必须要求板柱-剪力墙结构房屋的周边设置边梁？

板柱-剪力墙结构和框架-剪力墙结构相比，其最大问题是在构件的设置上，许多位置楼盖没有框架梁，因为没有框架梁，所以较容易发生冲切破坏；因为没有框架梁，所以结构抗侧力刚度较小，因为没有框架梁，所以结构的抗震性能较差。因此，应尽可能设置框架梁以利结构受力，提高结构的抗震性能。

地震作用下，房屋的周边（特别是角部）是受力的主要部位，为保证结构关键部位的可靠性，要求抗震设计时，除应设置剪力墙外，还应尽可能设置有梁框架。而这对于大多数建筑来说，一般不会影响其使用功能，故是可以做到的。

《抗规》第 6.6.2 条第 2、4 款规定：

6.6.2　板柱-抗震墙的结构布置，尚应符合下列要求：

2　房屋的周边应采用有梁框架，楼、电梯洞口周边宜设置边框梁。

4　房屋的地下一层顶板，宜采用梁板结构。

以上《抗规》第 6.6.2 条第 2 款为审查要点，设计、审图均应遵照执行。

当房屋的地下一层顶板不是上部结构的嵌固部位时，根据工程的实际情况，地下一层顶板采用梁板结构的要求可适当放松。

5.4.1.4　板柱-剪力墙结构内力应如何调整？需注意什么？

和框架-剪力墙结构一样，抗震设计时，按多道设防的原则，板柱-剪力墙结构也应进行楼层水平地震剪力的调整。考虑剪力墙是结构中的最主要抗侧力构件，故调整方法和框架-剪力墙结构有所不同。非抗震设计时，为满足高层建筑抵抗水平力的性能，对板柱-剪力墙结构也提出了应进行楼层水平剪力的调整。

《抗规》第 6.6.3 条第 1 款规定：

6.6.3　板柱-抗震墙结构的抗震计算，应符合下列要求：

1　房屋高度大于 12m 时，抗震墙应承担结构的全部地震作用；房屋高度不大于 12m 时，抗震墙宜承担结构的全部地震作用。各层板柱和框架部分应能承担不少于本层地震剪力的 20%。

《高规》第 8.1.10 条规定：

8.1.10　抗风设计时，板柱-剪力墙结构中各层筒体或剪力墙应能承担不小于 80% 相应方向该层承担的风荷载作用下的剪力；抗震设计时，应能承担各层全部相应方向该层承担的地震剪力，而各层板柱部分尚应能承担不小于 20% 相应方向该层承担的地震剪力，且应符合有关抗震构造要求。

以上均为审查要点，设计、审图均应遵照执行。

审图时应注意：

（1）板柱-剪力墙结构中的板柱和剪力墙均应进行水平地震剪力的调整；

（2）抗震设计时，以房屋高度 12m 为界（注意不是以高层建筑、多层建筑为界），调整方法不同；

（3）抗风设计时，高层建筑的板柱-剪力墙结构中各层筒体或剪力墙应能承担不小于 80% 相应方向该层承担的风荷载作用下的剪力，但对多层建筑的板柱-剪力墙结构，规范并未明确规定其是否需调整。当基本风压较大或房屋高度较高时，建议也按《高规》第 8.1.10 条规定进行调整；

（4）只调整水平剪力，轴力均不作调整；

（5）抗震设计时，板柱部分的内力调整，必须在满足规范关于楼层最小地震剪力系数的前提下进行。若经计算结构已经满足楼层最小地震剪力系数的要求，则按规定乘以剪力增大系数即可。若不满足，则首先应调整结构布置或调整结构总剪力和各楼层的水平地震剪力使之满足要求，再进行板柱部分、剪力墙部分的内力调整。

5.4.2 截面设计及构造要求

5.4.2.1 对板柱-剪力墙结构中剪力墙最小厚度的审查应注意什么？

板柱-剪力墙结构的剪力墙比框架-剪力墙结构中的剪力墙更重要，受力更大，抗侧力刚度要求也更高，故墙肢的最小厚度要求适当从严。

《抗规》第 6.6.2 条第 1 款规定：

6.6.2 板柱-抗震墙的结构布置，尚应符合下列要求：

1 抗震墙厚度不应小于 180mm，且不宜小于层高或无支长度的 1/20；房屋高度大于 12m 时，墙厚不应小于 200mm。

此款为审查要点，设计、审图均应遵照执行。

审图时应注意：

（1）和框架-剪力墙结构中的剪力墙相比，板柱-剪力墙结构剪力墙的最小厚度一律取不应小于 180mm，且不宜小于层高或无支长度的 1/20。

（2）本款未明确规定有端柱或翼墙时剪力墙的最小厚度取值，建议一律按《抗规》第 6.6.2 条第 1 款的规定（即无端柱或翼墙时）。这是偏于安全的。

（3）特别注意：只要房屋高度大于 12m 时，最小墙厚就不应小于 200mm。

5.4.2.2 板受冲切承载力计算中对板临界截面周长的审查应注意什么？

临界截面是冲切最不利的破坏锥体底面线和顶面线之间的平均周长处板的垂直截面。平均周长就是临界截面周长 u_m。临界截面周长 u_m 是计算板受冲切承载力的重要参数，u_m 越大承载力越高。如果把 u_m 算大了，就意味着板受冲切承载力计算值偏大，就会使结构存在安全隐患。所以审图时应充分注意。

板的受冲切承载力计算中临界截面周长 u_m，的计算应注意以下问题：

（1）对矩形截面柱，取距离局部荷载集中反力作用面积周长 $h_0/2$ 处板垂直截面的最不利周长；

（2）非矩形截面柱（异型截面柱），选取周长 u_m 的形状要呈凸形折线，其折角不能大于 180°，由此可得到最小周长，此时在局部周长区段离柱边的距离允许大于 $h_0/2$。

常见的复杂集中反力作用面的冲切临界截面如图 5-16 所示。

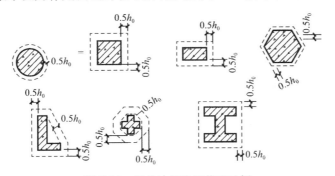

图 5-16　板的冲切临界截面示例

（3）当板开有孔洞且孔洞至局部荷载或集中反力作用面积边缘的距离不大于 $6h_0$ 时，受冲切承载力计算中取用的临界截面周长 u_m，应扣除局部荷载或集中反力作用面积中心至开孔外边画出两条切线之间所包含的长度。邻近自由边时，应扣除自由边的长度（图 5-17）。

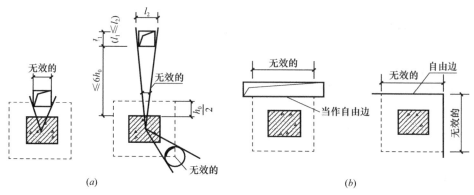

图 5-17　邻近孔洞或自由边时的临界截面周长

注：当图中 $l_1 > l_2$ 时，孔洞边长 l_2 用 $\sqrt{l_1 l_2}$ 代替

5.4.2.3　注意对抗震设计时板柱节点冲切反力设计值调整的审查

地震作用使板柱的柱头产生不平衡弯矩，加大了冲切力。根据分析研究及工程实践经验，抗震设计时，由地震作用组合的节点不平衡弯矩在板柱节点处引起的等效集中反力设计值应乘以增大系数，以避免地震作用下板的冲切破坏。这是板柱节点的一个重要抗震措施。《抗规》第 6.6.3 条第 3 款规定：

6.6.3　板柱-抗震墙结构的抗震计算，应符合下列要求：

3　板柱节点应进行冲切承载力的抗震验算，应计入不平衡弯矩引起的冲切，节点处地震作用组合的不平衡弯矩引起的冲切反力设计值应乘以增大系数，一、二、三级板柱的增大系数可分别取 1.7、1.5、1.3。

此款为审查要点，对结构计算书的审图应注意是否已按规定计算。《混规》第 11.9.3 条亦有相同规定，此处略。

审图时应注意：由地震作用组合的节点不平衡弯矩在板柱节点处引起的等效集中反力设计值 $F_{l,eq}$，可按《混规》附录 F 的规定计算。

5.4.2.4　对非抗震设计时板柱节点板中配置抗冲切箍筋或弯起钢筋的构造做法的审查应注意什么？

板柱及独基底板、平板筏基底板，其板与柱相交部位都处于冲切受力状态，试验研究表明：在与冲切破坏面相交的部位配置箍筋或弯起钢筋，能够有效地提高板的抗冲切承载力。为保证箍筋或弯起钢筋的抗冲切作用，《混规》第 9.1.11 条规定：

9.1.11　混凝土板中配置抗冲切箍筋或弯起钢筋时，应符合下列构造要求：

1　板的厚度不应小于 150mm；

2　按计算所需的箍筋及相应的架立钢筋应配置在与 45°冲切破坏锥面相交的范围内，且从集中荷载作用面或柱截面边缘向外的分布长度不应小于 $1.5h_0$（图 9.1.11a）；箍筋直径不应小于 6mm，且应做成封闭式，间距不应大于 $h_0/3$，且不应大于 100mm；

3 按计算所需弯起钢筋的弯起角度可根据板的厚度在 $30°\sim45°$ 之间选取；弯起钢筋的倾斜段应与冲切破坏锥面相交（图 9.1.11b），其交点应在集中荷载作用面或柱截面边缘以外 $(1/2\sim2/3)h$ 的范围内。弯起钢筋直径不宜小于 12mm，且每一方向不宜少于 3 根。

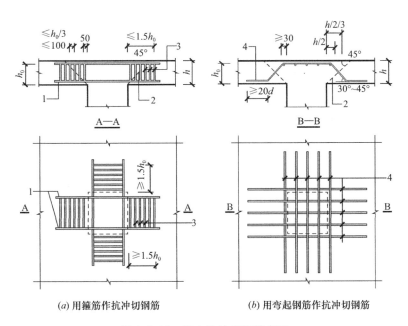

图 9.1.11 板中抗冲切钢筋布置

注：图中尺寸单位 mm

1—架立钢筋；2—冲切破坏锥面；3—箍筋；4—弯起钢筋

此款为审查要点，设计、审图应遵照执行。

审图时应注意：

（1）配置抗冲切箍筋或弯起钢筋时，板的厚度不应小于 150mm，否则所配置的箍筋或弯起钢筋将不起作用（超筋）；

（2）弯起钢筋的弯起角度可在 $30°\sim45°$ 之间选取，具体角度，应保证弯起钢筋的倾斜段与冲切破坏锥面相交的交点，在集中荷载作用面或柱截面边缘以外 $(1/2\sim2/3)h$ 的范围内；

（3）抗震设计时的构造要求，规范无明确规定，建议根据工程具体情况在《混规》第 9.1.11 条规定的基础上适当加强。

5.4.2.5 《抗规》第 6.6.4 条第 4 款（审查要点）规定板柱节点应根据抗冲切承载力要求，配置抗剪栓钉或抗冲切钢筋，但并未规定构造做法，具体如何审查？

1. 板柱节点的冲切破坏是板柱结构、板柱-剪力墙结构的主要破坏形态，特别是抗震设计时，地震作用产生的不平衡弯矩，在柱周围产生较大的剪应力，和垂直荷载下产生的剪应力共同作用，就可能发生脆性的冲切破坏。为加强板柱节点的抗冲切承载力，一般可采用以下措施之一：

（1）将板柱节点附近板的厚度局部加厚形成柱帽或托板，充分利用混凝土的自身抗冲切能力；

（2）配置抗冲切箍筋或抗冲切弯起钢筋；

（3）采用互相垂直并通过柱子截面的型钢（工字钢、槽钢等）焊接而成的型钢剪力架；

（4）配置抗剪栓钉。

在采用上述某种抗冲切措施时，应进行相应的抗冲切承载力计算并应满足有关构造要求。

2. 关于板柱节点的抗冲切的承载力计算，《混规》第 6.5 节、第 11.9 节第 11.9.1 条、第 11.9.4 条对措施 1、措施 2、措施 3 分别介绍了计算方法；《混规》第 9.1.11 条、第 9.1.12 条、第 11.9.2 条，《抗规》第 6.6.4 条第 4 款、第 6.6.2 条第 3 款，《高规》第 8.1.9 条第 4 款、第 8.2.3 条第 2 款、第 8.2.4 条第 2 款，对其构造做法有具体规定。

（1）在竖向荷载、水平荷载作用下，配置型钢剪力架的抗冲切承载力计算和相应构造要求，应符合下列规定：

1）型钢剪力架的型钢高度不应大于其腹板厚度的 70 倍；剪力架每个臂末端可削成与水平呈 30°～60°的斜角；型钢的全部受压翼缘应位于距混凝土板的受压边缘 $0.3h_0$ 范围内；

2）型钢剪力架每个伸臂的刚度与混凝土组合板换算截面刚度的比值 α_a 应符合下列要求：

$$\alpha_a \geqslant 0.15 \tag{5-4}$$

$$\alpha_a = E_a I_a / (E_c I_{OCR}) \tag{5-5}$$

式中：I_a——型钢截面惯性矩；

I_{OCR}——混凝土组合板裂缝截面的换算截面惯性矩；

E_a、E_c——分别为剪力架和混凝土的弹性模量。

计算惯性矩 I_{OCR} 时，按型钢和钢筋的换算面积以及混凝土受压区的面积计算确定，此时组合板截面宽度取垂直于所计算弯矩方向的柱宽 b_c 与板有效高度 h_0 之和。

3）工字钢焊接剪力架伸臂长度可由下列近似公式确定（图 5-18）：

$$l_a = u_{m,de}/(3/\sqrt{2}) - b_c/6 \tag{5-6}$$

$$u_{m,de} \geqslant F_{le}/(0.7f_1\eta h_0) \tag{5-7}$$

上式中的系数 η，应取《混规》第 6.5.1 条式（6.5.1-1）、式（6.5.1-2）两者中的较小值。

式中：$u_{m,de}$——设计截面周长，按图 5-18 所示计算确定；

F_{le}——距柱周边 $h_0/2$ 处的等效集中反力设计值；

b_c——柱计算弯矩方向的边长。

槽钢焊接剪力架的伸臂长度可按（图 5-18b）所示的设计截面周长，用与工字钢焊接剪力架相似的方法确定。

4）剪力架每个伸臂根部的弯矩设计值及受弯承载力应满足下列要求：

$$M_{de} = \frac{F_{l,eq}}{2n}\left[h_a + a_a\left(l_a - \frac{h_e}{2}\right)\right] \tag{5-8}$$

$$\frac{M_{\text{de}}}{W} \leqslant f_{\text{a}} \tag{5-9}$$

式中：h_{a}——剪力架每个伸臂型钢的全高；

$\quad\quad h_{\text{e}}$——计算变矩方向的柱子尺寸；

$\quad\quad n$——型钢剪力架相同伸臂的数目；

$\quad\quad f_{\text{a}}$——钢材的抗拉强度设计值，按现行国家标准《钢结构设计规范》有关规定取用。

5）配置型钢剪力架板的冲切承载力应满足下列要求：

$$F_l = 1.2 f_{\text{t}} \eta \mu_{\text{m}} h_0 \tag{5-10}$$

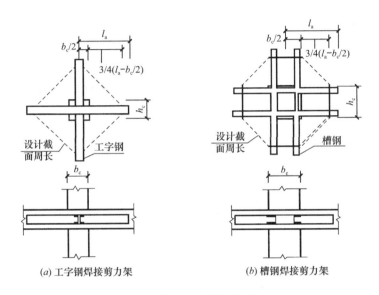

(a) 工字钢焊接剪力架　　　　　　(b) 槽钢焊接剪力架

图 5-18　剪力架及其计算冲切面

（2）采用箍筋抗冲切时，跨越冲切斜裂缝的竖向钢筋（箍筋的竖向肢）能阻力裂缝开展，但是，当箍筋的竖向肢有滑动时，效果有所降低。一般的箍筋，由于竖向肢的上、下端皆为圆弧，在竖向肢受力较大接近屈服时，都有滑动发生，国外的试验分析结果证实了这一点。在板柱-剪力墙结构的板柱节点中，如不设柱帽或托板，柱周围的板厚度不大，再加上板的双向受力纵筋使 h_0 减小，箍筋的竖向肢往往较短，少量滑动就能使应变减少较多，其箍筋竖向肢的应力也不能达到屈服强度。因此，加拿大规范（CSA-A23.3-94）规定，只有当板厚（包括托板厚度）不小于 300mm 时，才允许使用箍筋。美国 ACI 规范要求在箍筋转角处配置较粗的水平筋以协助固定箍盘的竖向肢。采用"抗剪栓钉"则可以避免箍筋的上述缺点，且施工方便，既有良好的抗冲切性能，又能节约钢材。因此规范建议尽可能采用高效能抗剪栓钉来提高板的抗冲切能力。

承载力计算详见《混规》第 11.9.1 条、第 11.9.4 条。

在混凝土板中配置栓钉，应符合下列构造要求：

1）栓钉的锚头可采用方形或圆形板，其面积不小于锚杆截面面积的 10 倍；

2）锚头板和底部钢条板的厚度不小于 0.5d，钢条板的宽度不小于 2.5d，d 为锚杆的直径（图 5-19a）：

3）里圈栓钉与柱面之间的距离 s_0 应符合下式规定（图 5-20、图 5-21）：

$$500\text{mm} \leqslant s_0 \leqslant 0.35h_0 \qquad (5\text{-}11)$$

4）栓钉圈与圈之间的径向距离 s 不大于 $0.35h_0$；

5）按计算所需的栓钉应配置在与 45°冲切破坏锥面相交的范围内，且从柱截面边缘向外的分布长度不应小于 $1.5h_0$（图 5-19b）；

6）栓钉的最小混凝土保护层厚度与纵向受力钢筋相同；栓钉的混凝土保护层不应超过最小混凝土保护层厚度与纵向受力钢筋直径之半的和（图 5-19c）。

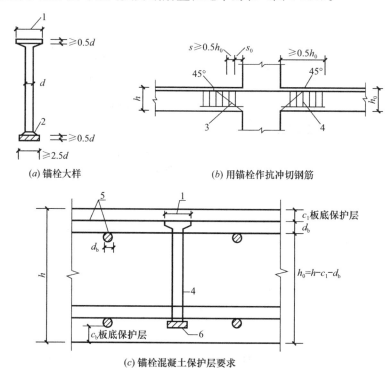

(a) 锚栓大样　　　　　(b) 用锚栓作抗冲切钢筋

(c) 锚栓混凝土保护层要求

图 5-19　板中抗冲切锚栓布置

1—顶部面积≥10 倍锚杆截面面积；2—焊接；3—冲切破坏锥面；4—锚栓；5—受弯钢筋；6—底部钢板条

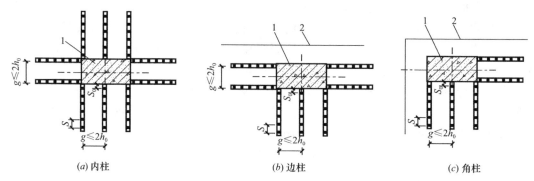

(a) 内柱　　　　　(b) 边柱　　　　　(c) 角柱

图 5-20　柱周边抗冲切栓钉排列示意（矩形柱）

1—柱；2—板边

3. 当地震作用能导致柱上板带的支座变矩反号时，应验算如图 5-22 所示虚线界面的冲切承载力。

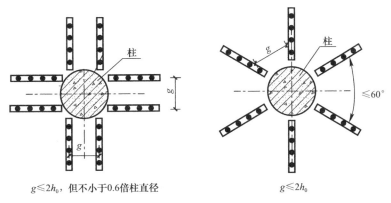

$g \leqslant 2h_0$，但不小于0.6倍柱直径　　　　　　　$g \leqslant 2h_0$

图 5-21　柱周边抗冲切栓钉排列示意（圆形柱）

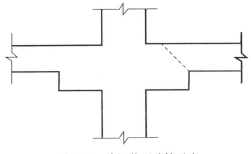

图 5-22　冲切截面验算示意

5.4.2.6　抗震设计时，若板柱节点满足抗冲切承载力的要求，审图时是否可不要求必须设置柱帽或托板？

分析表明：采用无柱帽或无托板的平板式板柱节点时，即使竖向荷载下板的节点抗冲切承载力满足要求，柱周边板在竖向荷载下的弯矩较大甚至出现裂缝，柱周边一定范围内受力复杂。对结构的安全及正常使用都有一定的影响。地震作用下这种影响则更为明显。显然，设置柱帽或托板，可以提高板的抗冲切承载力，改善节点受力性能，提高板柱节点的抗弯刚度，有利于结构抗震。为了保证柱周边一定范围内的板（即托板或柱帽）有较好的面外刚度，从而保证板柱节点有较好的抗弯刚度，规范还对托板或柱帽的边长和厚度等几何尺寸也作了明确规定。

《抗规》第 6.6.2 条第 3 款规定：

6.6.2　板柱-抗震墙的结构布置，尚应符合下列要求：

3　8 度时宜采用有托板或柱帽的板柱节点，托板或柱帽根部的厚度（包括板厚）不宜小于柱纵筋直径的 16 倍，托板或柱帽的边长不宜小于 4 倍板厚和柱截面对应边长之和。

此款为审查要点，设计、审图应遵照执行。

《高规》第 8.1.9 条第 4 款规定：

8.1.9　板柱-剪力墙结构的布置应符合下列规定：

4　无梁板可根据承载力和变形要求采用无柱帽（柱托）板或有柱帽（柱托）板形式。柱托板的长度和厚度应按计算确定，且每方向长度不宜小于板跨度的 1/6，其厚度不宜小于板厚度的 1/4。7 度时宜采用有柱托板，8 度时应采用有柱托板，此时托板每方向长度尚不宜小于同方向柱截面宽度和 4 倍板厚之和，托板总厚度尚不应小于柱纵向钢筋直径的 16

倍。当无柱托板且无梁板受冲切承载力不足时，可采用型钢剪力架（键），此时板的厚度并不应小于 200mm。

此款和《抗规》第 6.6.2 条第 3 款规定内容基本相同，但也有一些区别。审图时应注意：

考虑到《抗规》是专门针对结构（包括高层建筑和多层建筑）抗震设计时的要求，而《高规》是专门针对高层建筑（包括抗震设计和非抗震设计）时的要求，故抗震设计和非抗震设计时的高层建筑均应按《高规》第 8.1.9 条第 4 款审查，抗震设计的多层建筑可按《抗规》第 6.6.2 条第 3 款审查。

5.4.2.7 板柱-剪力墙结构，《抗规》第 6.6.4 条第 1 款仅规定无柱帽平板应在柱上板带中设置构造暗梁，《高规》第 8.2.4 条第 1 款规定无论有无柱帽均应设置，二者不一致。如何审查？

板柱-剪力墙结构中，地震作用虽然由剪力墙全部承担，但结构在整体工作时，板柱部分仍应承担一定的水平力。由柱上板带和柱组成的板柱框架中的板，受力主要集中在柱的连线附近（无柱帽或托板时这种效应十分明显），故抗震设计应沿柱轴线设置暗梁，目的在于加强板与柱的连接，较好地起到板柱框架的作用，此时柱上板带的钢筋应比较集中在暗梁部位。

《抗规》第 6.6.4 条第 1 款规定：

6.6.4 板柱-抗震墙结构的板柱节点构造应符合下列要求：

1 无柱帽平板应在柱上板带中设构造暗梁，暗梁宽度可取柱宽及柱两侧各不大于 1.5 倍板厚。暗梁支座上部钢筋面积应不小于柱上板带钢筋面积的 50%，暗梁下部钢筋不宜少于上部钢筋的 1/2；箍筋直径不应小于 8mm，间距不宜大于 3/4 倍板厚，肢距不宜大于 2 倍板厚，在暗梁两端应加密。

《高规》第 8.2.4 条第 1 款规定：

8.2.4 板柱-剪力墙结构中，板的构造设计应符合下列规定：

1 抗震设计时，应在柱上板带中设置构造暗梁，暗梁宽度取柱宽及两侧各 1.5 倍板厚之和，暗梁支座上部钢筋截面积不宜小于柱上板带钢筋截面积的 50%，并应全跨拉通，暗梁下部钢筋应不小于上部钢筋的 1/2。暗梁箍筋的布置，当计算不需要时，直径不应小于 8mm，间距不宜大于 $3h_0/4$，肢距不大于 $2h_0$；当计算需要时应按计算确定，且直径应不应小于 10mm，间距不宜大于 $h_0/2$，肢距不宜大于 $1.5h_0$。

上述条款规定略有不同，且《抗规》第 6.6.4 条第 1 款规定为审查要点。对此，审图时建议如下：

（1）设置构造暗梁问题，两本规范区别较大。即使设置了柱帽或托板，在柱上板带设置构造暗梁对无梁楼盖的整体受力、防止无梁楼板的脱落都有较明显的作用。故抗震设计时，无论是否设置柱帽或平板，均应在柱上板带中设置构造暗梁。即应按《高规》第 8.2.4 条第 1 款审查。

（2）暗梁的构造要求，两本规范基本一致。故抗震设计和非抗震设计时的高层建筑均应按《高规》第 8.2.4 条第 1 款审查，抗震设计的多层建筑可按《抗规》第 6.6.4 条第 1 款审查。

5.4.2.8 防止无梁楼板脱落的措施

在地震作用下，无梁板与柱的连接是最薄弱的部位。在地震的反复作用下易出现板柱交接处的裂缝，严重时发展成为通缝，使板失去了支承而脱落。为防止板在极限状态下楼板塑性变形充分发挥时从柱上完全脱落而下坠，规范对沿两个主轴方向布置通过柱截面的板底连续钢筋作出规定，以便把趋于下坠的楼板吊住而不至于倒塌。

《抗规》第6.6.4条第3款规定：

6.6.4 板柱-抗震墙结构的板柱节点构造应符合下列要求：

3 沿两个主轴方向通过柱截面的板底连续钢筋的总截面面积，应符合下式要求：

$$A_s \geq N_G / f_y \qquad (6.6.4)$$

式中：A_s——板底连续钢筋总截面面积；

N_G——在本层楼板重力荷载代表值（8度时尚宜计入竖向地震）作用下的柱轴压力设计值；

f_y——楼板钢筋的抗拉强度设计值。

此款为审查要点，设计、审图应遵照执行。《高规》第8.2.3条第3款、《高规》第11.9.6条第1款均有相同规定，此处略。

审图时应注意以下几点：

（1）对于贯通柱截面的板底纵向普通钢筋（或贯通柱截面连续预应力筋）截面面积，《混规》有进一步的说明，即：对一端在柱截面对边按受拉弯折锚固的普通钢筋或预应力筋，截面面积按一半计算，对于边柱和角柱有此种情况。设计和审图时建议按《混规》执行。参见图5-23。

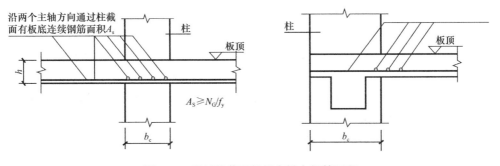

图5-23 通过柱截面的板底纵向钢筋面积

（2）楼板重力荷载代表值作用下的柱轴向压力设计值 N_G 可电算求得，也可近似按下式计算：

$$N_G = 1.2 \times \text{所计算柱子的从属面积} \times \text{楼板重力荷载代表值} \qquad (5-12)$$

楼板重力荷载代表值按《抗规》第5.1.3条计算。

（3）抗震设防烈度为8度时，《高规》《抗规》均规定"尚宜计入竖向地震影响"，但此影响如何计算？与抗震等级是否有关？均无明确规定。建议根据具体工程的实际情况，采用合适的方法计算竖向地震下柱的内力，并与竖向荷载、水平地震、风荷载下柱的内力组合，再根据抗震等级乘以相应的放大系数。

5.4.2.9 审图案例：板柱-剪力墙结构中柱网 8m×8m，设计要求在柱上板带部位的楼板上连续开 3 个 350mm×150mm 矩形小洞口，考虑是非抗震设计，审图是否允许通过？

建筑物的楼板开洞是不可避免的。板柱-剪力墙结构由于没有梁，故对板上开洞要求更严。《高规》第8.2.4条第3款规定：

3 无梁楼板允许开局部洞口，但应验算承载力及刚度要求。当未作专门分析时，在板的不同部位开单个洞的大小应符合图8.2.4的要求。若在同一部位开多个洞时，则在同一截面上各个洞宽之和不应大于该部位单个洞的允许宽度。所有洞边均应设置补强钢筋。

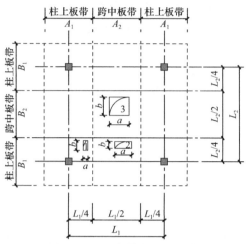

图8.2.4 无梁楼板开洞要求

注：洞1：$a \leqslant a_c/4$ 且 $a \leqslant t/2$，$b \leqslant b_c/4$ 且 $b \leqslant t/2$；其中，a 为洞口短边尺寸，b 为洞口长边尺寸，a_c 为相应于洞口短边方向的柱宽，b_c 为相应于洞口长边方向的柱宽，t 为板厚；洞2：$a \leqslant A_2/4$ 且 $b \leqslant B_1/4$；洞3：$a \leqslant A_2/4$ 且 $b \leqslant B_2/4$

此款是审查要点，设计、审图应遵照执行。

如前所述，由于无梁楼板的受力特点，不同的位置开洞对楼板的受力影响是不同的。柱子附近的楼板受力最大，且要将其他部位楼板上的荷载传递给柱子，故对开洞的大小控制最严；柱上板带的跨中部位对开洞大小的控制次之；跨中板带的跨中部位对开洞大小的控制相对较宽松；此外，在同一部位开多个洞时，对同一截面上各个洞宽之和也有明确规定。本案中，要求在柱上板带部位的楼板上连续开3个400mm×150mm矩形小洞口，虽然每个洞口尺寸没超过规范规定，但同一截面上各个洞宽之和为 $a = 3 \times 400\text{mm} = 1200\text{mm} > A_2/4 = 1000\text{mm}$，不符合规范规定，故审图不允许通过。

审图时还应注意：

（1）一般情况下，无梁楼板开局部洞口，应验算满足承载力及刚度要求。本款是对未作专门分析时板的开洞的规定。

（2）本款规定既适用于抗震设计，也适用于非抗震设计。

（3）对多层建筑规范未作规定，建议按《高规》第8.2.4条第3款规定审图。

（4）所有洞边均应设置补强钢筋。

5.4.2.10 框架-剪力墙结构中剪力墙的抗震等级比框架要高，为什么8度时板柱-剪力墙结构中柱的抗震等级却比剪力墙的抗震等级高？究竟如何审查？

抗震设计时，根据结构的设防烈度、结构类型、房屋高度、不规则程度场地类别等，采用不同的抗震等级。抗震等级的高低，体现了对结构抗震性能要求的严格程度。板柱-剪力墙结构无框架梁，仅有暗梁，构不成框架和梁柱节点，受力性能差。震害和试验研究均表明：板柱节点是抗震的不利部位，地震作用产生的节点不平衡弯矩和竖向荷载作用下的剪力共同作用，使节点极易产生脆性的冲切破坏。在板柱-剪力墙结构房屋的最大适用高度中，8度时结构高度大于35m的板柱-剪力墙结构，已属于高烈度区，对框架、板柱的柱的抗震措施理应加强，否则不能满足其相应的抗震要求。而8度时对于结构高度不大于35m的板柱-剪力墙结构的房屋，剪力墙的抗震等级为二级已可满足抗震要求。

同时，框架、板柱的柱和剪力墙属于不同的结构构件，它们的抗震措施和抗震构造措施要求的内容不同，抗震等级相同，并不意味着它们的构造要求完全一样，二者之间的抗震等级不具可比性。

《抗规》第6.1.2条是强制性条文，设计、审查均应严格按此执行。

5.5 筒 体 结 构

5.5.1 一般规定

5.5.1.1 对筒体结构的核心筒、内筒外墙厚度，审查时要注意哪些问题？

如前所述，和对剪力墙结构、框架-剪力墙结构等规定墙厚的道理一样，规定筒体结构核心筒、内筒的墙厚，是保证核心筒、内筒满足墙体平面外稳定的最低要求。

《高规》第9.1.7条第3款规定：

9.1.7 筒体结构核心筒或内筒设计应符合下列规定：

3 筒体墙应按本规程附录D验算墙体稳定，且外墙厚度不应小于200mm，内墙厚度不应小于160mm，必要时可设置扶壁柱或扶壁墙。

上述《高规》第9.1.7条第3款是审查要点，设计、审图应遵照执行。

审图时应注意：

（1）由于筒在结构中的重要作用，《高规》对筒体墙最小厚度的具体规定，外墙的厚度应比内墙要厚。注意两者的区别，内墙就是一般剪力墙，而外墙才是"筒"。因此，核心筒、内筒的外部墙体厚度比其他结构中的剪力墙厚度应适当加厚，以形成封闭的刚度较大的筒体，核心筒、内筒的内部墙体可按一般剪力墙结构确定其墙厚。

（2）对底部加强部位和其他部位的墙厚未作区别，说明其他部位的墙厚也不应小于200mm，要求比其他剪力墙更高；注意到这仅是满足墙体平面外稳定性要求的最小厚度，所以，一般情况下底部加强部位墙厚宜适当加厚。

（3）《抗规》第6.7.2条第1款规定：……筒体底部加强部位及相邻上一层，当侧向刚度无突变时不宜改变墙体厚度。本款虽不是审查要点，但对抗震设计时的筒体结构是很必要的，建议按此审查。

（4）筒体结构一般适用于较高的高层建筑，由于结构所受的竖向荷载、水平荷载都很大，而核心筒、内筒又是结构的主要抗侧力构件，要求墙体具有足够的承载能力、变形能力和稳定性能。因此，为了满足墙肢承载力、变形能力、轴压比等要求，一般还要加厚。

5.5.1.2 对框架-核心筒结构的核心筒、筒中筒结构的内筒开洞，审查时要注意哪些问题？

由若干片剪力墙围成一个封闭的筒，比一般开口剪力墙具有更大的抗侧力刚度、更高的承载能力、更好的空间性能。框架-核心筒结构的核心筒、筒中筒结构的内筒，一般筒墙的边长都超过 8m，但绝不能按《高规》第 7.1.2 条对一般剪力墙的规定那样开设结构洞，否则，筒墙就会成为开口剪力墙，失去了筒的工作性能。为此，《高规》对核心筒的开洞，作出以下规定：

第 9.1.7 条第 2 款规定：

2　筒体角部附近不宜开洞，当不可避免时，筒角内壁至洞口的距离不应小于 500mm 和开洞墙截面厚度的较大值。

第 9.1.8 条规定：

核心筒或内筒的外墙不宜在水平方向连续开洞，洞间墙肢的截面高度不宜小于 1.2m；当洞间墙肢的截面高度与厚度之比小于 4 时，宜按框架柱进行截面设计。

审图时应注意：

（1）任何结构平面的角部都是结构的重要部位，角部开洞，使得封闭的筒成为开口剪力墙，大大削弱筒墙的抗侧力刚度和抗扭刚度。所以，角部附近一般不应开洞。《高规》第 9.1.7 条第 2 款是审查要点，设计、审图应遵照执行。当不可避免时，设计应保证筒角内壁至洞口的距离不小于 500mm 和开洞墙的截面厚度，并对角墙采取可靠的加强措施。

（2）核心筒或内筒的外墙在水平方向连续开洞，将会使核心筒或内筒中出现小墙肢等薄弱环节，也会使得封闭的筒成为开口剪力墙，所以，应尽量避免外墙在水平方向连续开洞。而是要求少开洞、开小洞。建议控制开洞数量不宜多于 2 个，不应多于 3 个。

（3）开洞后洞间墙肢的截面高度不宜小于 1.2m；当洞间墙肢的截面高度与厚度之比小于 4 时，宜按框架柱进行截面设计。所谓按框架柱进行截面设计，主要是指此墙肢的承载力计算及抗震构造均按框架柱，但其抗震等级仍应按框架-核心筒结构中的筒墙确定。

（4）开洞后形成的连梁跨高比不宜大于 4，以便对墙肢有较好的约束能力。

5.5.1.3　结构高度不大于 60m 的框架-核心筒结构，是否可以按框架-剪力墙结构设计？

框架-核心筒结构从受力本质上说就是框架-剪力墙结构，只不过中间的核心筒比一般剪力墙抗侧力刚度更大、承载能力更高、空间性能更好。研究表明，"筒"的空间受力性能与其高度和高宽比等诸多因素有关。对于房屋高度不超过 60m 的框架-核心筒结构，由于核心筒高宽比较小，其作为"筒"的空间作用已不明显，总体上受力性能更接近于框架-剪力墙结构。因此，《抗规》第 6.1.2 条表 6.1.2 注 4 规定：

高度不超过 60m 的框架-核心筒结构按框架-抗震墙的要求设计时，应按表中框架-抗震墙结构的规定确定其抗震等级。

此款为强制性条文。审图应注意：高度不超过 60m 的框架-核心筒结构，若按一般框架-剪力墙结构设计，是允许的，且其抗震等级也可按框架-剪力墙结构采用。但若按框架-核心筒结构设计，也应允许，审图时注意其抗震等级等构造均应满足框架-核心筒结构要求即可。

5.5.1.4　抗震设计时如何对框架-核心筒结构框架进行地震剪力调整？

水平荷载作用下，框架-核心筒结构的受力特点和框架-剪力墙结构一样，如果结构布置合理，构件截面尺寸恰当，各层框架承担的地震剪力占结构底部总地震剪力的比例不致太小。如果大于 20%，则框架部分的地震剪力可不调整；如果小于 20% 而大于 10%，可按本书第 5.3.1.6 节中框架-剪力墙结构的方法调整框架柱及与之相连的框架梁的剪力和弯矩。总之,"不缺不补,多缺多补,少缺少补,缺多少补多少"。从而保证框架-核心筒结构可以形成外周边框架与核心筒协同工作的双重抗侧力结构体系,满足结构的抗震性能要求。

但由于框架-核心筒结构的筒体剪力墙集中布置在结构平面中央,形成刚度很大、承载能力很高、空间性能很好的封闭的核心筒,框架分散布置在平面周边,数量又少,若外框周边框架柱的柱距过大、梁高过小,造成其刚度过低、核心筒刚度过高,结构底剪力主要由核心筒承担。致使核心筒和外框架在结构刚度、承载能力、空间性能上差异过大,当框架部分分配的地震剪力小于结构底部总地震剪力的 10% 时,意味着筒体结构的外周边框架刚度过弱,如果框架的总剪力仍按框架-剪力墙结构的方法调整,则框架部分承担的剪力最大值的 1.5 倍可能过小,不能满足结构的抗震设计要求。一般情况下,房屋高度越高时,越不容易满足此要求。因此规范规定了新的调整方法,即各层框架剪力按结构底部总地震剪力的 15% 进行调整,同时要求对核心筒的设计剪力和抗震构造措施予以加强,以保证框架-核心筒结构满足抗震设计要求。

为此,《高规》第 9.1.11 条规定:

9.1.11 抗震设计时,筒体结构的框架部分按侧向刚度分配的楼层地震剪力标准值应符合下列规定:

1 框架部分分配的楼层地震剪力标准值的最大值不宜小于结构底部总地震剪力标准值的 10%。

2 当框架部分分配的地震剪力标准值的最大值小于结构底部总地震剪力标准值的 10% 时,各层框架部分承担的地震剪力标准值应增大到结构底部总地震剪力标准值的 15%;此时,各层核心筒墙体的地震剪力标准值宜乘以增大系数 1.1,但可不大于结构底部总地震剪力标准值,墙体的抗震构造措施应按抗震等级提高一级后采用,已为特一级的可不再提高。

3 当框架部分分配的地震剪力标准值小于结构底部总地震剪力标准值的 20%,但其最大值不小于结构底部总地震剪力标准值的 10% 时,应按结构底部总地震剪力标准值的 20% 和框架部分楼层地震剪力标准值中最大值的 1.5 倍二者的较小值进行调整。

按本条第 2 款或第 3 款调整框架柱的地震剪力后,框架柱端弯矩及与之相连的框架梁端弯矩、剪力应进行相应调整。

本条为审查要点,设计、审图应按此执行。

抗震设计时,对框架-核心筒结构框架部分楼层地震剪力标准值调整的审查,应注意以下几点:

(1) 当各层框架部分承担的地震剪力标准值的最大值占结构底部总地震剪力标准值的比例小于 20% 而大于 10% 时,按一般框架-剪力墙结构的方法调整框架柱及框架梁的剪力和弯矩。

(2) 当各层框架部分承担的地震剪力标准值的最大值占结构底部总地震剪力标准值的比例小于 10% 时,各层框架部分承担的地震剪力标准值应增大到结构底部总地震剪力标准值的 15%;同时,各层核心筒墙体的地震剪力标准值宜乘以增大系数 1.1,墙体的抗震构造措施应按抗震等级提高一级后采用,已为特一级的可不再提高;但可不大于结构底部总地震剪力标准值。

所谓"已为特一级的可不再提高"，是说抗震等级不再提高，但构造要求建议在特一级的基础上适当提高，例如，纵向受力钢筋最小配筋率、加密区体积配箍率、箍筋直径、间距等。

若框架柱很少，按规定各层框架部分承担的地震剪力标准值增大到结构底部总地震剪力标准值的15%导致框架部分超筋，建议按如下方法设计、审查：

1）加大框架柱或梁的截面尺寸，或采用型钢混凝土柱、梁；使之调整到结构底部总地震剪力标准值的15%而不超筋。

2）框架部分调整到不超筋，不足部分调整核心筒。即核心筒墙体的地震剪力标准值的增大系数可能大于1.1，应保证框架部分和核心筒墙体的地震剪力标准值大于或等于结构底部总地震剪力标准值。

（3）对带加强层的框架-核心筒结构，框架部分最大楼层地震剪力不包括加强层及其相邻上、下楼层的框架剪力。

（4）框架部分的内力调整，必须在满足规范关于楼层最小地震剪力系数的前提下进行。若经计算结构已经满足楼层最小地震剪力系数的要求，则按规定乘以剪力增大系数即可，若不满足，则首先应改变结构布置或调整结构总剪力和各楼层的水平地震剪力使之满足要求，再进行框架部分的内力调整。

5.5.1.5　框架-核心筒结构中，外框周边柱间是否必须设梁？内筒与外框之间是否必须设梁？

分析计算表明：框架-核心筒结构外框周边设置边梁形成周边框架，有利于结构受力，有利于增强结构的整体性、整体刚度，尤其是抗扭刚度，有利于外框架很好地起到结构抗震二道防线的作用。同时，避免出现板柱-剪力墙结构，避免纯板柱节点，提高节点的抗剪、抗冲切性能。因此，《高规》第9.2.3条规定：

9.2.3　框架-核心筒结构的周边柱间必须设置框架梁。

此条为强制性条文，设计、审图应严格执行。即周边柱间必须设梁且应封闭形成周边框架。

当内筒外框架采用不设梁的平板楼盖时，由于平板基本上不传递水平荷载所产生的弯矩，翼缘框架中间柱的轴力是通过角柱传递过来的（空间作用），当外框柱距增大、裙梁的跨高比增大时，框架-核心筒结构的剪力滞后加重，翼缘框架中间柱的轴力将随着框架柱距的增大而减小，当柱距大到一定程度时，中间柱子的轴力将很小。这会使得框架部分担的剪力和倾覆力矩很小，即使外框柱抗侧力刚度较大、承载能力较强，也不能充分发挥其作用；当楼层采用平板结构且核心筒较柔时，地震作用下结构的层间位移角还可能不能满足规范要求。而核心筒与周边框架之间采用梁板结构时，各层梁对核心筒有一定的约束作用，使得内筒和外框能很好地协同工作。因此，《抗规》第6.7.1条第1款规定：

1　核心筒与框架之间的楼盖宜采用梁板体系；部分楼层采用平板体系时应有加强措施。

实际工程中，框架-核心筒结构内筒外框之间有设梁也有不设梁的。但内筒外框之间设梁对结构受力很有利。所以，作为设计，只要功能允许，框架-核心筒结构的外框架柱与核心筒外墙之间宜按上述规定，尽可能设置梁，至少应有暗梁等加强措施；但此款不是审查要点，故作为审图则设梁不是必须的。建议采用设置暗梁等加强措施。

5.5.2 截面设计及构造要求

5.5.2.1 框架-核心筒结构的核心筒角部墙体，《高规》第9.2.2条第3款规定底部加强部位以上"宜"设置约束边缘构件，审查时是否要求必须设置？

抗震设计时，框架-核心筒结构的核心筒、筒中筒结构的内筒，都是由剪力墙组成的，和一般剪力墙相比，所受剪力大，倾覆力矩大；同时，也都是结构的主要抗侧力竖向构件，应采取可靠的抗震措施，以保证剪力墙底部加强部位有足够的承载能力、变形能力和延性，以使筒体具有足够大的抗震能力。为此，规范对其设计要求比一般剪力墙更高。《高规》第9.2.2条规定：

9.2.2 抗震设计时，核心筒墙体设计尚应符合下列规定：

1 底部加强部位主要墙体的水平和竖向分布钢筋的配筋率均不宜小于0.30％；

2 底部加强部位角部墙体约束边缘构件沿墙肢的长度宜取墙肢截面高度的1/4，约束边缘构件范围内应主要采用箍筋；

3 底部加强部位以上角部墙体宜按本规程7.2.15条的规定设置约束边缘构件。

本条3款均为审查要点，设计、审图均应认真执行。

审图时应注意：

(1) 一般剪力墙的底部加强部位以上部位是无需设置约束边缘构件的。但筒墙的角部则是最重要的受力位置。因此有必要对其承载能力、变形能力、延性性能上提出比一般剪力墙更高的要求。

规范规定的"宜"，说明并非在任何情况下都需设置约束边缘构件，而是应根据工程的具体情况酌定。例如房屋高度较低（结构高度小于60m），或设防烈度较低（6度）或场地类别较好（Ⅰ类）或结构规则性好等，可不设置约束边缘构件，反之，则应设置约束边缘构件。

(2) 约束边缘构件通常需要一个沿周边的大箍，再加上各个小箍或拉筋，而小箍是无法勾住大箍的，会造成大箍的长边无支长度过大，起不到对边缘构件应有的约束作用。为了更好地约束混凝土，提高延性，《高规》第9.2.2条第2款规定约束边缘构件沿墙肢的长度宜取墙肢截面高度的1/4，约束边缘构件范围内应主要采用箍筋，即采用箍筋与拉筋相结合的配箍方法；第1款又规定底部加强部位主要墙体的水平和竖向分布钢筋的配筋率均不宜小于0.30％。这都是比一般剪力墙要求更高，应根据实际工程的具体情况审查。

(3) 以上要求是针对筒墙即外墙，筒内部的墙是一般剪力墙，按一般剪力墙设计、审查即可。

5.5.2.2 内筒偏置的框架-筒体结构，如何控制其水平地震下的扭转效应？

典型的框架-核心筒结构，平面一般为正方形或相邻边长接近的矩形，核心筒居平面中央，平面对称、质心与刚心偏心距小。内筒偏置的框架-核心筒结构，其质心与刚心的偏心距较大，水平地震作用下结构的扭转效应明显增大，于抗震不利。对这类结构，应特别关注结构的扭转特性，控制结构的扭转反应。《高规》第9.2.5条规定：

对内筒偏置的框架-筒体结构，应控制结构在考虑偶然偏心影响的单向地震作用下，最大楼层水平位移和层间位移不应大于该楼层平均值的1.4倍，结构扭转为主的第一自振周期 T_t 与平动为主的第一自振周期 T_1 之比不应大于0.85，且 T_1 的扭转成分不宜大于30％。

此条为审查要点，设计、审图均应按规定执行。

可见对此类结构，规范对其结构的位移比和周期比均按 B 级高度高层建筑从严控制。审查计算书时，要应特别注意：

（1）位移比的限值是 1.4 而不是 1.5；

（2）周期比的限值是 0.85 而不是 0.9；

（3）结构的第一自振周期 T_1 中会含有较大的扭转成分，为了改善结构抗震的基本性能，更加从严控制第一自振周期 T_1 中的扭转成分。要求 T_1 的扭转成分不宜大于 30%。

5.5.2.3　《高规》第 9.2.6 条规定：当内筒偏置、长宽比大于 2 时，宜采用框架-双筒结构。为什么？双筒的平面布置应注意哪些问题？

框架-核心筒结构平面长宽比大于 2 时，结构两个方向的抗侧力刚度差异较大，扭转效应较为明显；内筒偏置，则结构的扭转效应更加突出。内筒采用双筒不但可以减小结构在两个主轴方向抗侧力刚度的差异，还可增强结构的抗扭刚度，减小结构在水平地震作用下的扭转效应，同时可适当增加建筑使用面积。

框架-双筒结构的平面布置，未见规范专门规定，但对结构设计的安全性至关重要。审图应予充分重视。笔者提几点建议如下：

（1）所谓双筒是指在结构平面中央形成两个核心筒，而不是仅在原来的一个大筒中部的长边外墙上开大洞（见图 5-24）。同时，每个核心筒都要满足前述有关核心筒的设计要求。如规范关于"筒体结构核心筒或内筒设计的有关规定""核心筒或内筒的外墙开洞""核心筒墙体的设计""核心筒连梁、外框筒梁和内筒连梁的设计"等。

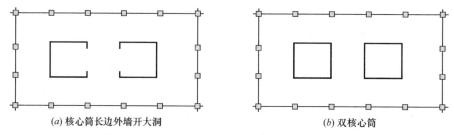

(a) 核心筒长边外墙开大洞　　　　　　　　　　　*(b)* 双核心筒

图 5-24　内筒偏置、长宽比大于 2 宜采用双筒

（2）两个筒的楼层数及高度应相同，平面布置宜对称，并应使两个筒有尽可能接近的体型、平面形状、抗侧力刚度和质量。

（3）水平力作用下，双筒间的力偶会产生较大的平面剪力。因此，双筒间的楼板应有足够的面内刚度和整体性，同时还应有足够的抗剪承载力，以保证双筒能更好地协同工作。《高规》对双筒间开洞楼板的构造作了具体规定（见《高规》第 9.2.7 条）并要求按弹性板进行细化分析。

1）应尽量避免框架-双筒结构的双筒间楼板开洞。

2）不可避免时，开洞面积不应大于双筒间楼板面积的 30%，其有效楼板宽度不宜小于楼板典型宽度的 50%。

3）双筒间楼板应按弹性板假定进行细化的连续体有限元分析。抗震设计时，宜按《高规》第 10.2.24 条验算楼板平面内的受剪承载力。

4）洞口附近楼板应加厚，采用双层双向配筋，且每层单向配筋率不应小于 0.25%。

（4）框架-双筒结构的其他结构布置要求同前述框架-核心筒结构。

5.5.2.4 筒中筒结构外框筒裙梁受剪截面控制条件不满足要求时，可以采取开洞等处理一般剪力墙连梁的做法吗？

筒中筒结构的外框筒，一般由密柱和裙梁构成，如同剪力墙开洞后形成的筒体。为了使外框筒更好地发挥空间作用，减小"剪力滞后"现象，《高规》第9.3.5条对外框筒的柱距、墙面开洞率、裙梁截面高度、角柱截面面积等规定如下：

1 柱距不宜大于4m，框筒柱的截面长边应沿筒壁方向布置，必要时可采用T形截面；

2 洞口面积不宜大于墙面面积的60%，洞口高宽比宜与层高与柱距之比值相近；

3 外框筒梁的截面高度可取柱净距的1/4；

4 角柱截面面积可取中柱的1~2倍。

外框筒裙梁的跨高比一般较小，水平荷载作用下梁端剪力很大，比一般的剪力墙连梁更容易出现截面控制条件不满足规定的情况，不采取合适的处理措施会造成连梁斜裂缝过大甚至发生斜压破坏。

但是，对外框筒裙梁的抗剪截面控制条件不满足要求，不能采取前述一般剪力墙连梁那样减小梁高、中部开洞等削弱外框筒梁的办法，因为那样做，就会使裙梁截面高度减小，可能使墙面开洞率加大，削弱外框筒的空间作用，使"剪力滞后"现象加重，不能使密柱和裙梁作为开洞的筒体共同工作，若结构的大部分裙梁都这样处理，则很可能严重削弱结构的抗侧力刚度和强度，甚至改变结构的受力性能，这更是不允许的。而必须采用跨高比很小的强连梁，以便和墙肢构成框筒或联肢墙，保证仍是筒或整片墙的受力状态。

因此，《混规》第11.7.10条（审查要点）规定：对于一、二级抗震等级的连梁，当跨高比不大于2.5时，除普通箍筋外宜另配置斜向交叉钢筋。《高规》第9.3.8条规定：跨高比不大于2的框筒梁和内筒连梁宜增配对角斜向钢筋。跨高比不大于1的框筒梁和内筒连梁宜采用交叉暗撑。

审图时应注意：

（1）筒中筒结构外框筒裙梁受剪截面控制条件不满足要求时，不可采取开洞等处理一般剪力墙连梁的办法，而应采用配置对角斜向钢筋或交叉暗撑的做法；

（2）同样的道理，框架-核心筒结构核心筒外墙的连梁，当跨高比很小、连梁受剪截面控制条件不满足要求时，也不能采用一般剪力墙连梁减小梁高等削弱连梁刚度的做法，而应采用配置对角斜向钢筋或交叉暗撑的做法；

（3）对核心筒和内筒内部的剪力墙连梁，若受剪截面控制条件不满足要求时，根据情况可采用减小梁高等做法，当然，必要时也可采用配置对角斜向钢筋的做法。

5.5.2.5 关于连梁配置斜向交叉钢筋抗剪，《混规》第11.7.10条和《高规》第9.3.8条规定有所不同，审图时应如何把握？

国内外进行的连梁抗震受剪性能试验表明：采用不同的配筋方式，连梁达到所需延性时能承受的最大剪压比是不同的。通过改变小跨高比连梁的配筋方式，可以在不降低或有限降低连梁相对作用剪力（即不折减或有限折减连梁刚度）的条件下提高连梁的延性，使该类连梁发生剪切破坏时，其延性能力能够达到地震作用时剪力墙对连梁的延性需求，在跨高比较小的连梁（包括框筒梁和内筒连梁）增设交叉斜筋配筋，对提高其抗震性能有较好的作用。因此，《混规》第11.7.10条规定：

11.7.10　对于一、二级抗震等级的连梁，当跨高比不大于2.5时，除普通箍筋外宜另配置斜向交叉钢筋，其截面限制条件及斜截面受剪承载力可按下列规定计算：

1　当洞口连梁截面宽度不小于250mm时，可采用交叉斜筋配筋（图11.7.10-1），其截面限制条件及斜截面受剪承载力应符合下列规定：

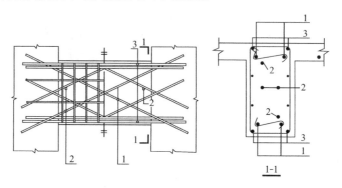

图11.7.10-1　交叉斜筋配筋连梁

1—对角斜筋；2—折线筋；3—纵向钢筋

1）受剪截面应符合下列要求：

$$V_{wb} \leqslant \frac{1}{\gamma_{RE}}(0.25\beta_c f_c bh_0) \tag{11.7.10-1}$$

2）斜截面受剪承载力应符合下列要求：

$$V_{wb} \leqslant \frac{1}{\gamma_{RE}}\left[0.4f_t bh_0 + (2.0\sin\alpha + 0.6\eta)f_{yd}A_{sd}\right] \tag{11.7.10-2}$$

$$\eta = (f_{sv}A_{sv}h_0)/(sf_{yd}A_{sd}) \tag{11.7.10-3}$$

式中：η——箍筋与对角斜筋的配筋强度比，当小于0.6时取0.6，当大于1.2时取1.2；

α——对角斜筋与梁纵轴的夹角；

f_{yd}——对角斜筋的抗拉强度设计值；

A_{sd}——单向对角斜筋的截面面积；

A_{sv}——同一截面内箍筋各肢的全部截面面积。

2　当连梁截面宽度不小于400mm时，可采用集中对角斜筋配筋（图11.7.10-2）或

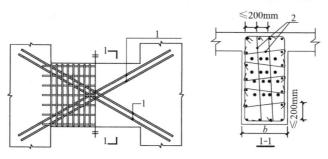

图11.7.10-2　集中对角斜筋配筋连梁

1—对角斜筋；2—拉筋

对角暗撑配筋（图11.7.10-3），其截面限制条件及斜截面受剪承载力应符合下列规定：

1）受剪截面应符合式（11.7.10-1）的要求。

2）斜截面受剪承载力应符合下列要求：

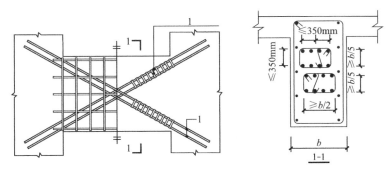

图11.7.10-3 对角暗撑配筋连梁
1—对角暗撑

$$V_{wb} \leqslant \frac{2}{\gamma_{RE}} f_{yd} A_{sd} \sin\alpha \qquad (11.7.10\text{-}4)$$

《高规》第9.3.8条规定：

9.3.8 跨高比不大于2的框筒梁和内筒连梁宜增加配对角斜向钢筋。跨高比不大于1的框筒梁和内筒连梁宜采用交叉暗撑（图9.3.8），且应符合下列规定：

1 梁的截面宽度不宜不于400mm；

2 全部剪力应由暗撑承担，每根暗撑应由不少于4根纵向钢筋组成，纵筋直径不应小于14mm，其总面积 A_s 应按下列公式计算：

1）持久、短暂设计状况

$$A_s \geqslant \frac{V_b}{2f_y \sin\alpha} \qquad (9.3.8\text{-}1)$$

2）地震设计状况

$$A_s \geqslant \frac{\gamma_{RE} V_b}{2f_y \sin\alpha} \qquad (9.3.8\text{-}2)$$

式中：α——暗撑与水平线的夹角；

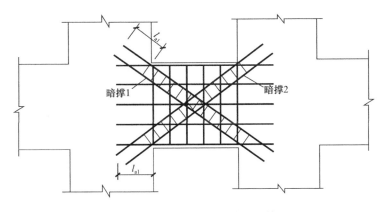

图9.3.8 梁内交叉暗撑的配筋

3　两个方向暗撑的纵向钢筋应采用矩形箍筋或螺旋箍筋绑成一体，箍筋直径不应小于 8mm，箍筋间距不应大于 150mm；

4　纵筋伸入竖向构件的长度不应小于 l_{al}，非抗震设计时 l_{al} 可取 l_a，抗震设计时 l_{al} 宜取 $1.15l_a$；

5　梁内普通箍筋的配置应符合本规程第 9.3.7 条的构造要求。

可以看出，《混规》《高规》对连梁配置斜向交叉钢筋抗剪的规定确有区别，主要是：

（1）配置交叉斜筋配筋的适用范围有差别（略）。

（2）根据连梁截面宽度（墙厚）的不同所采用的配筋方案亦有所不同：

《混规》规定：当洞口连梁截面宽度不小于 250mm 时，可采用交叉斜筋配筋方案；当连梁截面宽度不小于 400mm 时，可采用集中对角斜筋配筋方案或对角暗撑配筋方案。

《高规》规定：跨高比不大于 2 的框筒梁和内筒连梁宜增配对角斜向钢筋；跨高比不大于 1 的框筒梁和内筒连梁宜采用交叉暗撑。截面宽度则不宜小于 400mm。

（3）连梁的斜截面受剪承载力计算，《混规》根据配置交叉斜筋配筋并同时配置垂直箍筋和集中对角斜筋配筋或对角暗撑配筋两种配筋方式，有两个不同的计算公式，并且规定：剪力设计值取考虑地震效应组合的剪力设计值，不乘以剪力放大系数；截面限制条件按《混规》式（11.7.10-1）条规定计算。即剪压比 μ_v 一律取 0.25。但《高规》仅给出了集中对角斜筋配筋或对角暗撑配筋的配筋方式及其计算公式，并规定：剪力设计值应按规定放大；截面限制条件亦应按规定从严控制。虽然在采用配置角斜筋配筋或对角暗撑斜截面受剪承载力计算时两者公式形式相同，但实际上，承载能力显然是有不小区别的。

注意到上述《混规》第 11.7.10 条规定是审查要点，具体审图时建议如下：

（1）配筋方案按《混规》：当洞口连梁截面宽度不小于 250mm 时，可采用交叉斜筋配筋方案；当连梁截面宽度不小于 400mm 时，可采用集中对角斜筋配筋方案或对角暗撑配筋方案。

（2）斜截面受剪承载力计算，当采用交叉斜筋配筋方案时按《混规》式（11.7.10-2）、式（11.7.10-3）审查。此时：

1）剪力设计值可按《混规》第 11.7.8 条规定计算。取考虑地震效应组合的剪力设计值即可，不乘以剪力放大系数。

2）截面限制条件按《混规》式（11.7.10-1）规定计算。即剪压比 μ_v 一律取 0.25。

3）在采用交叉斜筋配筋方案的连梁斜截面受剪承载力计算中，公式（11.7.10-2）仅能算出单向对角斜筋的截面面积，而同一截面内箍筋各肢的全部截面面积是通过给定箍筋与对角斜筋的配筋强度比 η，由公式（11.7.10-2）求得。

4）《混规》未给出非抗震设计时的斜截面受剪承载力计算公式，建议参考《混规》式（11.7.10-2）、式（11.7.10-3）计算，此时，剪力设计值取非抗震设计时的组合剪力设计值，右端项删去承载力抗震调整系数 γ_{RE}，混凝土项、抗剪钢筋项的系数不放大，这是偏于安全的。

（3）当采用集中对角斜筋配筋或对角暗撑配筋方案时，建议：

1）抗震设计时，剪力设计值按《高规》第 7.2.21 条规定审查，截面控制条件按《混规》式（11.7.10-1）规定审查，斜截面受剪承载力计算按《高规》式（9.3.8-2）审查。

考虑到采用集中对角斜筋配筋或对角暗撑配筋方案的连梁一般均为筒体结构，高度较高，对连梁要求也高，这样做是偏于安全的。

2）非抗震设计时，连梁的斜截面受剪承载力计算《混规》没有述及，建议按《高规》式（9.3.8-1）审查。

5.5.2.6 对筒体结构中的外框筒梁和内筒连梁的构造配筋要求的审查应注意哪些问题？

外框筒梁和内筒连梁的特点是：梁高较大跨度较小，跨高比较小，在水平地震作用下，梁的端部反复承受较大的正、负弯矩和剪力，一般的弯起钢筋无法承担正、负剪力，且容易出现梁的抗剪超筋问题。必须加强箍筋的配筋构造要求。同时对其纵向受力钢筋、腰筋的配置也提出了最低要求。故《高规》第9.3.7条对其提出了较一般剪力墙更严格的构造配筋要求：

外框筒梁和内筒连梁的构造配筋应符合下列要求：

（1）非抗震设计时，箍筋直径不应小于8mm；抗震设计时，箍筋直径不应小于10mm。

（2）非抗震设计时，箍筋间距不应大于150mm；抗震设计时，箍筋间距沿梁长不变，且不应大于100mm，当梁内设置交叉暗撑时，箍筋间距不应大于200mm。

（3）框筒梁上、下纵向钢筋的直径均不应小于16mm，箍筋的直径不应小于10mm；腰筋间距不应大于200mm。

此条为强制性条文，设计、审查应严格执行。

对照《混规》第11.7.11条连梁构造配筋要求的相关规定，显然《高规》第9.3.7条的要求更严。审图时应注意：《高规》第9.3.7条的规定仅针对筒体结构中的外框筒梁和内筒连梁，对一般剪力墙连梁，也可按《混规》第11.7.11条连梁构造。

5.6 复 杂 结 构

5.6.1 一般规定

5.6.1.1 审图案例：4层剪力墙结构，因建筑底部大空间功能要求，9度抗震设防区能否设计成部分框支剪力墙结构？

《高规》所介绍的复杂高层建筑结构，包括带转换层的结构、带加强层的结构、错层结构、连体结构和竖向体型收进（包括多塔楼结构）、悬挑结构。

这五种结构一般都不是一个独立的结构体系，而是建筑结构中一个结构布置不规则（或引起结构体系不规则）、受力复杂的子结构（或一部分）。例如，部分框支剪力墙结构中有转换层，框架-核心筒结构、筒中筒结构、框架-剪力墙结构、框架结构等也可能出现结构转换；框架-核心筒结构可能会因为不满足结构侧向位移的要求而设置加强层；剪力墙结构中有错层结构，框架-剪力墙结构等也可能出现错层结构；连体结构是通过连接体将两个（或多个）主体结构连接在一起；多塔楼结构则是在一个大底盘（裙房）上有多个塔楼建筑等。

带转换层结构、带加强层结构、错层结构和连体结构楼层侧向刚度严重突变，带转换层结构竖向、水平传力都很复杂，错层结构水平力传递复杂，易形成短柱或"矮墙"，连体结构的连接体部位受力、变形都很复杂，房屋高度越高，复杂程度越严重；总之，都属于不规则甚至严重不规则结构，地震作用下易形成结构软弱层、薄弱层（或部位）。而抗震设防为 9 度时地震作用很大，更容易导致结构的破坏甚至倒塌。同时，目前对这些结构缺乏研究和工程实践经验或研究和工程实践经验很少。因此，《高规》第 10.1.2 条规定：

10.1.2 9 度抗震设计时不应采用带转换层的结构、带加强层的结构、错层结构和连体结构。

此为强制性条文，必须严格执行。

《抗规》附录 E 第 E.2.7 条规定 9 度时不应采用转换层的结构；第 6.7.1 条第 3 款第 1）小款也明确规定 9 度时不应采用加强层。

考虑到《抗规》的规定，无论是高层还是多层建筑结构，都应按《高规》第 10.1.2 条审查。因此，即使是 4 层结构，9 度抗震设防区也不能设计成部分框支剪力墙结构。

5.6.1.2　审图案例：抗震设防烈度为 8 度（0.30g）的错层框架-剪力墙结构，其最大适用高度能否做到 60m？

鉴于错层结构的不规则性和受力的复杂性，《高规》第 10.1.3 条规定：

7 度和 8 度抗震设计时，剪力墙结构错层高层建筑的房屋高度分别不宜大于 80m 和 60m；框架-剪力墙结构错层高层建筑的房屋高度分别不应大于 80m 和 60m。抗震设计时，B 级高度高层建筑不宜采用连体结构；底部带转换层的 B 级高度筒中筒结构，当外筒框支层以上采用由剪力墙构成的壁式框架时，其最大适用高度应比本规程表 3.3.1-2 规定的数值适当降低。

此为审查要点，设计、审图均应遵照执行。审图时应注意：

（1）计算分析表明：错层框架-剪力墙结构的抗震性能更差，所以，规范对错层框架-剪力墙结构的最大适用高度要求比剪力墙结构更严，是"不应"，而错层剪力墙结构是"不宜"。

对 8 度（0.30g），由于地震作用较大，错层框架-剪力墙结构的高度仍为 60m 是不合适的，建议在 60m 基础上应适当降低。错层剪力墙结构在 60m 基础上也宜适当降低，

（2）6 度时，规范对最大适用高度未作明确规定，审图时建议对错层剪力墙结构、错层框架-剪力墙结构的高度也应适当降低，降低幅度至少不应小于 10%。

（3）抗震设计时，B 级高度的高层建筑已属超限高层建筑，能否采用连体结构以及若采用连体结构后的施工图审查，应根据超限高层建筑工程抗震设防专项审查专家的审查意见进行；底部带转换层的筒中筒结构，当外筒框支层上采用剪力墙构成的壁式框架时，其抗震性能比密柱框架更为不利，因此，其最大适用高度比《高规》表 3.3.1-2 中规定的数值适当降低。降低的幅度以及相应的施工图审查，同样应根据超限高层建筑工程抗震设防专项审查专家的审查意见进行。

5.6.1.3　审图案例：6 度抗震设防的大底盘双塔楼高层建筑，裙房以上两塔楼均设有转换层，如何审查？

在同一个工程中采用两种以上这类复杂结构，在地震作用下易形成多处薄弱部位。为保证结构设计的安全性，《高规》第 10.1.4 条规定：

10.1.4 7 度和 8 度抗震设计的高层建筑不宜同时采用超过两种本规程第 10.1.1 条所规定的复杂高层建筑结构。

本条为审查要点，设计、审图应遵照执行。

7度和8度抗震设防的高层建筑若同时采用超过两种上述复杂高层建筑结构已属超限高层建筑，能否设计、审查，均应根据超限高层建筑工程抗震设防专项审查专家的审查意见进行。即没有经过超限高层建筑工程抗震设防专项审查专家的审查，不能进行施工图审查。

规范对非抗震设计及抗震设防烈度为6度的采用超过两种《高规》所规定的复杂结构未作明确规定。建议抗震设防烈度为6度时不宜同时采用超过两种上述复杂高层建筑结构。如必须采用，应进行抗震性能设计，采取合理、可靠的抗震设计措施。本工程采用了大底盘双塔楼并设有转换层，但没有超过两种复杂结构，设计应允许，但必须根据实际工程具体情况采取合理、可靠的加强措施。

5.6.2 带转换层高层建筑结构

5.6.2.1 对转换层上部结构与下部结构侧向刚度比的审查应注意哪些问题？

在水平荷载作用下，当转换层上、下部楼层的结构侧向刚度相差较大时，会导致转换层上、下部结构构件内力突变，促使部分构件提前破坏；当转换层位置相对较高时，这种内力突变会进一步加剧。为控制转换层上、下层结构等效刚度比不致过大，以缓解构件内力和变形的突变现象。规范对转换层上部结构与下部结构侧向刚度比作出规定。

《高规》第10.2.3条：

10.2.3 转换层上部结构与下部结构的侧向刚度变化应符合本规程附录E的规定。

《高规》附录E：

E.0.1 当转换层设置在1、2层时，可近似采用转换层与其相邻上层结构的等效剪切刚度比 γ_{e1} 表示转换层上、下层结构刚度的变化，γ_{e1} 宜接近1，非抗震设计时 γ_{e1} 不应小于0.4，抗震设计时 γ_{e1} 不应小于0.5。γ_{e1} 可按下列公式计算：

$$\gamma_{e1} = \frac{G_1 A_1}{G_2 A_2} \times \frac{h_2}{h_1} \tag{E.0.1-1}$$

$$A_i = A_{w,i} + \sum_j C_{i,j} A_{ci,j} (i=1,2) \tag{E.0.1-2}$$

$$C_{i,j} = 2.5\left(\frac{h_{ci,j}}{h_i}\right)(i=1,2) \tag{E.0.1-3}$$

式中：G_1、G_2——分别为转换层和转换层上层的混凝土剪变模量；

A_1、A_2——分别为转换层和转换层上层的折算抗剪截面面积，可按式（E.0.1-2）计算；

$A_{w,i}$——第 i 层全部剪力墙在计算方向的有效截面面积（不包括翼缘面积）；

$A_{ci,j}$——第 i 层第 j 根柱的截面面积；

h_i——第 i 层的层高；

$h_{ci,j}$——第 i 层第 j 根柱沿计算方向的截面高度；

$C_{i,j}$——第 i 层第 j 根柱截面面积折算系数，当计算值大于1时取1。

E.0.2 当转换层设置在第2层以上时，按本规程式（3.5.2-1）计算的转换层与其相邻上层的侧向刚度比不应小于0.6。

E.0.3 当转换层设置在第2层以上时，尚宜采用图E所示的计算模型按公式（E.0.3）计算转换层下部结构与上部结构的等效侧向刚度比 γ_{e2}。γ_{e2} 宜接近1，非抗震设

计时 γ_{e2} 不应小于 0.5，抗震设计时 γ_{e2} 不应小于 0.8。

$$\gamma_{e2} = \frac{\Delta_2 H_1}{\Delta_1 H_2} \tag{E.0.3}$$

式中：γ_{e2}——转换层下部结构与上部结构的等效侧向刚度比；

H_1——转换层及其下部结构（计算模型1）的高度；

Δ_1——转换层及其下部结构（计算模型1）的顶部在单位水平力作用下的侧向位移；

H_2——转换层上部若干层结构（计算模型2）的高度，其值应等于或接近计算模型 1 的高度 H_1，且不大于 H_1；

Δ_2——转换层上部若干层结构（计算模型2）的顶部在单位水平力作用下的侧向位移。

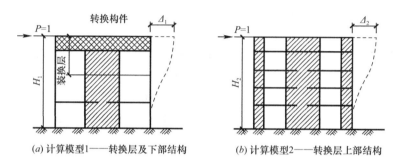

图 E　转换层上、下等效侧向刚度计算模型

《抗规》第 6.1.9 条第 4 款：

4　矩形平面的部分框支抗震墙结构，其框支层的楼层侧向刚度不应小于非框支楼层侧向刚度的 50%；柜支层落地抗震墙间距不宜大于 24m，柜支层的平面布置宜对称，是宜设抗震筒体；底层柜架部分承担的地震倾覆力矩，不应大于结构总地震倾覆力矩的 50%。

上述两本规范对抗震设计时转换层上部结构与下部结构的侧向刚度比限值的规定基本一致，且均是审查要点，设计、审图均应遵照执行。

对设计计算书的审查应注意：

（1）《高规》第 E.0.1 条式（E.0.1-1）计算的是转换层与其相邻转换层上层结构的等效剪切刚度比 γ_{e1}，h_1、h_2 分别是转换层和转换层上层的层高；而第 E.0.3 条式（E.0.3）计算的是转换层下部结构与上部结构的等效侧向刚度比 γ_{e2}，H_1 为转换层及其下部结构（计算模型1）的高度，如图 E（a）所示；当上部结构嵌固于地下室顶板时，取地下室顶板至转换层结构顶面的高度；H_2 为转换层上部若干层结构（计算模型2）的高度如图 E（b）所示，其值应等于或接近计算模型 1 的高度 H_1，且不大于 H_1。H_1 和 H_2 不能取错。

（2）当转换层的下部楼层刚度较大，而转换层本层侧向刚度较小时，按《高规》第 E.0.3 条验算虽然等效侧向刚度比 γ_{e2} 能满足限值要求，但转换层本层的侧向刚度过于柔软，结构竖向刚度实际上差异过大。因此，《高规》附录 E.0.2 条还规定：转换层设置在 2 层以上时，其楼层侧向刚度（$V_i / \Delta_i u_i$）尚不应小于相邻上层楼层侧向刚度的 60%。此规定与美国规范 IBC2000 关于严重不规则结构的规定是一致的。

楼层侧向刚度（$V_i / \Delta_i u_i$）的计算，可按《高规》第 3.5.2 条式（3.5.2-1）计算。

（3）抗震设计时，上部结构的其他楼层尚应满足《高规》第 3.5.2 条的规定。此时楼层侧向刚度的计算，应根据不同的结构体系，采用不同的计算公式。

（4）《高规》同时对非抗震设计结构的转换层上部结构与下部结构的侧向刚度比限值提出要求。即无论是对抗震设计还是非抗震设计的结构，只要是带转换层结构，都应当满足《高规》的规定。

5.6.2.2 抗震设计时地下室顶板采用厚板转换，是否可以？

1. 带转换层结构的两大缺点：

（1）带转换层结构竖向荷载作用下传力路径曲折，造成相关部位及构件受力复杂；

（2）水平地震作用下，由于转换层上下层刚度突变、下柔上刚，导致形成软弱层薄弱层，易出现破坏甚至倒塌。

2. 厚板转换的缺点：

（1）厚板质量大刚度大，上下层刚度突变、质量突变、转换层下层柔上层也柔，极易造成厚板转换层的上、下楼层均出现软弱层薄弱层；

（2）在竖向荷载和水平荷载共同作用下，厚板不仅可能发生冲切破坏，还可能产生剪切破坏；

（3）在竖向荷载和水平荷载共同作用下，厚板转换层的上、下层楼板可能出现裂缝和混凝土剥落。

对于大空间的地下室，因周围有侧向约束，地震反应不明显，故7、8度抗震设计时可采用厚板转换。

显然，在地震区，上部结构采用厚板转换，第1条第2）小条所述的缺点特别严重，加之厚板转换在地震区使用的经验较少，故《高规》第10.2.4条规定：

10.2.4 转换结构构件可采用转换梁、桁架、空腹桁架、箱形解构、斜撑等。非抗震设计和6度抗震设计时可采用厚板转换，7度、8度抗震设计时地下室的转换结构构件可采用厚板。……

地下室顶板采用厚板转换，说明本层为转换层。当地下室顶板与室外地坪高差很小时，属地下室的转换结构构件采用厚板，符合《高规》第10.2.4条规定，应是可以的。但若地下室顶板与室外地坪高差很大，或建筑结构建在坡地上，地下室顶板一侧与室外地坪高差很小，另一侧与室外地坪高差很大，甚至此侧与室外地坪高差很小，则此层实际上是地上一层，已不符合《高规》第10.2.4条规定，就不允许了。

5.6.2.3 审图案例：部分框支剪力墙结构地下三层，结构嵌固部位在地下一层底板，地面以上大空间层数为3层，并一直通到地下三层，8度设防时是否属于高位转换？

中国建筑科学研究院在对带转换层的底层大空间剪力墙结构原有研究的基础上，研究了转换层高度对框支剪力墙结构抗震性能的影响。研究指出：部分框支-剪力墙结构，当地面以上的大空间层数越多也即转换层位置越高时，转换层上、下刚度突变越大，层间位移角和内力传递途径的突变越加剧，并易形成薄弱层，其抗震设计概念与底层框支剪力墙结构有一定差别。转换层位置越高，转换层下部的落地剪力墙或筒体越易受弯开裂和屈服，从而使框支柱内力增大甚至破坏；此外，落地剪力墙及框支结构转换层上部几层墙体也越易于破坏。转换层位置越高越不利于结构抗震。故《高规》对部分框支剪力墙结构在地面以上的设置层数作出限制。《高规》第10.2.5条规定：

10.2.5 部分框支剪力墙结构在地面以上设置转换层的位置，8度时不宜超过3层，7度时不宜超过 5 层，6 度时可适当提高。

本条规定是审查要点，设计、审图均应遵照执行。

审图时应注意以下几点：

(1)《高规》第 10.2.5 条有两个关键词：

一是部分框支剪力墙结构，即《高规》第 10.2.5 条仅适用于部分框支剪力墙结构而非其他。因此：

1）当剪力墙结构仅个别采用框支剪力墙为少量的局部转换时（例如仅有个别墙体不落地，不落地墙的截面面积不大于总截面面积的 10%），由于转换层上、下层刚度变化比部分框支-剪力墙结构的要小很多，故转换层位置不受上述规定限制。

2）对托柱转换层结构或其他局部转换结构，考虑到其侧向刚度变化、受力情况同框支剪力墙结构不同，《高规》对转换层位置未作限制。例如：底部带转换层的框架-核心筒结构和外框筒为密柱的筒中筒结构，结构侧向刚度变化不像部分框支-剪力墙那么大，转换层上、下部分内力传递途径的突变程度也小于部分框支-剪力墙结构，故其转换层位置可适当提高。再如：某工程在 18 层有局部退台，需在此层设置三根单跨的托柱转换梁，虽然传力间接，但并未使结构的楼层侧向刚度发生较大变化，也不应受上述规定的限制。

但对上述情况中转换部位的转换构件应根据结构的实际受力情况予以加强，例如，提高转换层构件的抗震等级、水平地震作用的内力乘以增大系数、提高配筋率等。

二是地面以上设置转换层的位置。即与地下室转换层数、与结构嵌固端位置等无关。因此：

1）地面以下结构，即使有转换，因有土体的侧向约束，也不致出现像上部结构带转换层那样的受力和破坏的情况。故计算转换层的位置时，应从地面以上算起，而不应计入地下部分的转换层数。

2）结构嵌固部位在地下一层底板有两种情况，以本工程为例：

① 如果仅是由于地下室顶板和室外地坪的高差较大（一般大于本层层高的 1/3 和 1.0m 两者的小值）所致，则可理解为地面以上大空间层数为 4 层，故本工程 8 度设防时属于高位转换。应按《高规》中高位转换的有关规定设计。

② 如果是由于其他原因所致，则可理解为地面以上大空间层数为 3 层，故本工程 8 度设防时不属于高位转换。

需要指出的是：无论本工程是否属于高位转换，第一种情况下的地下一层和地下二层、第二种情况下的地下一层的框支柱和其他转换构件应按《高规》的有关规定设计；地下其余层的框支柱轴压比可按普通框架柱的要求设计，但其截面、混凝土强度等级和配筋设计结果不宜小于其上层对应的柱。

(2)"6 度时可适当提高"，如何把握？

对此《高规》未作明确规定。应根据具体工程的实际情况如结构体系、结构高度、结构的复杂程度、场地条件等分析确定。一般情况下，建议提高 1 层，即 6 度时不宜超过 6 层。

5.6.2.4 审图案例：7 度设防的部分框支剪力墙结构，转换位置在 4 层，其框支柱、剪力墙底部加强部位的抗震等级是否应提高一级？

带转换层的高层建筑结构，都存在着结构传力不直接、受力复杂的缺点；同时，结构楼层侧向刚度不均匀甚至突变。因此，无论是部分框支剪力墙结构还是带托柱转换层结构的转换构件，都应加强其抗震措施。如前所述，对部分框支剪力墙结构，高位转换对结构抗震更加不利，因此《高规》第10.2.6条规定：

10.2.6 带转换层的高层建筑结构，其抗震等级应符合本规程第3.9节的有关规定，带托柱转换层的筒体结构，其转换柱和转换梁的抗震等级按部分框支剪力墙结构中的框支框架采纳。对部分框支剪力墙结构，当转换层的位置设置在3层及3层以上时，其框支柱、剪力墙底部加强部位的抗震等级宜按本规程表3.9.3和表3.9.4的规定提高一级采用，已为特一级时可不提高。

本条规定是审查要点，设计、审图均应遵照执行。

审图时应注意以下几点：

（1）本条规定同样有两个关键词：

一是部分框支剪力墙结构，仅适用于部分框支剪力墙结构的框支柱、剪力墙底部加强部位。笔者建议框支梁抗震构造措施的抗震等级也宜提高一级；对于托柱转换结构，因其受力情况和抗震性能比部分框支剪力墙结构有利，故《高规》并未要求根据转换层设置高度采取更严格的措施；即当转换层的位置设置在3层及3层以上时，转换柱和转换梁的抗震等级可不提高。

二是地面以上转换层的层数。即计算转换层的层数时，应从地面以上算起，不计入地下部分的转换层数。

（2）这里的"高位转换"，不区分抗震设防烈度，即不是8度超过3层、7度超过5层，6度超过6层才称为高位转换。而是指只要转换层的位置设置在3层及3层以上，就是"高位转换"。

（3）所谓抗震等级"提高一级"，根据条文说明仅"提高其抗震构造措施"，抗震构造措施主要是构件的最小配筋率、配箍特征值等，并不包括构件的内力调整。故由一级提高为特一级的框支柱、剪力墙构件可仅提高构件的最小配筋率、配箍特征值等。

同时规范的用语是"宜"提高，即应根据实际工程具体情况决定是否提高，审图时不应不分情况一律必须要求提高。

5.6.2.5 对《高规》第10.2.7条关于转换梁的构造规定，审图时应注意哪些问题？

结构分析和试验研究表明，转换梁受力复杂，又是结构中十分重要、关键的构件。因此《高规》对其纵向钢筋、梁端加密区箍筋的最小构造配筋提出了比一般框架梁更高的要求。因此，《高规》第10.2.7条规定：

10.2.7 转换梁设计应符合下列要求：

1 转换梁上、下部纵向钢筋的最小配筋率，非抗震设计时均不应小于0.30%；抗震设计时，特一、一、和二级分别不应小于0.60%、0.50%和0.40%。

2 离柱边1.5倍梁截面高度范围内的梁箍筋应加密，加密区箍筋直径不应小于10mm、间距不应大于100mm。加密区箍筋的最小面积配筋率，非抗震设计时不应小于$0.9f_t/f_{yv}$；抗震设计时，特一、一和二级分别不应小于$1.3f_t/f_{yv}$、$1.2f_t/f_{yv}$和$1.1f_t/f_{yv}$。

3 偏心受拉的转换梁的支座上部纵向钢筋至少应有50%沿梁全长贯通，下部纵向钢筋应全部直通到柱内；沿梁腹板高度应配置间距不大于200mm、直径不小于16mm的腰筋。

本条为强制性条文，设计、审图必须严格执行。

审图时应注意：

（1）《高规》中的转换梁包括部分框支剪力墙结构中的框支梁以及上面托柱的框架梁，是带转换层结构中应用最为广泛的转换结构构件。两者受力有其共性，但也有不同之处。因此，设计上也有所区别。

如前所述，框支梁与其上部墙体是共同工作的，框支梁上部墙体在竖向荷载下类似拱的受力状态，框支梁就像是拱的拉杆，在竖向荷载下除了有弯矩、剪力外，还有轴向拉力。框支梁承受上部墙体的层数越多，荷载越大，轴向拉力就越大。且此轴向拉力沿梁全长不均匀，跨中处最大，支座处减小。这是框支梁不同于一般托柱转换梁的最大之处，一般托柱转换梁在竖向荷载作用下尽管弯矩、剪力较大，但仍为受弯构件，而框支梁则是偏心受拉构件。

水平荷载作用下框支梁同样有较大的轴向拉力和剪力，而托柱转换梁在水平荷载作用下一般无轴向力和剪力。

（2）转换梁上、下部纵向钢筋的最小配筋率 $\rho_{s,min}$、加密区箍筋的最小面积配筋率 $\rho_{sv,min}$ 均比一般框架梁大，且在计算加密区箍筋最小面积配筋率中抗拉强度设计值 f_{yv} 的取值，当其数值大于 $360N/mm^2$ 时应取 $360N/mm^2$。

（3）偏心受拉的框支梁，截面受拉区域较大，甚至全截面受拉，因此除了按结构分析配置钢筋外，加强梁跨中区段顶面纵向钢筋以及两侧面腰筋的最低构造配筋要求是非常必要的。其支座上部纵向受力钢筋至少应 50% 沿梁全长贯通，如按偏心受压构件对称配筋计算其承载力则应 100% 沿梁全长贯通；下部纵向受力钢筋应全部直通到柱内锚固。沿梁腹板高度应配置间距不大于 200mm、直径不小于 16mm 的腰筋。且每侧腰筋配筋率不小于框支梁腹板截面面积的 0.1%。这是专门针对框支梁的规定，其他偏心受拉转换梁也应按此规定执行。

托柱转换梁的支座上部纵向受力钢筋至少应 50% 沿梁全长贯通，下部纵向受力钢筋应全部直通到柱内锚固。此外，《高规》第 10.2.8 条第 4 款规定：托柱转换梁应沿梁腹板高度配置腰筋，其直径不宜小于 12mm、间距不宜大于 200mm，此款为审查要点。

5.6.2.6 托柱转换梁宜在托柱处设正交方向转换次梁

由于托柱梁上托的是空间受力的框架柱，柱底与托柱梁刚接，故无论是在垂直荷载作用下还是在水平荷载作用下，柱的底截面在两主轴方向都有较大的弯矩，平行于梁轴线方向的弯矩可由支承立柱的楼面梁承受；垂直于梁轴线方向的弯矩，如果在该方向没有布置楼面梁，则会使支承立柱的托柱梁受扭。这对于支承立柱的托柱梁是很不利的。因此，《高规》第 10.2.8 条第 9 款规定：

10.2.8 转换梁设计尚应符合下列规定：

9 托柱转换梁在转换层宜在托柱位置设置正交方向的框架梁或楼面梁。

此条为审查要点，设计、审图应认真执行。

审图时应注意：

（1）设计中除应对此梁按计算配足沿轴线方向的受力钢筋外，还应在垂直于托柱梁轴线方向的转换层板内设置转换次梁（框架梁或楼面梁）。以平衡转换梁所托上层柱底平面外方向的弯矩，保证托柱梁平面外承载力满足设计要求。转换次梁的截面设计应由计算确定。

（2）当托柱梁所受柱子传来的集中荷载较大（所托层数较多）时，宜验算托柱梁上梁柱交接处的混凝土局部受压承载力。

5.6.2.7　对规范关于转换梁的其他构造规定，审图时应注意哪些问题？

鉴于转换梁承受荷载大、受力复杂，为保证转换梁安全可靠，《高规》还对转换梁的截面尺寸、抗剪截面控制条件、转换梁开洞及转换梁其他部位的箍筋加密、纵向钢筋的连接和锚固等构造，提出了具体要求。

《高规》第10.2.8条第2、3、5、6、7、8款规定：

10.2.8　转换梁设计尚应符合下列规定：

2　转换梁截面高度不宜小于计算跨度的1/8。托柱转换梁截面宽度不应小于其上所托柱在梁宽方向的截面宽度。框支梁截面宽度不宜大于框支柱相应方向的截面宽度，且不宜小于其上墙体截面厚度的2倍和400mm的较大值。

3　转换梁截面组合的剪力设计值应符合下列规定：

$$持久、短暂设计状况　　V \leqslant 0.20\beta_c f_c b h_0 \qquad (10.2.8\text{-}1)$$

$$地震设计状况　　V \leqslant \frac{1}{\gamma_{RE}}(0.15\beta_c f_c b h_0) \qquad (10.2.8\text{-}2)$$

5　转换梁纵向钢筋接头宜采用机械连接，同一连接区段内接头钢筋截面面积不宜超过全部纵筋截面面积的50%，接头位置应避开上部墙体开洞部位、梁上托柱部位及受力较大部位。

6　转换梁不宜开洞。若必须开洞时，洞口边离开支座柱边的距离不宜小于梁截面高度；被洞口削弱的截面应进行承载力计算，因开洞形成的上、下弦杆应加强纵向钢筋和抗剪箍筋的配置。

7　对托柱转换梁的托柱部位和框支梁上部的墙体开洞部位，梁的箍筋应加密配置，加密区范围可取梁上托柱边或墙边两侧各1.5倍转换梁高度；箍筋直径、间距及面积配筋率应符合本规程第10.2.7条第2款的规定。

8　框支剪力墙结构中的框支梁上、下纵向钢筋和腰筋（图10.2.8）应在节点区可靠锚固，水平段应伸至柱边，且非抗震设计时不应小于$0.4l_{ab}$，抗震设计时不应小于$0.4l_{abE}$，梁上部第一排纵向钢筋应向柱内弯折锚固，且应延伸过梁底不小于l_a（非抗震设计）或l_{aE}；当梁上部配置多排纵向钢筋时，其内排钢筋锚入柱内的长度可适当减小，但水平段长度和弯下段长度之和不应小于钢筋锚固长度l_a（非抗震设计）或l_{aE}（抗震设计）。

上述条款均为审查要点，设计、审图应认真执行。

审图时应注意：

（1）上述第2款对转换梁最小截面尺寸的要

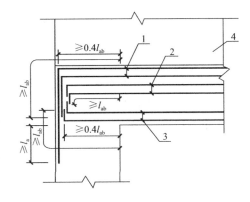

图10.2.8　框支梁主筋和腰筋的锚固
1—梁上部纵向钢筋；2—梁腰筋；3—梁下部纵向钢筋；4—上部剪力墙；抗震设计时图中l_a、l_{ab}分别取为l_{aE}、l_{abE}

求显然比一般框架梁严很多；第3款对转换梁抗剪截面控制条件要求比一般框架梁要严；第5、8款对转换梁纵向钢筋的连接和锚固要求也比一般框架梁要严。

（2）转换梁上托不少楼层的竖向荷载，承受较大的剪力，开洞会大大削弱转换梁的受剪承载能力，尤其是在转换梁端部剪力最大的部位开洞，对转换梁的抗剪承载能力影响更加不利，因此，第6款对转换梁上开洞进行了限制，并规定梁上洞口避开转换梁端部，开洞部位要加强配筋构造等。

（3）框支梁上墙体开有边门洞时，往往形成小墙肢，此小墙肢的应力集中尤为突出，而边门洞部位框支梁应力急剧加大。在水平荷载作用下，上部有边门洞框支梁的弯矩约为上部无边门洞框支梁弯矩的3倍，剪力也约为3倍，因此除小墙肢应加强外，边门洞部位框支梁的抗剪能力也应加强。故第7款要求对托柱转换梁的托柱部位和框支梁上部的墙体开洞部位，梁的箍筋应加密配置。当洞口靠近框支梁端部且梁的受剪承载力不满足要求时，可采用框支梁加腋或增大上部墙体洞口连梁刚度等措施。

（4）建议审查结构计算书中竖向荷载作用下转换梁的挠度验算是否满足《混规》的相关规定。

5.6.2.8 对《高规》第10.2.10条关于转换柱的构造规定，审图时应注意哪些问题？

转换柱是带转换层结构重要构件，虽然和普通框架柱一样都是偏心受压构件，但受力大，结构刚度又小，往往会成为结构的薄弱层和软弱层，容易破坏且后果严重。计算分析和试验研究表明，随着地震作用的增大，落地剪力墙逐渐开裂、刚度降低，转换柱承受的地震作用逐渐增大。因此，除了在内力调整方面对转换柱做了规定外，规范还对转换柱的构造配筋提出了比普通框架柱更高的要求。

《高规》第10.2.10条规定：

10.2.10 转换柱设计应符合下列要求：

1 柱内全部纵向钢筋配筋率应符合本规程第6.4.3条中框支柱的规定；

2 抗震设计时，转换柱箍筋应采用复合螺旋箍或井字复合箍，并应沿柱全高加密，箍筋直径不应小于10mm，箍筋间距不应大于100mm和6倍纵向钢筋直径的较小值；

3 抗震设计时，转换柱的箍筋配箍特征值应比普通框架柱要求的数值增加0.02采用，且箍筋体积配箍率不应小于1.5%。

《抗规》第6.3.7条第2款第3）小款规定：

框支柱和剪跨比不大于2的框架柱，箍筋间距不应大于100mm。

上述规定均为强制性条文，设计、审图必须严格执行。

审图时应注意：

（1）《高规》所指的转换柱，包括部分框支剪力墙结构中的支承托墙框支梁的框支柱和框架-核心筒、框架-剪力墙结构中支承托柱转换梁的转换柱。其高度应从支承水平转换构件顶面起至上部结构嵌固端处柱底。这两种转换柱的受力性能有一些区别：框支柱除受有弯矩、剪力外，还承受较大的轴向压力。特别是多于一跨的框支剪力墙，由于大拱套小拱的效应，框支柱的轴向力并不像一般框架柱那样近似按所属面积分配，而是边柱轴力增大，中柱轴力减小，例如两跨的框支剪力墙，竖向荷载下框支边柱的轴力之和约占总轴力的3/5，而中柱只约占总轴力的2/5。此外，由于框支梁上部墙体在竖向荷载作用下拱的受力效应，框支柱在竖向荷载作用下也会产生附加剪力。而承托柱转换梁的转换柱，其受力性能和一般框架柱相同，只不过内力值要大不少。

《高规》是对所有转换柱的规定，而《抗规》仅是针对部分框支抗震墙结构中的框支柱。建议对抗震设计、非抗震设计、高层建筑、多层建筑均按《高规》规定审查。

（2）《高规》还给出了特一级框支柱的构造要求。

《高规》第3.10.1条规定：

3.10.1 特一级抗震等级的钢筋混凝土构件除应符合一级钢筋混凝土构件的所有设计要求外，尚应符合本节的有关规定。

《高规》第3.10.4条规定：

3.10.4 特一级框支柱应符合下列规定：

1 宜采用型钢混凝土柱、钢管混凝土柱。

2 底层柱下端及与转换层相连的柱上端的弯矩增大系数取1.8，其余层柱端弯矩增大系数 η_c 应增大20%；柱端剪力增大系数 η_{vc} 应增大20%；地震作用产生的柱轴力增大系数取1.8，但计算柱轴压比时可不计该项增大。

3 钢筋混凝土柱柱端加密区最小配箍特征值 λ_v 应按本规程表6.4.7的数值增大0.03采用，且箍筋体积配箍率不应小于1.6%；全部纵向钢筋最小构造配筋百分率取1.6%。

以上规定是审查要点，当设计采用型钢混凝土柱、钢管混凝土柱时，应审查是否满足《高规》第3.10.4条第2、3款的要求。

5.6.2.9 转换层在地上某层，若计算嵌固端在地下一层底板，按《高规》第10.2.11条第3款要求进行转换柱弯矩设计值放大时，"底层"柱下端是取计算嵌固端还是地下一层顶板截面？

抗震设计时，特别是当设防烈度较高或抗震等级较高时，转换柱承受的轴力和剪力都很大，截面主要由轴压比控制并应满足剪压比的要求。为增大转换柱的安全性，有地震作用组合时，规范对由地震作用引起的轴力值予以放大；同时为推迟转换柱的屈服，以免影响整个结构的变形能力，对转换柱与转换构件相连的柱上端和底层柱下端截面的弯矩组合值亦予以放大；剪力设计值也应按规定调整。

《高规》第10.2.11条第2、3、4、5款规定：

2 一、二级转换柱由地震作用产生的轴力应分别乘以增大系数1.5、1.3，但计算柱轴压比时可不考虑该增大系数。

3 与转换构件相连的一、二级转换柱的上端和底层柱下端截面的弯矩组合值应分别乘以增大系数1.5、1.3，其他层转换柱柱端弯矩设计值应符合本规程第6.2.1条的规定。

4 一、二级柱端截面的剪力设计值应符合本规程第6.2.3条的有关规定。

5 转换角柱的弯矩设计值和剪力设计值应分别在本条第3、4款的基础上乘以增大系数1.1。

《抗规》第6.2.10条第2、3款规定：

6.2.10 部分框支抗震墙结构的框支柱尚应满足下列要求：

2 一、二级框支柱由地震作用引起的附加轴力应分别乘以增大系数1.5、1.2；计算轴压比时，该附加轴力可不乘以增大系数。

3　一、二级框支柱的顶层柱上端和底层柱下端，其组合的弯矩设计值应分别乘以增大系数 1.5 和 1.25，框支柱的中间节点应满足本规范第 6.2.2 条的要求。

上述规定均为审查要点，设计、审图应认真执行。

审查时应注意：

(1)《抗规》第 6.2.10 条仅是对框支柱规定，而《高规》第 10.2.11 条是对转换柱的规定。建议按《高规》第 10.2.11 条审查。

(2) 转换柱的弯矩调整，《高规》《抗规》对抗震等级为一级的转换柱，增大系数是相同的 (1.5)；但对抗震等级为二级的转换柱，《高规》规定增大系数为 1.3，而《抗规》为 1.25，有所区别。建议对高层建筑二级时取增大系数 1.3，对多层建筑，则可根据具体情况取为 1.25。

与转换构件相连的一、二级转换柱的上端截面，很清楚，是图 5-25a、图 5-25b 中的 A-A 截面；底层柱下端截面，因为底层柱即嵌固端所在层柱，故当地下一层顶板为计算嵌固端，"底层"柱下端截面是图 5-25a 中的 B-B 截面；若计算嵌固端在地下一层底板，"底层"柱下端截面则是图 5-25b 中的 B-B 截面。所以"底层"柱下端弯矩设计值的放大应取计算嵌固端（即图 5-25a、图 5-25b 中的 B-B 截面）处截面。当地下室顶板不是计算嵌固端且与室外地坪高差较小时，建议取计算嵌固端和地下室顶板两者弯矩设计值放大后的包络值。

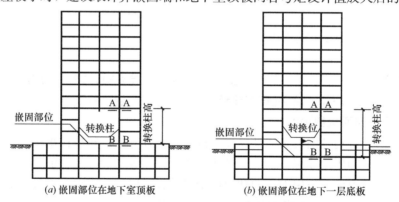

(a) 嵌固部位在地下室顶板　　　(b) 嵌固部位在地下一层底板

图 5-25　转换柱高度

(3) 这里的弯矩调整，是对柱端弯矩组合值（即弯矩设计值）的调整；以上内力调整，均是在抗震等级为一、二级时才进行的。

5.6.2.10　对规范关于转换柱的其他构造规定，审图时应注意哪些问题？

如前所述，转换柱受力大，结构刚度小，处于结构的关键部位，是带转换层结构重要构件。故《高规》对转换柱的截面尺寸、柱内竖向钢筋全截面最大配筋率及箍筋的最小体积配箍率、竖向钢筋及箍筋的配筋构造等提出了相应的要求。

《高规》第 10.2.11 条第 1、6、7、8、9 款规定：

10.2.11　转换柱设计尚应符合下列规定：

1　柱截面宽度，非抗震设计时不宜小于 400mm，抗震设计时不应小于 450mm；柱截面高度，非抗震设计时不宜小于转换梁跨度的 1/15，抗震设计时不宜小于转换梁跨度的 1/12。

6　柱截面的组合剪力设计值应符合下列规定：

$$持久、短暂设计状况\quad V \leqslant 0.20\beta_c f_c bh_0 \qquad (10.2.11\text{-}1)$$

$$地震设计状况 \ V \leqslant \frac{1}{\gamma_{RE}}(0.15\beta_c f_c b h_0) \qquad (10.2.11\text{-}2)$$

7　纵向钢筋间距均不应小于 80mm，且抗震设计时不宜大于 200mm，非抗震设计时不宜大于 250mm；抗震设计时，柱内全部纵向钢筋配筋率不宜大于 4.0%。

8　非抗震设计时，转换柱宜采用复合螺旋箍或井字复合箍，其箍筋体积配箍率不宜小于 0.8%，箍筋直径不宜小于 10mm，箍筋间距不宜大于 150mm。

9　部分框支剪力墙结构中的框支柱在上部墙体范围内的纵向钢筋应伸入上部墙体内不少于一层，其余柱纵筋应锚入转换层梁内或板内；从柱边算起，锚入梁内、板内的钢筋长度，抗震设计时不应小于 l_{aE}，非抗震设计时不应小于 l_a。

上述条款均为审查要点，设计、审图均应遵照执行。

构造规定具体、细致，内容也较多，审图时应耐心、仔细，严格把关。

（1）抗震设计时，转换柱截面尺寸主要是由轴压比控制并满足剪压比的要求，上述第 1 款对转换柱最小截面尺寸的要求显然比一般框架柱要求严；第 6 款对转换柱抗剪截面控制条件要求比一般框架柱要严；第 8 款对转换梁箍筋的形式、直径、间距要求也比一般框架柱要严。第 9 款对转换柱纵向受力钢筋的锚固要求也比一般框架柱要严。

（2）为防止柱应力过大，转换柱内全部纵向受力钢筋最大配筋率，抗震设计时不宜大于 4.0%，不应大于 5.0%，非抗震设计时不宜大于 5.0%，不应大于 6.0%。对纵向受力钢筋的间距也有明确规定。

5.6.2.11　转换层在地上某层，若有多层地下室，且地下一层顶板为计算嵌固端，框支柱的各项抗震构造措施是否需要延至基础顶？

延性抗震墙一般控制在其底部即计算嵌固端以上一定高度范围内屈服、出现塑性铰。设计时，将墙体底部可能出现塑性铰的高度范围作为底部加强部位，提高其受剪承载力，加强其抗震构造措施，使其具有大的弹塑性变形能力，从而提高整个结构的抗地震倒塌能力。《抗规》第 6.1.10 条第 3 款规定：

6.1.10　抗震墙底部加强部位的范围，应符合下列规定：

3　当结构计算嵌固端位于地下一层的底板或以下时，底部加强部位尚宜向下延伸到计算嵌固端。

《抗规》第 6.1.10 条是审查要点。设计、审图均应遵照执行。

根据此款规定，当转换层在地上某层时，若有多层地下室，且地下室顶板为计算嵌固端，抗震墙的底部加强部位宜向下延伸到计算嵌固端（即向下延伸一层），加强其抗震构造措施。

但注意：《抗规》第 6.1.10 条并没有明确规定框支柱的各项抗震构造措施需要向下延伸一层加强，同时仅是延伸到计算嵌固端而不是基础顶。

5.6.2.12　《高规》第 10.2.13 条规定：采用箱形转换结构时横隔板宜按深梁设计，对此如何审查？

箱形转换结构是利用楼层实腹边肋梁、中间肋梁和上、下层楼板，形成刚度很大的箱形空间结构。计算表明：箱形转换结构上、下层楼板和肋梁一起共同受力，刚度大，传力均匀、可靠，整体工作性能好，不仅其抗弯、抗剪能力较实腹转换梁大大提高，而且抗扭能力以及变形协调能力也较实腹转换梁大大提高。

《高规》第10.2.13条规定：

箱形转换结构上、下楼板厚度均不宜小于180mm，应根据转换柱的布置和建筑功能要求设置双向横隔板；上、下板配筋设计应同时考虑板局部弯曲和箱形转换层整体弯曲的影响，横隔板宜按深梁设计。

此条为审查要点，设计、审图应遵照执行。

审图时应注意：

（1）箱形转换结构上、下层楼板在荷载作用下，除受有局部弯矩外，还承受结构整体弯曲所产生的整体弯矩。此外，上、下层楼板平面内还受有拉力或压力，处于偏心受拉或偏心受压受力状态：顶板（上层楼板）支座区偏心受拉，跨中区偏心受压；底板（下层楼板）支座区偏心受压，跨中区偏心受拉，与普通转换层楼板受力有较大区别。故应审查结构计算书是否进行了整体计算和局部计算，是否按偏心受拉或偏心受压构件进行配筋设计。是否满足板的最小厚度及配筋构造要求等。

（2）横隔板应根据转换柱的平面位置和建筑功能要求双向布置，横隔板宜按深梁设计。关于深梁的设计方法，见《混规》附录G"深受弯构件"相关规定。抗震设计时，应考虑地震效应的组合及相应抗震构造要求。

5.6.2.13 对《高规》第10.2.15条关于空腹桁架转换层的设计规定，审查时应注意什么？

桁架转换层由于质量、刚度相对实腹梁转换都较小，分布比较均匀，故结构整体的质量和刚度突变程度要远小于实腹梁。特别是在框架-剪力墙结构、筒中筒结构或仅为局部转换的结构中，只要剪力墙（筒体）等主要抗侧力构件布置合理，转换桁架本身设计得当，则采用桁架转换的结构不致造成结构竖向刚度突变，使结构具有较好的抗震性能。

由桁架的几何关系决定，桁架杆件的伸长和压缩量值比结构的侧移量值要小，因而在结构产生相同侧移的条件下，靠杆件轴向变形吸收地震能量的桁架比起靠杆件弯曲变形吸收地震能量的实腹梁要小得多。这是桁架转换一个很主要的缺点。

桁架的上、下弦杆和腹杆多为小偏心受力构件，延性较差；此外，桁架的节点受力复杂，延性较差。因此，转换桁架本身的延性和耗能能力也相对较差。

《高规》第10.2.15条规定：

采用空腹桁架转换层时，空腹桁架宜满层设置，应有足够的刚度。空腹桁架的上、下弦杆宜考虑楼板作用，并应加强上、下弦杆与框架柱的锚固连接构造；竖腹杆应按强剪弱弯进行配筋设计，并加强箍筋配置以及与上、下弦杆的连接构造措施。

此条为审查要点，设计、审图应遵照执行。

审查时应注意：

（1）用作转换构件的桁架一般有两种。空腹桁架和斜腹杆桁架。除上下弦杆外，仅有竖腹杆的称空腹桁架；而只要有斜腹杆，不管有没有竖腹杆，则称为斜腹杆桁架。空腹桁架和斜腹杆桁架在构件受力及配筋设计上是有区别的。《高规》第10.2.15条仅是对空腹桁架转换层设计的一些规定。

（2）空腹桁架宜满层设置。空腹桁架的高度应为一个楼层的高度。桁架上弦在上层楼板平面内，下弦则在下层楼板平面内，否则，会使与上（或下）弦杆相连的转换柱形成短柱，这对结构是十分危险的。施工图纸若出现这种设计，审查不予通过。

（3）对结构计算书的审查，要注意结构整体时对空腹桁架的上、下弦杆所在层楼板的计算模型假定，宜考虑楼板的作用，上、下弦杆应考虑轴向变形的影响。

（4）采用空腹桁架转换层，一定要保证其整体工作性能。而桁架节点是保证其整体性和正常工作的重要部位。节点处有多个弦杆交汇，各弦杆截面尺寸不同，节点受力复杂。应保证节点有足够的承载能力，并加强上、下弦杆与框架柱的锚固连接构造。有关节点构造做法，可参见国家标准图集和构造设计手册。

（5）等间距空腹转换桁架在竖向荷载作用下，各杆件均受有大小不等的弯矩、剪力和轴力，都是偏心受力构件。规范特别强调竖腹杆应按强剪弱弯进行配筋设计，并加强箍筋配置以及与上、下弦杆的连接构造措施。

5.6.2.14 对部分框支剪力墙的结构布置，审查应注意哪些问题？

根据中国建筑科学研究院结构所等进行的底层大空间剪力墙结构12层模型拟动力试验和底部为3～6层大空间剪力墙结构的振动台试验研究、清华大学土木系的振动台试验研究、近年来工程设计经验及计算分析研究成果，规范对落地剪力墙的间距、限制框支框架承担的倾覆力矩等作出规定。以防止落地剪力墙过少，保证落地剪力墙成为主要抗侧力构件，使结构转换层以下楼层具有必要的侧向刚度。

《高规》第10.2.16条规定：

10.2.16 部分框支剪力墙结构的布置应符合下列规定：

1 落地剪力墙和筒体底部墙体应加厚。

2 框支柱周围楼板不应错层布置。

3 落地剪力墙和筒体的洞口宜布置在墙体的中部。

4 框支梁上一层墙体内不宜设置边门洞，也不宜在框支中柱上方设置门洞。

5 落地剪力墙的间距 l 应符合下列规定：

1） 非抗震设计时，l 不宜大于 $3B$ 和 36m；

2） 抗震设计时，当底部框支层为1～2层时，l 不宜大于 $2B$ 和 24m；当底部框支层为3层及3层以上时，l 不宜大于 $1.5B$ 和 20m；此处，B 为落地墙之间楼盖的平均宽度。

6 框支柱与相邻落地剪力墙的距离，1～2层框支层时不宜大于 12m，3层及3层以上框支层时不宜大于 10m。

7 框支框架承担的地震倾覆力矩应小于结构总地震倾覆力矩的50%。

8 当框支梁承托剪力墙并承托转换次梁及其上剪力墙时，应进行应力分析，按应力校核配筋，并加强构造措施。B级高度部分框支剪力墙高层建筑的结构转换层，不宜采用框支主、次梁方案。

《抗规》第6.1.9条第4款规定：

6.1.9 抗震墙结构和部分框支抗震墙结构中的抗震墙设置，应符合下列要求：

4 矩形平面的部分框支抗震墙结构，其框支层的楼层侧向刚度不应小于相邻非框支层楼层侧向刚度的50%；框支层落地抗震墙间距不宜大于24m，框支层的平面布置宜对称，且宜设抗震筒体；底层框架部分承担的地震倾覆力矩，不应大于结构总地震倾覆力矩的50%。

此两条款均为审查要点，设计、审图应遵照执行。

按规范对部分框支剪力墙结构布置的审查，应注意以下几个问题：

（1）关于落地剪力墙和筒体

1）竖向布置应保证底层大空间有足够的刚度，防止转换层上、下层刚度过于悬殊，落地剪力墙和筒体底部墙体应加厚。注意是"应"而不是"宜"；

2）落地剪力墙和筒体不宜开洞，如确有需要，洞口宜布置在墙体的中部。

注意到《抗规》第6.1.9条第2款的规定：

2 较长的抗震墙宜设置跨高比大于6的连梁形成洞口，将一道抗震墙分成长度较均匀的若干墙段，各墙段的高宽比不宜小于3。

此款虽不是审查要点，但对提高较长抗震墙的延性，避免地震时可能出现的"矮墙"破坏，是很好的规定。对较长的抗震墙宜按上述规定开设结构洞。

（2）框支梁上一层墙体受力复杂，应避免开洞，特别是避免开边门洞，也不宜在框支中柱上方设置门洞。

（3）框支柱本身就是结构受力的薄弱部位，如周围楼板错层布置，墙、柱不能协同工作，又使框支柱成为短柱，则框支柱更易破坏。故框支层周围楼板不应错层布置。

（4）限制落地剪力墙间距

限制落地剪力墙间距的目的是保证转换层楼板有很好的面内刚度和整体性，可以将水平荷载可靠有效地传到落地剪力墙（落地筒体）和框支柱上。《抗规》只是对规定了首层和底部两层为框支层的结构落地剪力墙间距的限值，且只规定抗震设计时其间距不宜大于24m。《高规》则规定了部分框支剪力墙结构抗震、非抗震设计时落地剪力墙间距的限值且为双控，较全面。建议均按《高规》规定审图。规定中的B为落地剪力墙之间楼盖的平均宽度，当楼板宽度变化较大时，建议B按落地剪力墙之间楼板的最小宽度取用。

（5）为了保证落地剪力墙和框支柱很好地协同工作，《高规》还规定了框支柱与相邻落地剪力墙的距离要求。

（6）为确保框支层不应设计为少墙框架体系，《抗规》第6.1.9条第4款明确规定：部分框支抗震墙结构，底层框架部分承担的地震倾覆力矩，不应大于结构总地震倾覆力矩的50%。对结构计算书的审查应注意是否满足此规定。

关于"框支层的楼层侧向刚度不应小于相邻非框支层楼层侧向刚度的50%"，与《高规》附录E规定一致，建议按《高规》附录E审查。

（7）应尽量避免二次转换。实在不可避免，应要求进行更为精细的有限元补充计算，并审查其计算结构。

5.6.2.15 部分框支剪力墙结构对框支柱地震剪力标准值的调整，审查中应注意什么？

计算分析表明：部分框支剪力墙结构转换层以上的楼层，水平力大体上按各片剪力墙的等效刚度比例分配。在转换层以下，一般落地剪力墙的刚度远大于框支柱的刚度，落地剪力墙几乎承受全部水平地震作用，框支柱的剪力非常小。但在实际工程中，转换层楼板会有显著的面内变形，从而使框支柱的剪力比计算值显著增加。对12层的底层大空间剪力墙住宅结构模型试验表明：实测框支柱的剪力为按楼板刚性无限大的假定计算值的6～8倍；同时，落地剪力墙出现裂缝后刚度下降，也导致框支柱的剪力增加。所以，在内力分析后，应根据转换层位置的不同、框支柱数目的多少，对框支柱及落地剪力墙的剪力作相应的调整。

《高规》第 10.2.17 条规定：

10.2.17 部分框支剪力墙结构框支柱承受的水平地震剪力标准值应按下列规定采用：

1 每层框支柱的数目不多于 10 根时，当底部框支层为 1～2 层时，每根柱所受的剪力应至少取结构基底剪力的 2%；当底部框支层为 3 层及 3 层以上时，每根柱所受的剪力应至少取结构基底剪力的 3%。

2 每层框支柱的数目多于 10 根时，当底部框支层为 1～2 层时，每层框支柱承受剪力之和应至少取结构基底剪力的 20%；当框支层为 3 层及 3 层以上时，每层框支柱承受剪力之和应取结构基底剪力的 30%。

框支柱剪力调整后，应相应调整框支柱的弯矩及柱端框架梁的剪力和弯矩，但框支梁的剪力、弯矩、框支柱的轴力可不调整。

《抗规》第 6.2.10 条第 1 款规定：

6.2.10 部分框支抗震墙结构的框支柱尚应满足下列要求：

1 框支柱承受的最小地震剪力，当框支柱的数量不少于 10 根时，柱承受地震剪力之和不应小于结构底部总地震剪力的 20%；当框支柱的数量少于 10 根时，每根柱承受的地震剪力不应小于结构底部总地震剪力的 2%。框支柱的地震弯矩应相应调整。

上述规定均为审查要点，设计、审图均应遵照执行。

对结构计算书的审查应注意：

（1）《抗规》仅规定了框支层不超过 2 层时的框支柱的地震剪力、弯矩的调整（其定义的部分框支剪力墙结构仅适用于框支层不超过 2 层的情况），这和《高规》的规定一致；但《高规》还规定了框支层超过 2 层时的框支柱的地震剪力、弯矩的调整。故可按《高规》的规定审查。

（2）框支柱承受的最小地震剪力计算以框支柱的数目 10 根为分界，此规定对于结构的纵横两个方向是分别计算的。若框支柱与钢筋混凝土剪力墙相连成为剪力墙的端柱，则沿剪力墙平面内方向统计时端柱不计入框支柱的数目，沿剪力墙平面外方向统计时其端柱计入框支柱的数目。

（3）当框支层同时含有框支柱和框架柱时，首先应按框架-剪力墙结构的要求进行地震剪力调整，然后再复核框支柱的剪力要求。

（4）底层落地剪力墙承担该层全部剪力。

（5）当部分框支剪力墙结构带有裙房为一个结构单元时，结构底部总地震剪力，不含裙房部分的地震剪力，框支柱也不含裙房的框架柱。即框架柱内力不调整。

5.6.2.16 多层结构中的局部托柱转换，转换梁和转换柱是否需要按《高规》第 10.2.6 条至第 10.2.12 条审查？

1. 转换梁和框支梁、转换柱和框支柱的区别。

《高规》中出现框支梁、框支柱和转换梁、转换柱两组名词。一切转换结构的水平构件（梁）可统称为转换梁。包括部分框支剪力墙结构中的框支梁以及梁上托柱转换的框架梁等；一切转换结构中支承转换梁的柱可统称为转换柱，包括框支柱和其他转换柱。转换梁、转换柱是统称，仅在部分框支剪力墙结构中才有框支梁、框支柱。

如前所述，框支梁、框支柱与其他转换梁、转换柱的受力是有区别的。

2. 结构分析和试验研究表明，转换梁、转换柱受力复杂，又是结构中十分重要、关键的构件。因此《高规》对其纵向钢筋、端部加密区箍筋的最小构造配筋等提出了比一般框架梁、柱更高的要求。

《高规》第10.2.6条至第10.2.12条是对所有转换构件的规定。其中关于转换梁、转换柱的规定既适用于部分框支剪力墙结构中的框支梁、框支柱，也适用于其他转换结构中的转换梁、转换柱。如规定中明确指出框支梁、框支柱，则是仅针对部分框支剪力墙结构的规定。

《高规》第10.2.7条、第10.2.10条是强制性条文，第10.2.6条、第10.2.8条、第10.2.11条是审查要点。

3. 局部转换时，房屋最大适用高度、转换结构在地面以上的大空间层数、上部结构抗震等级、剪力墙底部加强部位等结构总体方案性要求可酌情放宽。但具体到构件的设计、审查，对多层结构中局部托柱转换处，转换梁和转换柱应根据《抗规》对框架梁、柱的要求进行设计、审查。水平转换构件的地震内力计算应执行《抗规》第3.4.4条第2款第1）小款的规定。至于是否采取提高抗震等级和抗震构造等加强措施，由设计者根据具体情况酌定。但其构造要求，宜参考《高规》以上关于转换梁、转换柱的规定设计、审查。

5.6.2.17　抗震设计时部分框支剪力墙结构中落地剪力墙底部加强部位弯矩设计值的调整，审查中应注意什么？

落地剪力墙是部分框支剪力墙结构最主要的抗侧力构件，底部加强部位剪力墙体受力很大。特别是转换层以下，落地剪力墙的刚度远大于框支柱的刚度，落地剪力墙几乎承受全部水平地震作用，框支柱的剪力非常小。这和一般剪力墙结构中的底部加强部位剪力墙体是有很大区别的。为加强落地剪力墙的底部加强部位承载能力，推迟墙底的塑性铰出现，防止大震下的结构破坏或倒塌，《高规》第10.2.18条规定：

10.2.18　部分框支剪力墙结构中，特一、一、二、三级落地剪力墙底部加强部位的弯矩设计值应按墙底截面有地震作用组合的弯矩值乘以增大系数1.8、1.5、1.3、1.1采用；其剪力设计值应按本规程第3.10.5条、第7.2.6条的规定进行调整。落地剪力墙墙肢不宜出现偏心受拉。

此条虽不是审查要点，但考虑到落地剪力墙转换层以下部位是保证部分框支剪力墙结构抗震性能的关键部位，十分重要，一旦破坏后果极其严重。故建议无论是高层还是多层的部分框支剪力墙结构，审图时都应关注，审查结构计算书是否满足此条要求。

审图时应注意：

（1）一般剪力墙结构对底部加强部位的剪力墙体仅根据抗震等级的不同调整其剪力，而部分框支剪力墙结构对底部加强部位的剪力墙体不仅调整其剪力还要调整其弯矩。

（2）无地下室的部分框支剪力墙结构的落地剪力墙，特别是联肢或双肢墙，当考虑最不利荷载组合墙肢出现偏心受拉时，可能会导致墙肢与基础交接处产生滑移，为此，规范还要求落地剪力墙墙肢不宜出现偏心受拉。当墙肢底部截面出现偏心受拉时，建议按《抗规》第6.2.11条第2款采取可靠的加强措施。

5.6.2.18　部分框支剪力墙结构中剪力墙底部加强部位墙体水平和竖向分布钢筋构造要求可否按一般设计剪力墙底部加强部位审查？

如前所述，考虑到部分框支剪力墙结构中落地剪力墙的重要性及受力很大，规范除对其底部加强部位的弯矩、剪力设计值予以调整，提高其承载能力外，还对其底部加强部位的配筋构造及其他构造设计也提出了具体要求。

落地剪力墙在框支层所受剪力很大，按剪跨比计算还有可能存在剪切破坏的矮墙效应。因此，规范对部分框支剪力墙底部加强部位剪力墙的分布钢筋最低构造，提出了比普通剪力墙底部加强部位更高的要求。《高规》第10.2.19条规定：

10.2.19　部分框支剪力墙结构中，剪力墙底部加强部位墙体的水平和竖向分布钢筋的最小配筋率，抗震设计时不应小于0.3%，非抗震设计时不应小于0.25%；抗震设计时钢筋间距不应大于200mm，钢筋直径不应小于8mm。

《混规》第11.4.14条第2款、第11.5.15条，《抗规》第6.4.3条第2款均有相关规定。其中《混规》第11.4.14条第2款还是规范强制性条文，与《高规》第10.2.19条内容基本一致。而《高规》第10.2.19条是规范强制性条文，故建议无论是抗震设计还是非抗震设计，也无论是高层还是多层带转换层的建筑结构，均按《高规》第10.2.19条规定审查。

非抗震设计时剪力墙底部加强部位的高度是多少？注意到《高规》第10.2.2条规定：带转换层的高层建筑结构，其剪力墙底部加强部位的高度应从地下室顶板算起，宜取至转换层以上两层且不宜小于房屋高度的1/10。此规定并未特指在"抗震设计"的条件下，故建议非抗震设计时剪力墙底部加强部位的高度取值与抗震设计时相同。

5.6.2.19　部分框支剪力墙结构中框支转换层楼板设计

众所周知，楼盖的面内刚度和整体性对水平力的传递、结构的整体工作性能至关重要。部分框支剪力墙结构中，框支转换层楼板更是重要的传力构件，不落地剪力墙的剪力需要通过框支转换层楼板传递到落地剪力墙上。为保证楼板能可靠传递面内相当大的剪力（弯矩），以使框支转换层以下落地剪力墙和框支框架可以很好地协同工作，规范对框支转换层楼板截面尺寸要求、转换层楼板的开洞及开洞楼板的构造、楼板平面内抗剪截面验算、楼板平面内受弯承载力验算以及构造配筋要求等作出规定。

《抗规》第6.2.12条规定：

6.2.12　部分框支抗震墙结构的框支柱顶层楼盖应符合本规范附录E第E.1节的规定。

《抗规》附录E第E.1节规定：

E.1.1　框支层应采用现浇楼板，厚度不宜小于180mm，混凝土强度等级不宜低于C30，应采用双层双向配筋，且每层每个方向的配筋率不应小于0.25%。

E.1.2　部分框支抗震墙结构的框支层楼板剪力设计值，应符合下列要求：

$$V_f \leqslant \frac{1}{\gamma_{RE}}(0.1f_c b_f t_f) \tag{E.1.2}$$

式中：V_f——由不落地抗震墙传到落地抗震墙处按刚性楼板计算的框支层楼板组合的剪力设计值，8度时应乘以增大系数2，7度时应乘以增大系数1.5；验算落地抗震墙时不考虑此项增大系数；

　　　　b_f、t_f——分别为框支层楼板的宽度和厚度；

　　　　γ_{RE}——承载力抗震调整系数，可采用0.85。

E.1.3　部分框支抗震墙结构的框支层楼板与落地抗震墙交接截面的受剪承载力，应按下列公式验算：

$$V_f \leqslant (f_y A_s)/\gamma_{RE} \tag{E.1.3}$$

式中：A_s——穿过落地抗震墙的框支层楼盖（包括梁和板）的全部钢筋的截面面积。

E.1.4 框支层楼板的边缘和较大洞口周边应设置边梁，其宽度不宜小于板厚的2倍，纵向钢筋配筋率不应小于1%，钢筋接头宜采用机械连接或焊接，楼板的钢筋应锚固在边梁内。

E.1.5 对建筑平面较长或不规则及各抗震墙内力相差较大的框支层，必要时可采用简化方法验算楼板平面内的受弯、受剪承载力。

《高规》第10.2.23条规定：

10.2.23 部分框支剪力墙结构中，框支转换层楼板厚度不宜小于180mm，应双层双向配筋，且每层每方向的配筋率不宜小于0.25%，楼板中钢筋应锚固在边梁或墙体内；落地剪力墙和筒体外围的楼板不宜开洞。楼板边缘和较大洞口周边应设置边梁，其宽度不宜小于板厚的2倍，全截面纵向钢筋配筋率不应小于1.0%。与转换层相邻楼层的楼板也应适当加强。

《高规》第10.2.24条规定：

10.2.24 部分框支剪力墙结构中，抗震设计的矩形平面建筑框支转换层楼板，其截面剪力设计值应符合下列要求：

$$V_f \leqslant \frac{1}{\gamma_{RE}}(0.1\beta_c f_c b_f t_f) \tag{10.2.24-1}$$

$$V_f \leqslant \frac{1}{\gamma_{RE}}(f_y A_s) \tag{10.2.24-2}$$

式中：b_f、t_f——分别为框支转换层楼板的验算截面宽度和厚度。

V_f——由不落地剪力墙传到落地剪力墙处按刚性楼板计算的框支层楼板组合的剪力设计值，8度时应乘以增大系数2.0，7度时应乘以增大系数1.5。验算落地剪力墙时可不考虑此增大系数。

A_s——穿过落地剪力墙的框支转换层楼盖（包括梁和板）的全部钢筋的截面面积。

γ_{RE}——承载力抗震调整系数，可取0.85。

《高规》第10.2.25条规定：

10.2.25 部分框支剪力墙结构中，抗震设计的矩形平面建筑框支转换层楼板，当平面较长或不规则以及各剪力墙内力相差较大时，可采用简化方法验算楼板平面内受弯承载力。

上述《抗规》规定均为审查要点，设计、审图均应遵照执行。《高规》第10.2.23条、第10.2.24条、第10.2.25条规定与《抗规》基本一致。

审查时应注意：

（1）考虑到《高规》第10.2.23条并未明确规定仅适用于抗震设计，故关于楼板的构造要求，建议抗震设计、非抗震设计，高层、多层部分框支剪力墙建筑结构均按《抗规》第E.1.1条、第E.1.4条审图。

（2）抗震设计的高层、多层部分框支剪力墙建筑结构框支转换层楼板平面内受剪承载力的验算，均按《抗规》第E.1.2条、第E.1.3条、第E.1.5条审查；受弯承载力的验算，按《抗规》第E.1.5条审查。作为简化计算，笔者建议可将框支转换层楼板简化为支承在落地剪力墙上的连续深受弯构件（图5-26），计算其内力并验算抗弯配筋。其他平面形状的部分框支剪力墙结构的框支转换层楼板平面内受弯承载力的验算可采用连续体有限元计算，按应力校核板的抗弯配筋或其他简化方法。

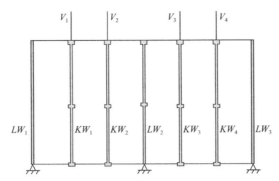

图 5-26　框支剪力墙转换层楼板面内受弯承载力验算简图

LW_i 落地剪力墙；KW_i 不落地剪力墙（框支剪力墙）

（3）注意到《抗规》第 E.2.4 条规定：转换层楼盖不应有大洞口，在平面内宜接近刚性。虽不是审查要点，但很重要，建议审图时应予关注。

5.6.3　带加强层高层建筑结构，错层结构，连体结构，竖向体型收进、悬挑结构

5.6.3.1　对加强层水平伸臂构件平面布置的审查时应注意什么？

结构模型振动台试验及研究分析表明：由于加强层的设置，结构刚度突变，伴随着结构内力的突变，以及整体结构传力途径的改变，从而使结构在地震作用下，其破坏和位移容易集中在加强层附近，即形成薄弱层；伸臂桁架会造成核心筒墙体承受很大的剪力，为了使上下弦杆的拉力可靠地传递到核心筒上，避免核心筒出现平面外承受较大弯矩而破坏，规范规定要求伸臂构件贯通核心筒。

《抗规》第 6.7.1 条第 3 款第 2)、3) 小款规定：

加强层设置应符合下列规定：

2) 加强层的大梁或桁架应与核心筒内的墙肢贯通；大梁或桁架与周边框架柱的连接宜采用铰接或半刚性连接；

3) 结构整体分析应计入加强层变形的影响。

《高规》第 10.3.2 条第 2 款规定：

10.3.2　带加强层高层建筑结构设计应符合下列规定：

2　加强层水平伸臂构件宜贯通核心筒，其平面布置宜位于核心筒的转角、T 字节点处；水平伸臂构件与周边框架的连接宜采用铰接或半刚接；结构内力和位移计算中，设置水平伸臂桁架的楼层宜考虑楼板平面内的变形。

上述规定虽然不是审查要点，但水平伸臂构件宜贯通核心筒，对于结构安全，特别是核心筒的安全至关重要；加强层的上下层楼面结构承担着协调内筒和外框架的作用，存在很大的面内应力，同时为正确设计上下弦杆，应考虑楼板平面内的变形。建议此两点在审图中予以重视。

5.6.3.2　《高规》第 10.3.3 条规定加强层的框架柱的抗震等级应提高一级，柱轴压比限值是按提高前还是按提高后的抗震等级确定？

带加强层的高层建筑结构，加强层刚度和承载力较大，与其上、下相邻楼层相比有突

变，加强层相邻楼层往往成为抗震薄弱层；与加强层水平伸臂结构相连接部位的核心筒剪力墙以及外围框架柱受力大且集中。为了提高加强层及其相邻楼层与加强层水平伸臂结构相连接的核心筒墙体及外围框架柱的抗震承载力和延性，《高规》第10.3.3条规定：

10.3.3　抗震设计时，带加强层高层建筑结构应符合下列要求：

1　加强层及其相邻层的框架柱、核心筒剪力墙的抗震等级应提高一级采用，一级应提高至特一级，但抗震等级已经为特一级时应允许不再提高；

2　加强层及其相邻层的框架柱，箍筋应全柱段加密配置，轴压比限值应按其他楼层框架柱的数值减小0.05采用；

3　加强层及其相邻层核心筒剪力墙应设置约束边缘构件。

以上规定为强制性条文，设计、审查应严格执行。

审图时应注意：

（1）规范明确规定：加强层及其相邻层的框架柱、核心筒剪力墙的抗震等级均应提高一级，而不是仅加强层的框架柱的抗震等级应提高一级。

（2）验算核心筒剪力墙的轴压比限值，应按提高后的抗震等级确定，否则审查应不予通过。

（3）验算框架柱的轴压比限值，亦应按提高后的抗震等级确定；由于规范没有明确规定特一级框架柱的轴压比限值，故对于由一级提高至特一级或已为特一级时不再提高的框架柱，同时还应按本条第2款"轴压比限值应按其他楼层框架柱的数值减小0.05采用"，取两者的较小值。否则审查应不予通过。

（4）加强层及其相邻层核心筒剪力墙，无论其轴压比数值的大小，一律应设置约束边缘构件。

5.6.3.3　对错层高层建筑结构计算书的审查时应注意哪些？

将错层结构楼板视为同一标高的刚性楼板进行结构整体计算分析，不符合结构的实际受力状态，掩盖了错层处竖向构件受力的复杂性。为了保证结构分析的可靠性，《高规》对错层结构的整体计算模型提出了要求。《高规》第10.4.3条规定：

10.4.3　错层结构中，错开的楼层不应归并为一个刚性楼板，计算分析模型应能反映错层影响。

此条为审查要点，设计、审图应遵照执行。

对错层高层建筑结构计算书的审查应注意以下问题：

（1）错层结构的计算分析，在建模时，一般应使一个错层楼层成为两个计算楼层，而不能将错层楼层仍按一个计算楼层；相应地，要注意对楼板计算模型、错层处框架柱或剪力墙几何长度等的审查。

（2）当按《荷载规范》第4.1.2条进行梁、柱、墙及基础的计算，对活荷载进行折减时，应注意错层结构计算楼层与实际楼层的区别。防止按计算楼层数取用使活荷载折减过多，造成内力计算偏于不安全。

（3）错层处框架柱受力复杂，易发生短柱受剪破坏，因此，《高规》第10.4.3条对错层处框架柱的截面承载力计算提出了更高的要求：在设防烈度地震作用下，错层处框架柱的截面承载力宜符合本规程公式（3.11.3-2）的要求。即宜满足性能水准2（中震不屈服）的设计要求。本条规定虽然不是审查要点，但对于结构安全，特别是错层处框架柱的安全至关重要；建议予以审查。

5.6.3.4 抗震设计时错层结构错层处框架柱的构造要求，应如何审查？

如前所述，错层结构属平面、竖向布置不规则结构，楼板面内刚度、整体性较差；错层部位的竖向抗侧力构件受力较大且受力复杂，容易率先破坏，最终导致结构在强烈地震下的破坏。错层处的框架柱比剪力墙更易破坏。因此，《高规》对错层处框架柱规定了更高的加强措施。《高规》第10.4.4条规定：

10.4.4 抗震设计时，错层处框架柱应符合下列要求：

1 截面高度不应小于600mm，混凝土强度等级不应低于C30，箍筋应全柱段加密配置；

2 抗震等级应提高一级采用，一级应提高至特一级，但抗震等级已经为特一级时应允许不再提高。

此条为强制性条文，设计、审图均应严格执行。

审图时应注意：

（1）框架柱截面高度、混凝土强度等级、箍筋加密要求均比一般框架柱高了很多。

（2）错层处框架柱的抗震等级提高后，其轴压比限值应按提高后的抗震等级确定；由于规范没有明确规定特一级框架柱的轴压比限值，故对于由一级提高至特一级或已为特一级时不再提高的框架柱，建议同时还应按《高规》第10.3.3条第2款"轴压比限值应按其他楼层框架柱的数值减小0.05采用"，取两者的较小值。

（3）高层及多层建筑结构中仅局部存在错层虽不属于错层结构，但建议错层处框架柱宜按本条的规定设计、审图。

5.6.3.5 错层结构错层处剪力墙的构造要求，应如何审查？

《高规》第10.4.6条对错层结构在错层处的剪力墙也规定了具体的加强措施：

10.4.6 错层处平面外受力的剪力墙的截面厚度，非抗震设计时不应小于200mm，抗震设计时不应小于250mm，并均应设置与之垂直的墙肢或扶壁柱；抗震设计时，其抗震等级应提高一级采用。错层处剪力墙的混凝土强度等级不应低于C30，水平和竖向分布钢筋的配筋率，非抗震设计时不应小于0.3%，抗震设计时不应小于0.5%。

此条为审查要点，设计、审图均应遵照执行。

审图时应注意：

（1）剪力墙截面厚度、混凝土强度等级、墙体水平和竖向分布钢筋的最小配筋率要求均比一般剪力墙高了很多。

（2）错层处剪力墙的抗震等级提高后，其轴压比限值应按提高后的抗震等级确定。

（3）抗震设计和非抗震设计的高层建筑错层结构均应满足本条要求。高层及多层建筑结构中仅局部存在错层虽不属于错层结构，但建议错层处剪力墙宜按本条的规定设计、审图。

（4）特别注意对错层处平面外受力的剪力墙，"应设置与之垂直的剪力墙肢或扶壁柱"的审查。

5.6.3.6 审图案例：8度抗震设计时，层数和刚度相差悬殊的建筑结构能否采用连体结构？

由计算分析及同济大学等单位进行的振动台试验说明：连体结构自振振型较为复杂，前几个振型与单体结构有明显区别，除顺向振型外，还出现反向振型，扭转振型丰富，扭转性能较差。在风荷载或地震作用下，结构除产生平动变形外，还会产生扭转变形；同时，于连接体楼板的变形，两侧结构还有可能产生相向运动，该振动形态与整体结构的扭转振动耦合。特别是结构不对称、建筑体型、平面布置、结构刚度等差异较大时，地震作用下将出现复杂的 X、Y、θ 相互耦联的振动，扭转影响更大，对抗震更加不利。

当第一扭转频率与场地卓越频率接近时，容易引起较大的扭转反应，易使结构发生脆性破坏。

对多塔连体结构，因体型更复杂，振动形态也将更为复杂，扭转效应更加明显。

历次地震中连体结构的震害都较为严重，特别是架空连廊式连体结构。1995年日本阪神地震中，这种形式的连体结构大量破坏，架空连廊塌落，连接体本身塌落的情况较多；同时主体结构与连接体的连接部位结构破坏严重。两个结构单元之间有多个连廊的，高处连廊首先塌落，底部的连廊有的没有塌落；两个结构单元高度不等或体型、平面和刚度不同，则连体结构破坏尤为严重。1999年中国台湾集集地震中，埔里酒厂一个3层房屋的架空连廊塌落，两侧结构与架空连廊相连接的部位遭到破坏。汶川地震中，亦有不少架空连廊破坏、塌落。《高规》第10.5.1条规定：

10.5.1 连体结构各独立部分宜有相同或相近的体型、平面布置和刚度；宜采用双轴对称的平面形式。7度、8度抗震设计时，层数和刚度相差悬殊的建筑不宜采用连体结构。

此条为审查要点，设计、审图应遵照执行。

规范规定"7度、8度抗震设计时，层数和刚度相差悬殊的建筑不宜采用连体结构"。注意是"不宜"，故应根据实际工程的具体情况分析确定。如果层数和刚度相差特别悬殊，或除此以外结构体系、平面形状等差别也很大，则不应采用连体结构。

如何界定"层数和刚度相差悬殊"是一个较为复杂的问题。应根据实际工程的具体情况综合分析、判定。有学者认为，层数多的塔楼对层数少的塔楼其塔楼部分的层数比大于1.15，且层数相差大于3层，可视为层数相差悬殊；两塔楼的质心位移比（图5-27）大于1.2，可视为刚度相差悬殊。以上可供审图时参考。

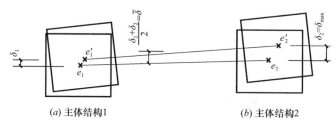

(a) 主体结构1 (b) 主体结构2

图5-27 规定水平力作用下两主体结构楼层质心位移比示意

e_1：主体结构1质心；e_2：主体结构2质心；

$\dfrac{\delta_{\max}}{\delta}$：两主体结构楼层质心位移比

即使分析后采用了连体结构，审图应根据规范对连体结构的有关规定，审查设计是否采取了可靠的抗震措施。如属于超限高层建筑，还应根据超限高层建筑工程抗震设防专项审查专家的审查意见进行审查。

5.6.3.7 对连接体与主体结构连接设计的审查时应注意哪些问题？

连体结构的连接体与两侧主体结构相连的连接部位受力复杂，变形复杂，连接体跨度一般也较大，更使得连接部位要承受很大的竖向重力荷载和地震作用。因此，连接体与主体结构的连接设计十分重要，必须有足够的承载能力、变形能力和延性性能。确保连体结构有很好的整体工作性能。

《高规》第10.5.4条提出了连接体与两侧主体结构的两种连接方式，规定了连体结构与主体结构连接的要求：

10.5.4　连接体结构与主体结构宜采用刚性连接。刚性连接时，连接体结构的主要结构构件应至少伸入主体结构一跨并可靠连接；必要时可延伸至主体部分的内筒，并与内筒可靠连接。

当连接体结构与主体结构采用滑动连接时，支座滑移量应能满足两个方向在罕遇地震作用下的位移要求，并应采取防坠落、撞击措施。计算罕遇地震作用下的位移时，应采用时程分析方法进行计算复核。

此条为审查要点，设计、审图应遵照执行。

审图时应注意：

（1）采用刚性连接做法更容易把握结构的变形要求，只要承载能力满足要求，整个连体结构的变形总是协调一致的，整体工作性能好。结构分析及构造上也较为简单、可行。刚性连接的缺点是：连接体及连接体与两侧主体结构相连的连接部位既要承受很大的竖向重力荷载和地震作用，又要在水平地震作用下协调两侧结构的变形，对承载能力要求很高。

采用滑动连接方式可以通过节点变形释放了连接部位过大的内力（水平力及弯矩等），但如果变形过大，也会给结构设计带来困难甚至连接体垮塌。例如：当采用固定铰接连接时，可能导致连接体挠度过大；当采用滑动铰接连接时，连接体往往由于滑移量较大致使连接体坠落、支座破坏，等等。

注意规范的用语是"宜采用刚性连接"，即只要有可能，宜首选刚性连接。但究竟采用何种连接方式，应根据实际工程的具体情况分析确定。也可采用滑动连接方式。审图时不应一律强求采用何种连接方式。

（2）当连接体与主体结构采用刚性连接时，应根据规范规定审查其是否连接牢靠。核查相关构件承载力是否满足要求，连接构造是否可靠。

（3）当连接体结构与主体结构采用滑动连接时，滑动支座的支座滑移量应能满足两个方向在罕遇地震作用下的位移要求，滑动支座应采用由两侧结构伸出的悬臂梁的做法，而不应采用连接体结构的梁搁置在两侧结构牛腿上的做法。并应采取防坠落、撞击措施。

应特别注意对"满足两个方向在罕遇地震作用下的位移要求"的审查。此位移要求，建议按如下方法控制：

1）平面内方向，应能保证连接体结构与主体结构在罕遇地震作用下的"面对面"位移不致产生碰撞；"背对背"位移不致产生坠落；

2）平面外方向，应能保证连接体结构与主体结构在罕遇地震作用下的平面外的"背对背"位移不致产生坠落。

5.6.3.8　《高规》第10.5.6条有抗震等级提高一级的规定，那么柱轴压比限值是按提高前还是按提高后的抗震等级确定？

震害及试验研究分析都表明：连体结构的连接体及与连接体相连的结构构件受力复

杂，易形成薄弱部位，地震时极易破坏，尤其当两个主体结构层数和刚度相差较大时，采用连体结构更为不利。因此，《高规》第 10.5.6 条规定：

10.5.6　抗震设计时，连接体及与连接体相连的结构构件应符合下列要求：

　　1　连接体及与连接体相连的结构构件在连接体高度范围及其上、下层，抗震等级应提高一级采用，一级提高至特一级，但抗震等级已经为特一级时应允许不再提高；

　　2　与连接体相连的框架柱在连接体高度范围及其上、下层，箍筋应全柱段加密配置，轴压比限值应按其他楼层框架柱的数值减小 0.05 采用；

　　3　与连接体相连的剪力墙在连接体高度范围及其上、下层应设置约束边缘构件。

　　此条是强制性条文，设计、审图必须严格执行。

　　审图时应注意：

　　（1）与连接体相连的结构构件（框架柱和剪力墙）的抗震等级提高后，其轴压比限值应按提高后的抗震等级确定。由于规范没有明确规定特一级框架柱的轴压比限值，故对于由一级提高至特一级或已为特一级时不再提高的框架柱，建议同时还应按本条第 2 款"轴压比限值应按其他楼层框架柱的数值减小 0.05 采用"，取两者的较小值；

　　（2）与连接体相连的结构构件在连接体高度范围及其上、下层……。此"上、下层"的层数可根据实际工程的具体情况确定，建议连接体以下的层数宜适当多取一些。

5.6.3.9　地下室连为一体，地上有几幢高层建筑，若结构嵌固部位设在地下一层底板上，是否应按大底盘多塔建筑结构审查？

　　带大底盘的高层建筑，结构在大底盘上一层突然收进，属竖向不规则结构；大底盘上有 2 个或多个塔楼时，地震作用下，各塔楼的振型既存在着相互独立性又相互有影响，当大底盘上的各塔楼高层建筑楼层数不同，质量和刚度不同，分布不均匀，且当各塔楼自身结构平面布置不对称时，结构竖向刚度突变加剧，扭转振动反映增大，高振型对结构内力的影响更为突出。各塔楼的受力更为复杂、不利。

　　可见正是塔楼下面的大底盘裙房导致各塔楼的受力复杂。因此，在多个高层建筑的底部有一个连成整体的大面积裙房形成大底盘，称为大底盘多塔楼结构。对于多幢塔楼仅通过大面积地下室连为一体，每幢塔楼（包括带有局部小裙房）均用防震缝分开，使之分属不同的结构单元，由于地下室周边受到侧向约束，并不能使其上的各结构单元相互影响，受力复杂，因而一般不属于大底盘多塔楼结构。若地下室连为一体，周边受到侧向约束，地上有几幢高层建筑，即使将结构嵌固部位设在地下一层底板上，也不应判定为大底盘多塔楼结构。

　　当然，如果地下室内外高差较大，地下一层周边没有受到什么侧向约束，而结构嵌固部位又设在地下一层底板上，就应判定为大底盘多塔楼结构，按《高规》第 10.6 节相关规定进行审查。

5.6.3.10　《高规》第 10.6.3 条第 1 款规定中的"上部塔楼结构的综合质心"如何计算？"底盘结构质心"是指哪一层的质心？

　　带大底盘的高层建筑，结构在大底盘上一层突然收进，属竖向不规则结构。中国建筑科学研究院结构所等单位的试验研究和计算分析表明，大底盘上有 2 个或多个塔楼时，地震作用下，各塔楼的振型既存在着相互独立性又相互有影响。多塔楼结构振型复杂，且高振型对结构内力的影响大。当大底盘上的各塔楼层数不同，质量和刚度不同、分布不均匀，且当各塔楼自身结构平面布置不对称时，结构竖向刚度突变加剧，扭转振动反应增大，高振型对结构内力的影响更为突出。各塔楼的受力更为复杂、不利。塔楼在底盘上部突然收进已造成结构竖向刚度和抗力的突变，如结构平面布置上又使塔楼与底盘偏心较大，则更加剧了结构的扭转振动反应。故《高规》第10.6.3条第1款规定：

10.6.3　抗震设计时，多塔楼高层建筑结构应符合下列规定：

　　1　各塔楼的层数、平面和刚度宜接近；塔楼对底盘宜对称布置；上部塔楼结构的综合质心与底盘结构质心的距离不宜大于底盘相应边长的20%。

　　此款为审查要点。设计、审图均应遵照执行。

　　大底盘单塔楼结构的设计，也应符合本款关于塔楼和底盘综合质心偏心距的规定。

　　当上部塔楼结构的综合质心与底盘结构质心的距离大于底盘相应边长的20%时，设计时应通过对结构布置的调整等措施减小塔楼和底盘的刚度偏心，满足规范要求。当裙房顶板具有良好的整体性及面内刚度，在规定的水平力作用下裙房顶层的楼层层间位移比小于1.2时，上部塔楼结构的综合质心与底盘结构质心的距离要求可适当放宽。

　　结构综合质心的计算，以底盘顶面为分界线，将结构分为上部塔楼和大底盘两部分，上部算上部，下部算下部，各部分均为综合质心。"上部塔楼结构的综合质心"可取底盘结构的上一层塔楼平面计算，"底盘结构质心"可取底盘范围内塔楼部分的平面并包括裙房顶层平面计算。

5.6.3.11　对悬挑结构关键构件的承载力计算如何审查？

　　悬挑部分的结构一般跨度较大、竖向刚度较差、结构的冗余度不多，同时竖向地震作用十分明显。若悬挑关键构件出铰，容易形成可变机构（结构破坏）。为提高悬挑关键构件承载力和抗震措施，防止相关部位出现结构破坏和倒塌，《高规》第10.6.4条第5、6款规定：

10.6.4　悬挑结构设计应符合下列规定：

　　5　抗震设计时，悬挑结构的关键构件以及与之相邻的主体结构关键构件的抗震等级应提高一级采用，一级提高至特一级，抗震等级已经为特一级时，允许不再提高；

　　6　在预估罕遇地震作用下，悬挑结构关键构件的截面承载力宜符合本规程公式（3.11.3-3）的要求。

　　此款为审查要点。设计、审图均应遵照执行。

　　审图时应注意：

　　（1）抗震设计时，悬挑结构的关键构件以及与之相邻的主体结构关键构件（框架柱和剪力墙）的抗震等级提高后，其轴压比限值应按提高后的抗震等级确定。由于规范没有明确规定特一级框架柱的轴压比限值，故对于由一级提高至特一级或已为特一级时不再提高的框架柱，建议同时还应按《高规》第10.5.6条第2款"轴压比限值应按其他楼层框架柱的数值减小0.05采用"，取两者的较小值。

　　对关键构件的判定，应根据实际工程具体情况分析确定。一般是悬挑结构根部邻近的相关构件。

（2）在罕遇地震作用下，悬挑结构关键构件的承载力宜符合《高规》公式（3.11.3-3）的要求。即在罕遇地震作用下，悬挑结构关键构件的正截面抗弯承载力宜满足性能水准2（大震不屈服）的设计要求。对结构计算书的审查，首先要检查有无这部分的补充计算，其次要核对计算的正确性。

5.6.3.12 《高规》第10.6.5条对体型收进高层建筑结构设计的规定，如何审查？

大量地震震害以及相关的试验研究和分析表明，结构体型收进较多或收进位置较高时，因上部结构刚度突然降低，同时，上部收进结构的底部楼层质量也突然减小很多，故收进部位易形成薄弱部位；当结构偏心收进时，受结构整体扭转效应的影响，下部结构的周边竖向构件内力增加较多。

收进程度过大，上部结构刚度、楼层质量过小时，结构的层间位移角增加较多，收进部位有可能形成薄弱层，对结构抗震不利。抗震设计时，对这种刚度、质量在同一楼层均发生突变的体型收进高层建筑，仅限制收进部位上、下层楼层侧向刚度比起不到应有的作用。为避免收进部位上、下层附近楼层产生较大的变形差异，根据地震作用效应来控制显得更加有效和合理。因此，《高规》第10.6.5条对体型收进结构的设计提出了明确要求：

10.6.5 体型收进高层建筑结构、底盘高度超过房屋高度20%的多塔楼结构的设计应符合下列规定：

1 体型收进处宜采取措施减小结构刚度的变化，上部收进结构的底层层间位移角不宜大于相邻下部区段最大层间位移角的1.15倍；

2 抗震设计时，体型收进部位上、下各2层塔楼周边竖向结构构件的抗震等级宜提高一级采用，一级提高至特一级，抗震等级已经为特一级时，允许不再提高；

3 结构偏心收进时，应加强收进部位以下2层结构周边竖向构件的配筋构造措施。

本条为审查要点，设计、审图均应遵照执行。

（1）《高规》采用限制上部收进结构的底层对下部区段最大层间位移角的比值来控制其结构构件内力和位移突变。当结构分段收进时，应控制上部收进结构的底部楼层的层间位移角和下部相邻区段楼层的最大层间位移角之比。层间位移角比综合反映了转换层上、下部结构楼层侧向刚度比、质量比、楼层层间抗侧力结构的受剪承载力比。对结构计算书的审查应注意是否有此"位移角的比值"的计算是否符合规范的要求。否则，应审查是否根据实际工程具体情况采取了提高相关构件的抗震等级或可靠的加强措施等。

这里"上部收进结构的底部楼层"是指上部收进后的第一个楼层，"下部相邻区段楼层"是指收进前的楼层区段，楼层平面相同或相近时为同一区段。

（2）注意"体型收进部位上、下各2层塔楼周边竖向结构构件抗震等级的提高"，有"应"和"宜"的区别。抗震等级提高后，其轴压比限值应按提高后的抗震等级确定。由于规范没有明确规定特一级框架柱的轴压比限值，故对于由一级提高至特一级或已为特一级时不再提高的框架柱，建议同时还应按本条第2款"轴压比限值应按其他楼层框架柱的数值减小0.05采用"，取两者的较小值。

（3）结构偏心收进时，应审查是否根据具体情况对相关构件采取了可靠的加强措施（如加大截面尺寸、加大配筋等）或提高其抗震等级（抗震设计时）。

图5-28所示为应予加强的结构"相关构件"，可供审图时参考。

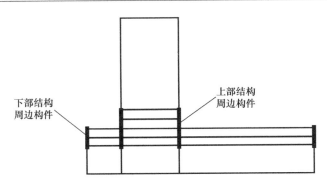

下部结构周边构件 上部结构周边构件

图 5-28 体型收进结构的加强部位示意

（4）《高规》第 10.6.5 条第 1、3 款并没有指明是抗震设计的条件下，故非抗震设计时也应按此规定审查。

（5）大底盘多塔楼结构，当底盘高度超过房屋高度 20%时，其设计也应符合上述规定。

第6章 砌体结构

6.1 一般规定

6.1.1 应注意规范对抗震设计时砌体结构房屋适用范围的审查

任何一本规范都有其一定的适用范围。虽然用作砌体结构的砖、砌块有很多，但考虑抗震设计对砌体承载能力、延性能力等的要求，《抗规》第7.1.1条对抗震设计时砌体结构房屋适用范围作了规定：

7.1.1 本章适用于普通砖（包括烧结、蒸压、混凝土普通砖）、多孔砖（包括烧结、混凝土多孔砖）和混凝土小型空心砌块等砌体承重的多层房屋，底层或底部两层框架-抗震墙砌体房屋。

配筋混凝土小型空心砌块房屋的抗震设计，应符合本规范附录F的规定。

注：1 采用非黏土的烧结砖、蒸压砖、混凝土砖的砌体房屋，块体的材料性能应有可靠的试验数据；当本章未作具体规定时，可按本章普通砖、多孔砖房屋的相应规定执行；

2 本章中"小砌块"为"混凝土小型空心砌块"的简称；

3 非空旷的单层砌体房屋，可按本章规定的原则进行抗震设计。

本条为审查要点，设计、审图应遵照执行。

（1）审图时应特别注意采用的砌块。例如：《砌体结构设计规范》GB 50003—2011（以下简称《砌规》）中规定非抗震设计时可以采用的轻集料混凝土砌块、石砌体，抗震设计时不能采用。

（2）底部框架-抗震墙砌体房屋是指底层或底部两层采用钢筋混凝土框架、抗震墙，其上部为砌体墙的房屋。虽然结构承重材料有钢筋混凝土也有砌体，但和《抗规》第7.1.7条第1款规定的"不应采用砌体墙和混凝土墙混合承重的结构体系"不同。底部框架-抗震墙砌体房屋属于砌体结构，应按《抗规》第7章的规定设计、审查。

（3）鉴于常规的砖、砌块砌体按《抗规》第7章的规定设计已不能满足甲类建筑的抗震设防要求，故甲类建筑不宜采用砌体结构。如需采用，应进行专门的研究，采取更高要求的抗震措施。

（4）单层非空旷砌体房屋的抗震设计，原则上也可按《抗规》第7章的规定设计、审查。

6.1.2 抗震设计时对砌体结构房屋的层数和总高度审查应注意什么问题？

多层砖房的抗震能力，除依赖于横墙间距、砖和砂浆强度等级、结构的整体性和施工质量等因素外，还与房屋的层数和总高度有直接的联系。历次地震的宏观调查资料说明：二、三层砖房在不同烈度区的震害，比四、五层的震害轻得多，六层及六层以上的砖房在地震时震害明显加重。海城和唐山地震中，相邻的砖房，四、五层的比二、三层的破坏严重，倒塌的百分比也高得多。

基于砌体材料的脆性性质和震害经验，《抗规》将限制多层砖房的层数和高度作为主要的抗震措施。具体规定见《抗规》第 7.1.2 条（此处略）。《砌规》第 10.1.2 条与《抗规》第 7.1.2 条内容一致（此处略）。

两条均是强制性条文，设计、审查应严格按此进行。

审查时应注意：

（1）《抗规》表 7.1.2 房屋的层数和总高度限值是指设置了构造柱时的房屋层数和总高度。

（2）《抗规》表 7.1.2 中 7 度（0.10g 和 7 度（0.15g）、8 度（0.20g）和 8 度（0.30g）的层数和总高度限值是不同的。

（3）和对混凝土结构的房屋最大适用高度规定不同，《抗规》表 7.1.2 仅适用于丙类建筑而不适用于乙类建筑。乙类建筑的多层房屋按《抗规》表 7.1.2 查表时，其层数应减少一层且总高度应降低 3m，设防烈度仍按本地区取用。底部框架-抗震墙砌体房屋，不允许用于乙类建筑和 8 度（0.3g）的丙类建筑。

（4）《抗规》表 7.1.2 中底部框架-抗震墙砌体房屋的最小砌体墙厚系指上部砌体房屋部分。

（5）《抗规》表 7.1.2 中小砌块砌体房屋不包括配筋混凝土小型空心砌块砌体房屋。

（6）采用蒸压灰砂砖和蒸压粉煤灰砖的砌体的房屋，当砌体的抗剪强度仅达到普通黏土砖砌体的 70% 时，房屋的层数应比普通砖房减少一层，总高度应减少 3m；当砌体的抗剪强度达到普通黏土砖砌体的取值时，房屋层数和总高度的要求同普通砖房屋。

（7）6、7 度时，横墙较少的丙类多层砌体房屋，当按规定采取加强措施并满足承载力要求时，其层数和总高度应允许仍按表 7.1.2 的规定采用。

所谓"横墙较少"，是指同一楼层内开间大于 4.2m 的房间占该层总面积的 40% 以上；其中，开间不大于 4.2m 的房间占该层总面积不到 20% 且开间大于 4.8m 的房间占该层总面积的 50% 以上。

所谓"按规定采取加强措施"，是指采取按《抗规》第 7.3 节所规定的相关措施。

（8）房屋层数和总高度的确定。此问题将在本书第 6.1.3 节中讨论。

6.1.3 如何确定砌体结构房屋的总高度？

1. 平屋顶不计女儿墙高度，带阁楼的坡屋面一般应计入房屋总高度，高度应算到山尖墙 1/2 处；坡屋面阁楼层一般应计入总层数。

属于《抗规》第 5.2.4 条规定的出屋面小建筑范围时，不属于"坡屋面阁楼层"，不计入层数和高度的控制范围。"坡屋面阁楼层"通常按实际有效使用面积或重力荷载代表值判别，大于顶层的 30% 则属于"坡屋面阁楼层"，否则不属于。

2. 全地下室和嵌固好的半地下室允许从室外地面算起。

一般半地下室层高较大，地下室顶板距室外地面高差较大，或有大的窗井而无窗井墙或窗井墙不与纵横墙连接，构不成扩大基础底盘的作用，周围土体不能对半地下室起约束作用，应计入房屋总高并按一层考虑。与此相反即为"嵌固好的半地下室"。

3. 房屋总高度指室外地面到主要屋面板板顶或檐口高度。房屋总高度按有效数字控制，当室内外高差大于 0.6m 时，虽然房屋总高度允许比表中的数据增加不多于 1.0m，实际上其增加量只能少于 0.4m；当室内外高差不大于 0.6m 时，房屋总高度限值按表中数据的有效数字控制，则意味着可比表中数据增加 0.4m。

6.1.4　如何确定建筑在坡地上多层砌体房屋的层数和高度？

本问题未见规范有明确规定，建议如下，供审图时参考：

（1）平缓的坡地，房屋两侧的层数相同而高差不大，考虑有效数字后，总高度计算时一般可按《抗规》第 7.1.2 条的规定审查。

（2）当坡地上多层砌体房屋在两侧的室外地面标高相差较大层数时，不仅静力设计需要设置挡土墙等处理措施，而且抗震设计时需要考虑结构侧向刚度不均匀以及挡土墙承受的水平土压力和地震效应的组合等对结构的不利影响。出于安全考虑，对于坡地上多层砌体房屋总高度的计算，仍沿用自室外地坪到主要屋面板板顶标高或到檐口标高的方法，室外地坪应从低处算起。按同样要求，层数也应从低处算起。

（3）若坡地为稳定山体岩石，多层砌体房屋在坡地范围内的结构，每层楼板均与山体有可靠的锚固，横墙也采取有效措施与山体连接，结构的墙体刚度较大，则可按从地面较高处计算房屋的层数和总高度，但此时应按《抗规》第 4.1.8 条考虑不利地段对设计地震动参数的放大作用。

6.1.5　《抗规》第 7.1.3 条规定：多层砌体承重房屋的层高，不应超过 3.6m。对于单层砌体承重房屋的层高怎样控制？

《抗规》第 7.1.3 条规定：

7.1.3　多层砌体承重房屋的层高，不应超过 3.6m。

底部框架-抗震墙砌体房屋的底部，层高不应超过 4.5m；当底层采用约束砌体抗震墙时，底层的层高不应超过 4.2m。

注：当使用功能确有需要时，采用约束砌体等加强措施的普通砖房屋，层高不应超过 3.9m。

本条是审查要点。

所谓约束砌体，大体上指间距接近层高的构造柱和圈梁组成的砌体，同时拉结网片符合相应构造要求。可参见《抗规》第 7.3.14 条、第 7.5.4 条、第 7.5.5 条等。

《抗规》第 7.1.3 条规定主要是针对多层砌体承重房屋（2 层及 2 层以上），注意到《抗规》第 7.1.1 条注 3：非空旷的单层砌体房屋，可按本章规定的原则进行抗震设计。故对于非空旷的单层砌体承重房屋，层高一般不应超过 3.6m，采用约束砌体等加强措施，层高不应超过 3.9m。

而对于单层砖柱厂房，其适用范围应符合《抗规》第 9.3.1 条。设计和审查可参照《抗规》第 9.3 节单层砖柱厂房有关规定执行。

6.1.6　审图案例：底框-剪力墙结构无地下室，首层地面以上为 4.0m，基础埋深 4.0m，首层楼板顶面至基础顶总高 7.3m，是否可认为底层层高大于 4.5m，不符合《抗规》第 7.1.3 条的规定？

房屋层高和砌体构件的高度不是一个概念，一般认为：地上二层及以上各层的层高可取上一层楼板顶面至下一层楼板顶面的高度，首层层高未见有明确规定，个人看法，由于地下部分墙体两侧均有土体的侧向约束，首层层高不宜取地上一层楼板顶面至基础顶面的高度，建议取地上一层楼板顶面至室外地面的高度。按此说法，本工程首层层高并没有违反《抗规》第7.1.3条的规定。

以上可供审图参考。

6.1.7 审图案例：多层砌体结构疾病控制中心实验楼，带单面走廊。原设计抗震设防烈度为7度，房屋高宽比为2.4，抗震规范修订后设防烈度提高到8度，房屋高宽比不宜大于2.0，是否必须满足规范要求？

《抗规》第7.1.4条规定多层砌体房屋总高度与总宽度的最大高宽比限值，目的是为了保证房屋的整体稳定性而不是其他。实际上，若砌体房屋考虑整体弯曲验算，目前方法即使在7度设防超过三层就不满足，这与大量地震宏观调查结果不符。故多层砌体房屋一般可不做整体弯曲验算。

此条不是强制性条文，也不是审查要点。

6.1.8 抗震设计时，多层房屋抗震横墙的间距能否比《抗规》第7.1.5条的规定适当放宽？纵墙是否也有间距要求？

多层砌体房屋的横向水平地震力主要由横墙承担，这不但要求横墙应具有足够的承载力，而且首先就要求楼盖应具有足够的面内刚度以便将横向水平地震力传递给横墙。因此，《抗规》第7.1.5规定房屋抗震横墙的间距，以满足楼盖对传递水平地震力所需的刚度要求。

此条为强制性条文，设计、审图均应按此执行。

多层砌体房屋顶层的横墙最大间距，当采用钢筋混凝土屋盖时允许适当放宽，放宽的幅度，大致是指大房间平面长宽比不大于2.5时，最大抗震横墙间距不超过《抗规》表7.1.5中数值的1.4倍及18m。但同时因采取相应的加强措施。如抗震横墙除应满足抗震承载力计算要求外，相应的构造柱需要加强并至少向下延伸一层。

纵墙承重的房屋，横墙间距同样应满足本条规定。

顺便说一句：多孔砖抗震横墙厚度为190mm时，最大横墙间距应比《抗规》表7.1.5中的数值减少3m。

同理，纵墙也应有间距要求，考虑一般多层砌体房屋纵向尺寸较长、横向较短，纵墙的布置事实上已经满足间距要求。沿纵向楼板面内刚度极大，可认为是楼板面内刚度无限大，故规范对纵墙间距并未提出明确要求。

6.1.9 砌体房屋墙体的局部尺寸不满足《抗规》第7.1.6条的规定，设置构造柱是否可以？

对砌体房屋局部尺寸的限制，目的在于防止地震作用下因这些部位的失效，而造成整栋结构的破坏甚至倒塌。根据地震区的宏观调查资料的分析，《抗规》第7.1.6条对多层砌体房屋中砌体墙段的局部尺寸限值作了规定：

7.1.6 多层砌体房屋中砌体墙段的局部尺寸限值，宜符合表7.1.6的要求：

房屋的局部尺寸限值 （m）　　　　　　　　　　　表 7.1.6

部位	6 度	7 度	8 度	9 度
承重窗间墙最小宽度	1.0	1.0	1.2	1.5
承重外墙尽端至门窗洞边的最小距离	1.0	1.0	1.2	1.5
非承重外墙尽端至门窗洞边的最小距离	1.0	1.0	1.0	1.0
内墙阳角至门窗洞边的最小距离	1.0	1.0	1.5	2.0
无锚固女儿墙（非出入口处）的最大高度	0.5	0.5	0.5	0.0

注：1　局部尺寸不足时，应采取局部加强措施弥补，且最小宽度不宜小于 1/4 层高和表列数据的 80％；
　　2　出入口处的女儿墙应有锚固。

《抗规》表 7.1.6 中"外墙尽端"是指建筑物平面凸角处（不包括外墙总长的中部局部凸折处）的外墙端头，以及建筑物平面凹角处（不包括外墙总长的中部局部凹折处）未与内墙相连的外墙端头。

注意到本条规定表 7.1.6 的注 1，局部尺寸不足时，应采取局部加强措施弥补，且最小宽度不宜小于 1/4 层高和表列数据的 80％。

即可采用另增设构造柱等措施来适当放宽要求。如放宽后的最小宽度不小于层高的 1/4 和表列数据的 80％，审图可以通过。

如果设计将局部尺寸不满足要求的砌体墙改为钢筋混凝土墙体，审图应提出整改意见。因为这样就变成砌体墙和混凝土墙混合承重了。

6.1.10　7 度设防时对设置构造柱的女儿墙高度有何限制？

地震时女儿墙是比较容易破坏的构件，特别是无锚固有比较高的女儿墙更是如此，历次震害中屡有发生。故在《抗规》第 7.1.6 条中对仅靠自重平衡的无锚固女儿墙（但出入口处女儿墙不得无锚固）的最大高度作了限制，并规定 9 度区不得采用无锚固的女儿墙。《抗规》第 13.3.2 条第 5 款亦有类似规定：砌体女儿墙在人流出入口和通道处应与主体结构锚固；非出入口无锚固的女儿墙高度，6～8 度时不宜超过 0.5m，9 度时应有锚固。防震缝处女儿墙应留有足够的宽度，缝两侧的自由端应予以加强。

7 度设防时对设置构造柱的女儿墙高度，规范未作明确规定。注意到《抗规》第 13.3.5 条第 9 款对单层钢筋混凝土柱厂房的砌体女儿墙规定：砌体女儿墙高度不宜大于 1m，且应采取措施防止地震时倾倒。笔者认为：7 度设防时设置构造柱的女儿墙高度可以突破 0.5m，但应根据抗震设防烈度和女儿墙高度等的不同情况设置不同间距要求的构造柱，构造柱的最大间距不应大于 4m；并在女儿墙内配置水平通长钢筋；在女儿墙顶部设置现浇钢筋混凝土压顶圈梁。必要时，尚应对女儿墙进行非结构构件的抗震验算。

《抗规》第 7.1.6 条是审图要点。

6.1.11　多层砌体结构的墙体是否可以采用砌体墙和现浇钢筋混凝土墙混合承重的结构形式？

砌体墙和现浇钢筋混凝土所采用的承重材料完全不同，其抗侧刚度、变形能力、结构延性、抗震性能等，相差很大。如在同一结构单元中采用部分由砌体墙承重、部分由现浇钢筋混凝土墙承重的混合承重形式，必然会导致建筑物受力不合理、变形不协调，对建筑物的抗震性能产生很不利的影响。同时两者的协同工作能力差，受很多因素制约，难以进行合理的、符合结构实际受力状态的计算分析。在地震作用下，不同材料性能的墙体可能会被各个击破甚至导致房屋倒塌。

《抗规》第 7.1.1 条规定：

7.1.1 本章适用于普通砖（包括烧结、蒸压、混凝土普通砖）、多孔砖（包括烧结、混凝土多孔砖）和混凝土小型空心砌块等砌体承重的多层房屋，底层或底部两层框架-抗震墙砌体房屋。

配筋混凝土小型空心砌块房屋的抗震设计，应符合本规范附录 F 的规定。

（其余略）

《抗规》第 7.1.7 条第 1 款规定：

7.1.7 多层砌体房屋的建筑布置和结构体系，应符合下列要求：

1 应优先采用横墙承重或纵横墙共同承重的结构体系。不应采用砌体墙和混凝土墙混合承重的结构体系。

多层砌体房屋中如果采用砌体墙和现浇钢筋混凝土墙混合承重的结构体系。则超出了上述所规定的适用范围，属于超规范、超规程设计。如必须做，设计时应按国务院《建筑工程勘察设计管理条例》第 29 条的要求执行，即需由省级以上有关部门组织建设工程有关专家进行评审提出具体设计建议。审图应根据专家的审查意见进行。

6.1.12 多层砌体结构存在错层时，审查是否允许？

由于建筑功能的需要，同一楼层楼板不在同一标高上，相差较大就构成了结构的错层。错层结构的错层部位受力十分复杂。地震中往往容易受到损坏，错层处发生墙体水平断裂。其破坏程度与错层处两侧楼板高差有关，高差越大，破坏越严重。《抗规》第 7.1.7 条第 2 款第 4)、第 3 款第 2) 小款规定：

7.1.7 多层砌体房屋的建筑布置和结构体系，应符合下列要求：

2 纵横向砌体抗震墙的布置应符合下列要求：

4) 房屋错层的楼板高差超过 500mm 时，应按两层计算；错层部位的墙体应采取加强措施。

3 房屋有下列情况之一时宜设置防震缝，缝两侧均应设置墙体，缝宽应根据烈度和房屋高度确定，可采用 70mm～100mm：

2) 房屋有错层，且楼板高差大于层高的 1/4。

此两款均为审查要点，设计、审图应遵照执行。

错层的砌体结构无论是承载能力、变形能力、延性能力以及抗震性能等都比混凝土结构更差，审图时应注意：

（1）平面规则的砌体房屋错层处两侧楼板高差超过 500mm 而小于层高的 1/4 时，结构计算模型应按两个楼层处理，且房屋总层数相应增加后不得超过规范对房屋总层数的限值。

（2）错层处应设置砌体墙，并在与其他墙体交接处设置构造柱。应采取加强措施满足平面内局部受剪和平面外受弯承载力要求。例如，可在此处墙体中两侧楼板标高处设置圈梁或设置连接两侧楼板的钢筋混凝土梁。该梁应考虑两侧上下楼板水平地震力形成的扭矩，采取抗扭措施，必要时进行抗扭验算。

（3）错层处两侧楼板高差大于层高的 1/4 时，宜设防震缝。缝宽应根据烈度和房屋高度确定，可采用 70～100mm。

6.1.13　多层砌体结构设转角窗，若施工图在此处楼板内增设暗梁，审查是否允许？

任何结构的平面角部都是结构的重要位置，对结构的抗侧刚度、抗扭刚度影响很大，且对结构的整体性有重要作用。作为砌体结构最重要的抗侧力构件和承重构件的砌体墙，其承载能力、延性能力、整体工作性能都比混凝土结构差很多。若房屋转角处设置转角窗，则相互垂直的两片砌体墙协同工作能力更差，容易造成转角窗处相关构件的严重破坏。故《抗规》第 7.1.7 条第 5 款明确规定：

7.1.7　多层砌体房屋的建筑布置和结构体系，应符合下列要求：

5　不应在房屋转角处设置转角窗。

此条为审查要点，注意规范用语是"不应"，设计、审查应按此执行。

如确有需要，对一、二层建造在Ⅰ类场地上设防烈度为 6 度的砌体结构，若设置转角窗，在满足其他抗震措施外，还应采取转角墙增设构造柱、转角墙附近楼板局部加厚、增设暗梁等加强措施。

6.1.14　抗震设计时，砌体结构的扭转不规则性是否应按《抗规》第 3.4.3 条关于位移比的要求审查？

砌体结构抗侧力刚度大，水平荷载下结构的层间位移角很小，在满足《抗规》第 7.1.7 条的有关规定后，结构的整体扭转效应更小。《抗规》第 3.4.3 条关于位移比限值的规定是对钢筋混凝土结构、钢结构和钢-混凝土混合结构的要求，不适用砌体结构。所以，对砌体结构规则性的审查，主要依据是《抗规》第 7.1.7 条的有关规定。故砌体结构扭转规则性不能按《抗规》第 3.4.3 条关于位移比的要求审查。

《抗规》第 7.1.7 条规定如下：

7.1.7　多层砌体房屋的建筑布置和结构体系，应符合下列要求：

1　应优先采用横墙承重或纵横墙共同承重的结构体系。不应采用砌体墙和混凝土墙混合承重的结构体系。

2　纵横向砌体抗震墙的布置应符合下列要求：

1）宜均匀对称，沿平面内宜对齐，沿竖向应上下连续；且纵横向墙体的数量不宜相差过大；

2）平面轮廓凹凸尺寸，不应超过典型尺寸的 50%；当超过典型尺寸的 25% 时，房屋转角处应采取加强措施；

3）楼板局部大洞口的尺寸不宜超过楼板宽度的 30%，且不应在墙体两侧同时开洞；

4）房屋错层的楼板高差超过 500mm 时，应按两层计算；错层部位的墙体应采取加强措施；

5）同一轴线上的窗间墙宽度宜均匀；在满足本规范第 7.1.6 条要求的前提下，墙面洞口的立面面积，6、7 度时不宜大于墙面总面积的 55%，8、9 度时不宜大于 50%；

6）在房屋宽度方向的中部应设置内纵墙，其累计长度不宜小于房屋总长度的 60%（高宽比大于 4 的墙段不计入）。

3 房屋有下列情况之一时宜设置防震缝，缝两侧均应设置墙体，缝宽应根据烈度和房屋高度确定，可采用70mm～100mm：

1）房屋立面高差在6m以上；

2）房屋有错层，且楼板高差大于层高的1/4；

3）各部分结构刚度、质量截然不同。

4 楼梯间不宜设置在房屋的尽端或转角处。

5 不应在房屋转角处设置转角窗。

6 横墙较少、跨度较大的房屋，宜采用现浇钢筋混凝土楼、屋盖。

此条为审查要点。

6.1.15 **审图案例：8度（0.2g）设防6层砌体住宅，多数房间开间为4.5m，外纵墙上开大洞（门窗），造成一些横墙成为无翼墙的单片墙，客厅等部位内纵墙又不连续、不对齐，但计算通过，审查是否允许？**

按《抗规》第7.1.2条、第7.1.6条、第7.1.7条审查，此结构已经很不规则，受力复杂，抗震设防烈度又是8度（0.2g），地震作用大。大量的震害表明：这种情况下结构破坏严重。计算分析通过并不能说明结构就一定是规则的，地震作用下一定安全可靠。建议按《抗规》有关规定，调整结构布置，尽量减少不规则的数量和程度，并采取可靠的抗震措施。否则审图应提出整改意见。

6.1.16 **审图案例：抗震设防烈度为6度的底部框架-抗震墙砌体房屋中的抗震墙，横墙采用砌体抗震墙，纵墙采用短肢混凝土墙，是否允许？**

底部框架-抗震墙砌体房屋，由于底部大空间，竖向荷载传力复杂，结构侧向刚度突变，抗震性能比多层砌体房屋更差。因此设计要求更严格。《抗规》第7.1.8条对其结构布置做出如下规定：

7.1.8 底部框架-抗震墙砌体房屋的结构布置，应符合下列要求：

1 上部的砌体墙体与底部的框架梁或抗震墙，除楼梯间附近的个别墙段外均应对齐。

2 房屋的底部，应沿纵横两方向设置一定数量的抗震墙，并应均匀对称布置。6度且总层数不超过四层的底层框架-抗震墙砌体房屋，应允许采用嵌砌于框架之间的约束普通砖砌体或小砌块砌体的砌体抗震墙，但应计入砌体墙对框架的附加轴力和附加剪力并进行底层的抗震验算，且同一方向不应同时采用钢筋混凝土抗震墙和约束砌体抗震墙；其余情况，8度时应采用钢筋混凝土抗震墙，6、7度时应采用钢筋混凝土抗震墙或配筋小砌块砌体抗震墙。

3 底层框架-抗震墙砌体房屋的纵横两个方向，第二层计入构造柱影响的侧向刚度与底层侧向刚度的比值，6、7度时不应大于2.5，8度时不应大于2.0，且均不应小于1.0。

4 底部两层框架-抗震墙砌体房屋纵横两个方向，底层与底部第二层侧向刚度应接近，第三层计入构造柱影响的侧向刚度与底部第二层侧向刚度的比值，6、7度时不应大于2.0，8度时不应大于1.5，且均不应小于1.0。

5 底部框架-抗震墙砌体房屋的抗震墙应设置条形基础、筏式基础等整体性好的基础。

本条是强制性条文，设计、审查应严格按此进行。

底层采用砌体抗震墙的情况，规范仅允许用于 6 度设防且总层数不超过 4 层，同时明确规定应采用约束砌体，并应计入砌体墙对框架的附加轴力和附加剪力，其抗震构造要求见第 7.5 节有关规定。但不得采用约束多孔砖砌体。

考虑到钢筋混凝土抗震墙和约束砌体抗震墙两者在承载能力、延性性能上差异较大，本条第 2 款规定"同一方向不应同时采用钢筋混凝土抗震墙和约束砌体抗震墙"。但本工程横墙采用砌体抗震墙纵墙采用短肢混凝土抗震墙，规范并未明确限制。所以若房屋总层数不超过 4 层，两个方向的侧向刚度比均满足要求，设计得当，这种平面布置是允许的，否则不允许。

规定第 1 款中"除楼梯间附近的个别墙段外"，审图时建议要求这些墙段也宜尽量对齐。

规定第 2 款中还应注意：抗震设防烈度为 6、7 度时，也允许采用配筋小砌块墙体；不作为抗震墙的砌体墙，应按填充墙处理，施工时后砌。

规定第 4 款中"底层与底部第二层侧向刚度应接近"，何谓"接近"？建议按侧向刚度相差不超过 20% 审查。

6.1.17 《砌规》在第 3.2.1 条对砌体的强度设计值有折减系数，在第 5 款中又规定了灌孔混凝土砌块砌体的抗压强度设计值计算公式 $f_g = f + 0.6\alpha f_c$，确定 f_g 时，是先折减 f 还是按公式计算后再折减 f_g？

砌体的计算指标是结构设计的重要依据，直接关系到结构的安全。

按《砌规》第 3.2.1 条第 5 款式（3.2.1-1）、式（3.2.1-2）确定 f_g 时，应首先按《砌规》表 3.2.1-4 下面注对 f 值进行折减，然后按式（3.2.1-1）$f_g = f + 0.6\alpha f_c$ 计算 f_g 即可。而不是不折减 f，按式（3.2.1-1）计算后再对 f_g 进行折减。

注意：f_g 仅是单排孔混凝土砌块孔对孔砌筑时的砌体抗压强度设计值，其他砌体的抗压强度设计值仅需考虑相关规定中可能的折减，不存在这个问题。

顺便说一句：按式（3.2.1-1）计算出的 f_g，无需考虑《砌规》第 3.2.3 条规定的砌体强度设计值调整问题。

《砌规》第 3.2.1 条是强制性条文，设计、审图应严格执行。

6.1.18 《砌规》第 3.2.3 条又规定不少情况下砌体强度设计值需乘以调整系数 γ_a，审查时应注意什么？

砌体是由砌块和砂浆砌筑而成，其强度设计值由砌块和砂浆的强度、砌体的砌筑方法、砌块和砂浆的其他性能等确定。因此，受到工作环境和其他因素的影响，砌体强度的设计值就需要调整。《砌规》第 3.2.3 条规定：

3.2.3　下列情况的各类砌体，其砌体强度设计值应乘以调整系数 γ_a：

1　对无筋砌体构件，其截面面积小于 0.3m² 时，γ_a 为其截面面积加 0.7；对配筋砌体构件，当其中砌体截面面积小于 0.2m² 时，γ_a 为其截面面积加 0.8；构件截面面积以"m²"计；

2　当砌体用强度等级小于 M5.0 的水泥砂浆砌筑时，对第 3.2.1 条各表中的数值，γ_a 为 0.9；对第 3.2.2 条表 3.2.2 中数值，γ_a 为 0.8；

3 当验算施工中房屋的构件时，γ_a 为 1.1。

《砌规》第 3.2.1 条是强制性条文，设计、审图应严格执行。

审图时应注意：

（1）局部受压承载力验算时，当无筋砌体局部受压面积小于 $0.3m^2$、配筋砌体局部受压面积小于 $0.2m^2$ 时，无需对砌体强度设计值进行调整；但当支承局部受压构件的砌体受压面积小于规定值时，需对砌体强度设计值进行调整。

（2）计算梁端有效支承长度 $a_0 = 10\sqrt{h_c/f}$、沿通缝或沿阶梯形截面破坏时受剪承载力计算中剪压复合受力影响系数 $\mu = 0.26 - 0.082\sigma_0/f$ 时，尽管采用调整后的砌体强度设计值是有利的，设计时仍需进行调整。

（3）《砌规》第 3.2.1 条、第 3.2.2 条（强制性条文）规定的砌体强度设计值都是在"施工质量等级为 B 级"的条件下得出，当施工质量等级为 C 级时，γ_a 为 0.8。

6.1.19 **《砌规》第 7.1.5 条第 4 款规定圈梁兼作过梁时，过梁部分的钢筋应按计算面积另行增配。抗震设计时此条如何审查？**

《砌规》第 7.1.5 条第 4 款的规定仅用于非抗震设计。抗震设计时未见规范规定。但至少应满足非抗震设计时的要求。考虑到过梁仅承受竖向荷载，一般可不再加大配筋。但纵向受力钢筋应满足抗震设计时锚固长度等要求。

《砌规》第 7.1.5 条为审查要点。

6.1.20 **施工图中是否必须注明"施工质量控制等级"？**

砌体的砌筑方法、施工质量对砌体的强度影响很大。施工质量控制等级不同，砌体强度设计值也不同。《砌规》第 3.2.1 条、第 3.2.2 条对作为承重构件的砌体强度设计值的规定，都是在"施工质量控制等级为 B 级"时作出的。不注明"施工质量控制等级"，就可能引起施工时的误解，给结构带来安全隐患，故应在施工图中注明"施工质量控制等级"。

6.2 计算及构造措施

6.2.1 **《砌规》第 6.2.2 条规定"墙体转角处和纵横墙交接处应沿竖向每隔 400～500mm 设拉结筋……"，《抗规》第 7.3.1 条多处规定："外墙四角和对应转角""横墙与外纵墙交接处"应设构造柱；且《砌规》第 6.2.2 条规定的拉结筋和《抗规》第 7.3.2 条第 2 款的要求也有些不同，如何审查？**

根据历次大地震的经验和大量的试验分析研究表明，在多层砖砌体结构中的采用钢筋混凝土构造柱，具有以下作用：

（1）能够提高砌体的受剪承载力 10%～30%，提高幅度与墙体高宽比、竖向压力和开洞情况有关；

（2）对砌体起约束作用，使之有较高的变形能力；

（3）在震害较重、连接构造比较薄弱和易于应力集中的部位设置构造柱作用更加明显。

可见构造柱是砌体结构抗震设计的重要措施。

《砌规》第 6.2.2 条规定的墙体转角处和纵横墙交接处设拉结筋要求适用于非抗震设计；而《抗规》第 7.3.1 条、第 7.3.2 条的规定适用于抗震设计。

对于非抗震设计的多层砖砌体结构，规范没有明确规定必须设置构造柱，故应按《砌规》第 6.2.2 条规定在墙体转角处和纵横墙交接处设拉结筋。

对于抗震设计的多层砖砌体结构，应按《抗规》第 7.3.1 条规定设置构造柱，并满足《抗规》第 7.3.2 条对构造柱的构造要求。在没有明确规定必须设置构造柱的部位，应按《砌规》第 6.2.2 条规定设拉结筋。

审图时还应注意：

（1）对抗震设防烈度为 6、7 度层数少于表 7.2.1 规定的多层砖砌房屋，如 6 度二、三层和 7 度二层且横墙较多的丙类建筑房屋，只要合理设计、施工质量好，在地震时可到达预期的设防目标，规范对其构造柱设置未作强制性要求。注意到构造柱有利于提高砌体房屋抗地震倒塌能力，这些低层、小规模且设防烈度低的房屋，可根据房屋的用途、结构部位、承担地震作用的大小适当设置构造柱。

（2）为保证钢筋混凝土构造柱的施工质量，构造柱须有外露面。一般利用马牙槎外露即可。

（3）构造柱与圈梁、现浇楼板或现浇板带有可靠连接，才能充分发挥作用。按《抗规》第 7.3.2 条审查时，应特别注意节点构造做法是否保证连接的可靠。

《砌规》第 6.2.2 条和《抗规》第 7.3.1 条均为强制性条文，《抗规》第 7.3.2 条为审查要点。

6.2.2　关于多层砖砌体房屋圈梁的设置，《砌规》第 7.1.3 条和《抗规》第 7.3.3 条规定有些不同，两条都是强制性条文，如何审查？

圈梁与构造柱共同设置，能增强房屋的整体性，提高房屋的抗震能力，是砌体结构抗震的有效措施。

《砌规》第 7.1.3 条规定：

住宅、办公楼等多层砌体结构民用房屋，且层数为 3 层～4 层时，应在底层和檐口标高处各设置一道圈梁。当层数超过 4 层时，除应在底层和檐口标高处各设置一道圈梁外，至少应在所有纵、横墙上隔层设置。设置墙梁的多层砌体结构房屋，应在托梁、墙梁顶面和檐口标高处设置现浇钢筋混凝土圈梁。

《抗规》第 7.3.3 条规定：

7.3.3　多层砖砌体房屋的现浇钢筋混凝土圈梁设置应符合下列要求：

1　装配式钢筋混凝土楼、屋盖或木屋盖的砖房，应按表 7.3.3 的要求设置圈梁；纵墙承重时，抗震横墙上的圈梁间距应比表内要求适当加密。

2　现浇或装配整体式钢筋混凝土楼、屋盖与墙体有可靠连接的房屋，应允许不另设圈梁，但楼板沿抗震墙体周边均应加强配筋并应与相应的构造柱钢筋可靠连接。

以下表 7.3.3 及注略。

所谓"与墙体有可靠连接"，是指楼板沿抗震墙体周边均应加强配筋并应与相应的构造柱钢筋有可靠连接。

两条规定确实有些不同，个人理解主要是规范考虑的侧重点有些区别。《抗规》设置圈梁的目的主要是增强房屋的整体性，提高房屋的抗震性能；《砌规》同时还考虑长期使用下可能出现的差异沉降问题。

审图时应注意《抗规》的规定是"应允许不另设圈梁"，即一般情况下宜设圈梁，如果抗震设防烈度低，房屋层数少，不另设圈梁也是允许的。考虑两条都是强制性条文，建议按两条规定的最安全要求审图。

6.2.3 《砌规》第10.1.5条关于承载力抗震调整系数 γ_{RE} 的规定和《抗规》第5.4.2条有所不同，两条都是强制性条文，如何审查？

承载力抗震调整系数是构件抗震设计时承载力计算的重要参数，对结构抗震关系重大。《砌规》第10.1.5条作为强制性条文对其作出规定：

10.1.5 考虑地震作用组合的砌体结构构件，其截面承载力应除以承载力抗震调整系数 γ_{RE}，承载力抗震调整系数应按表10.1.5采用，当仅计算竖向地震作用时，各类结构构件承载力抗震调整系数均应采用1.0。

承载力抗震调整系数		表 10.1.5
结构构件类别	受力状态	γ_{RE}
两端均设有构造柱、芯柱的砌体抗震墙	受剪	0.9
组合砖墙	偏压、大偏拉和受剪	0.9
配筋砌块砌体抗震墙	偏压、大偏拉和受剪	0.85
自承重墙	受剪	1.0
其他砌体	受剪和受压	1.0

与《抗规》第5.4.2条（条文内容略）相比，《砌规》第10.1.5条较全面，给出了各种构件不同受力状态下的承载力抗震调整系数 γ_{RE}。偏压、大偏拉和受剪的配筋砌块砌体抗震墙承载力抗震调整系数与《抗规》第5.4.2条中钢筋混凝土墙相同，取 $\gamma_{RE}=0.85$；对于灌孔率达不到100%的配筋砌块砌体，若取 $\gamma_{RE}=0.85$ 则抗力偏大，建议取 $\gamma_{RE}=1.0$；砌体受压状态时宜取 $\gamma_{RE}=1.0$。

砌体结构构件的承载力抗震调整系数，应按《砌规》第10.1.5条规定取值。

6.2.4 简支墙梁中托梁的纵向受力钢筋在支座的锚固构造，是否可按一般简支梁要求即可？

砌体结构房屋中的墙梁，是专指由钢筋混凝土托梁和梁上计算高度范围内的砌体墙组成的组合构件。墙梁可分为承重墙梁和自承重墙梁。承重墙梁除承受托梁和墙体自重外，还承受楼面传来的各种荷载（自重、活载等）。自承重墙梁仅承受托梁和墙体自重。

墙梁中承托砌体墙和楼（屋）盖的钢筋混凝土简支梁、连续梁和框架梁，称为托梁。墙梁中考虑组合作用的计算高度范围内的砌体墙称为墙体。墙梁的计算高度范围内墙体顶面的现浇混凝土圈梁称为顶梁。墙梁支座处与墙体垂直连续的纵向落地墙体称为翼墙。

墙梁包括简支墙梁、连续墙梁和框支墙梁。跨度较大或荷载较大的墙梁宜采用框支墙梁，抗震设计时多层砌体房屋中的承重墙梁，应采用框支墙梁。

《砌规》第 7.3.12 条第 13 款规定：

7.3.12　墙梁的构造应符合下列规定：

13　承重墙梁的托梁在砌体墙、柱上的支承长度不应小于 350mm，纵向受力钢筋伸入支座的长度应符合受拉钢筋的锚固要求。

《砌规》第 7.3.12 条是审查要点，设计、审图均应遵照执行。

承重托梁是偏心受拉构件，无论抗震设计还是非抗震设计，其纵向受力钢筋伸入支座的长度应符合受拉钢筋的锚固要求，不可采用一般简支梁纵筋锚入支座的构造设计。审图时发现此类问题，应提出整改意见。

6.2.5　抗震设计时对楼梯间构造设计的审查，应注意哪些问题？

历次地震震害表明，楼梯间由于比较空旷常常破坏严重，而楼梯间又是地震时人们逃生的重要通道，必须采取一系列可靠的抗震措施。《抗规》第 7.3.8 条规定：

楼梯间尚应符合下列要求：

1. 顶层楼梯间墙体应沿墙高每隔 500mm 设 2φ6 通长钢筋和 φ4 分布短钢筋平面内点焊组成的拉结网片或 φ4 点焊网片；7～9 度时其他各层楼梯间墙体应在休息平台或楼层半高处设置 60mm 厚、纵向钢筋不应少于 2φ10 的钢筋混凝土带或配筋砖带，配筋砖带不少于 3 皮，每皮配筋不少于 2φ6，砂浆强度等级不应低于 M7.5 且不低于同层墙体的砂浆强度等级。

2. 楼梯间及门厅内墙阳角处的大梁支承长度不应小于 500mm，并应与圈梁连接。

3. 装配式楼梯段应与平台板的梁可靠连接，8、9 度时不应采用装配式楼梯段；不应采用墙中悬挑式踏步或踏步竖肋插入墙体的楼梯，不应采用无筋砖砌栏板。

4. 突出屋顶的楼、电梯间，构造柱应伸到顶部，并与顶部圈梁连接，所有墙体应沿墙高每隔 500mm 设 2φ6 通长钢筋和 φ4 分布短筋平面内点焊组成的拉结网片或 φ4 点焊网片。

本条为强制性条文。设计、审图均应严格执行。

审图时应注意：

(1) 楼梯间墙体缺少各层楼板的侧向支承，有时还因为楼梯踏步削弱楼梯间的墙体，尤其是楼梯间顶层，墙体有一层半楼层的高度，震害加重。因此，《抗规》第 7.1.7 条第 4 款（审查要点）规定："楼梯间不宜设置在房屋的尽端或转角处。"当不可避免时，应采取增设钢筋混凝土构造柱和圈梁、加强墙体连接构造等措施。以约束墙体、加强墙体的整体性，避免或减轻房屋的尽端或转角处楼梯间的震害。

(2) 按《抗规》第 7.3.1 条（强制性条文）表 7.3.1 的规定，在楼、电梯间的四角及楼梯段上下端对应的墙体处应设置合计八根钢筋混凝土构造柱，与第 7.3.8 条第 1 款规定的沿墙高每隔 500mm 设置钢筋拉结网片或点焊网片、在休息平台或楼层半高处设置钢筋混凝土带或配筋砖带一起，共同组成应急疏散的安全岛。

(3) 梯段板和休息平台板应优先采用现浇钢筋混凝土结构。当采用装配式楼梯段时应与平台板的梁可靠连接，8、9 度时不应采用装配式楼梯段；不应采用墙中悬挑式踏步或踏步竖肋插入墙体的楼梯，不应采用无筋砖砌栏板。

（4）楼梯间及门厅内墙阳角处的大梁支承长度不应小于 500mm，并应与圈梁连接。

（5）突出屋顶的楼、电梯间，地震中受到较大的地震作用，构造上应特别加强。突出屋顶的楼、电梯间，构造柱应伸到顶部，并与顶部圈梁连接，所有墙体应沿墙高每隔 500mm 设 2φ6 通长钢筋和 φ4 分布短钢筋平面内点焊组成的拉结网片或 φ4 点焊网片。

（6）钢筋混凝土梯段板和休息平台板的设计及审查，与钢筋混凝土结构的类似，这里不再赘述。

6.2.6 底部框架-抗震墙砌体房屋的横向托墙梁，一端支承在框架柱上，另一端支承在纵向框架梁上，如何审查？

底部框架-抗震墙砌体房屋沿竖向结构侧向刚度突变，造成楼层受剪承载力突变，历次地震中此类结构破坏均较严重。为此，《抗规》第 7.1.8 条第 1 款（审图要点）规定："上部的砌体墙体与底部的框架梁或抗震墙，除楼梯间附近的个别墙段外均应对齐。"横向托墙梁一端支承在框架柱上另一端支承在纵向框架梁上，不仅与上述规定不符，且纵向框架梁成了支承托墙梁的转换梁，二次转换，受力很复杂，于结构抗震不利，不宜采用，审图应提出整改意见。

6.2.7 底部采用钢筋混凝土墙的底部框架-抗震墙砌体房屋，对此钢筋混凝土墙的构造设计审查应注意什么？

底部框架-抗震墙房屋中底部采用的钢筋混凝土墙，是底部的主要抗侧力构件，为加强其抗震能力，确保结构安全可靠。《抗规》第 7.5.3 条在构造上对其提出了更为严格的要求。

7.5.3 底部框架-抗震墙砌体房屋的底部采用钢筋混凝土墙时，其截面和构造应符合下列要求：

1 墙体周边应设置梁（或暗梁）和边框柱（或框架柱）组成的边框；边框梁的截面宽度不宜小于墙板厚度的 1.5 倍，截面高度不宜小于墙板厚度的 2.5 倍；边框柱的截面高度不宜小于墙板厚度的 2 倍。

2 墙板的厚度不宜小于 160mm，且不应小于墙板净高的 1/20；墙体宜开设洞口形成若干墙段，各墙段的高宽比不宜小于 2。

3 墙体的竖向和横向分布钢筋配筋率均不应小于 0.30%，并应采用双排布置；双排分布钢筋间拉筋的间距不应大于 600mm，直径不应小于 6mm。

4 墙体的边缘构件可按本规范第 6.4 节关于一般部位的规定设置。

此条为审查要点，设计、审图均应遵照执行。

审图时应注意以下几点：

（1）试验表明：带边框的钢筋混凝土墙体比不带边框的钢筋混凝土墙体无论在承载能力、变形能力和延性性能上都要好。故必须设计成带边框的钢筋混凝土墙。至于墙体周边是设置梁还是暗梁、边框柱还是框架柱，可根据实际工程的具体情况酌定。

（2）由于总高度不超过二层，为低矮抗震墙，地震下有可能出现矮墙效应。为防止墙体在地震下的脆性剪切破坏，当墙体的高宽比小于 2 时，应开设结构洞口，形成高宽比大于 2 的若干墙段。

（3）注意墙体分布钢筋的最小配筋率、配筋构造、拉筋的构造要求等。

（4）由于是带边框的抗震墙且总高度不超过二层，故其边缘构件只需要满足相应抗震等级时的构造边缘构件要求即可。如果采用框架柱，则应同时满足底部墙的平面外方向框架柱的设计要求。按两者最不利情况设计此柱。

6.2.8　底部采用约束砖砌体墙的底部框架-抗震墙砌体房屋，施工图中是否必须注明施工方式？

为加强约束砖砌体抗震墙的抗震能力，《抗规》第 7.5.4 条规定了约束砖砌体抗震墙的构造要求：

7.5.4　当 6 度设防的底层框架-抗震墙砖房的底层采用约束砖砌体墙时，其构造应符合下列要求：

1　砖墙厚不应小于 240mm，砌筑砂浆强度等级不应低于 M10，应先砌墙后浇框架。

2　沿框架柱每隔 300mm 配置 2ϕ8 水平钢筋和 ϕ4 分布短筋平面内点焊组成的拉结网片，并沿砖墙水平通长设置；在墙体半高处尚应设置与框架柱相连的钢筋混凝土水平系梁。

3　墙长大于 4m 时和洞口两侧，应在墙内增设钢筋混凝土构造柱。

此条为审查要点，设计、审图均应遵照执行。

审图时应注意：底部框架-抗震墙砌体房屋中的约束砖砌体抗震墙是嵌砌于框架内的，注明"应先砌墙后浇框架"的施工方式，是保证施工质量、达到设计要求所必需的。否则就可能引起施工时的误解，给结构带来安全隐患，故必须注明施工方式，否则审查不予通过。

同样的道理，《抗规》第 7.5.5 条也有类似规定：

7.5.5　当 6 度设防的底层框架-抗震墙砌块房屋的底层采用约束小砌块砌体墙时，其构造应符合下列要求：

1　墙厚不应小于 190mm，砌筑砂浆强度等级不应低于 Mb10，应先砌墙后浇框架。

2　沿框架柱每隔 400mm 配置 2ϕ8 水平钢筋和 ϕ4 分布短筋平面内点焊组成的拉结网片，并沿砌块墙水平通长设置；在墙体半高处尚应设置与框架柱相连的钢筋混凝土水平系梁，系梁截面不应小于 190mm×190mm，纵筋不应小于 4ϕ12，箍筋直径不应小于 ϕ6，间距不应大于 200mm。

3　墙体在门、窗洞口两侧应设置芯柱，墙长大于 4m 时，应在墙内增设芯柱，芯柱应符合本规范第 7.4.2 条的有关规定；其余位置，宜采用钢筋混凝土构造柱替代芯柱，钢筋混凝土构造柱应符合本规范第 7.4.3 条的有关规定。

此条为审查要点。

对于底部采用约束小砌块砌体墙的底部框架-抗震墙砌体房屋，同样必须在施工图中注明"应先砌墙后浇框架"的施工方式。

顺便说一句：规范只允许 6 度抗震设防时底层采用砖砌体抗震墙的底框房屋、底部采用约束小砌块砌体墙的底部框架-抗震墙砌体房屋。

6.2.9　底部框架-抗震墙砌体房屋，底框柱能否认为是框支柱而必须按框支柱要求设计？

底部框架-抗震墙砌体房屋与钢筋混凝土部分框支剪力墙结构受力有其相似性，但毕竟材料不同，设计是有区别的。底部框架-抗震墙砌体房屋的框架柱是混凝土构件，除应满足《混规》《抗规》的有关规定外，还应满足以下规定：

（1）《抗规》第7.1.9条规定了底部框架的抗震等级（此为审查要点）；第7.2.5条第1款规定了底部框架柱的地震剪力和轴力调整；第7.5.6条、第7.5.9条规定了底部框架柱的构造要求（此为审查要点）等。《砌体规范》第10.1.9条、10.4.3条等也有相应规定。

（2）对底部框架-抗震墙砌体房屋的最大适用高度、结构平立面布置、地震剪力的调整、过渡层及其他楼层的设计、抗震墙及托梁等的设计，《抗规》及《砌规》都有明确规定，有的还是强制性条文，设计和审图时都应遵照执行，这里不一一赘述。

6.2.10 底部框架-抗震墙砌体房屋楼盖的构造设计，审图时应注意什么？

楼盖是房屋传递水平地震剪力、保证结构具有良好整体性的重要构件，《抗规》第7.5.7条对抗震设计时的楼盖构造做法作出规定：

7.5.7 底部框架-抗震墙砌体房屋的楼盖应符合下列要求：

1 过渡层的底板应采用现浇钢筋混凝土板，板厚不应小于120mm；并应少开洞、开小洞，当洞口尺寸大于800mm时，洞口周边应设置边梁。

2 其他楼层，采用装配式钢筋混凝土楼板时均应设现浇圈梁；采用现浇钢筋混凝土楼板时应允许不另设圈梁，但楼板沿抗震墙体周边均应加强配筋并应与相应的构造柱可靠连接。

此条是强制性条文，设计、审图均应严格执行。

审图时应注意：

（1）底部框架-抗震墙砌体房屋的底部与上部各层的抗侧力结构体系不同、刚度突变，过渡层的底板要传递上部各层很大的地震剪力，为此楼盖应具有足够的面内刚度和良好的整体性，故要求过渡层的底板必须为现浇钢筋混凝土板，同时不宜开洞。

（2）底部框架-抗震墙砌体房屋上部各层对楼盖的要求，同多层砖房。圈梁的设置要求要注意规范的"应允许不另设圈梁"，即一般情况下宜设圈梁，如果抗震设防烈度低，房屋层数少，不另设圈梁也是允许的。

6.2.11 底部框架-抗震墙砌体房屋的托墙梁构造做法，审图时应注意什么？

根据有限元分析，《砌规》第7.3.6条规定托墙梁的正截面承载力计算：支座截面应按钢筋混凝土受弯构件、跨中截面应按钢筋混凝土偏心受拉构件计算。《砌规》第7.3.8条规定托墙梁的斜截面承载力计算。

托墙梁是极其重要的受力构件，设计中除应按相关规定进行内力及配筋计算外，根据试验资料和工程经验，《抗规》第7.5.8条对其抗震构造做了如下规定：

7.5.8 底部框架-抗震墙砌体房屋的钢筋混凝土托墙梁，其截面和构造应符合下列要求：

1 梁截面宽度不应小于300mm，梁的截面高度不应小于跨度的1/10。

2 箍筋的直径不应小于8mm，间距不应大于200mm；梁端在1.5倍梁高且不小于1/5梁净跨范围内，以及上部墙体的洞口处和洞口两侧各500mm且不小于梁高的范围内，箍筋间距不应大于100mm。

3 沿梁高应设腰筋，数量不应少于2ϕ14，间距不应大于200mm。

4 梁的纵向受力钢筋和腰筋应按受拉钢筋的要求锚固在柱内，且支座上部的纵向钢筋在柱内的锚固长度应符合钢筋混凝土框支梁的有关要求。

《抗规》第7.5.8条是强制性条文，设计、审图均应严格执行。

此外，《砌规》第10.4.9条第1款还规定：当墙体在梁端附近有洞口时，托梁截面宽度不宜小于跨度的1/8；第1款还规定：托梁上、下部纵向贯通钢筋最小配筋率，一级时不应小于0.4%，二、三级时分别不应小于0.3%；当托墙梁受力状态为偏心受拉时，支座上部纵向钢筋至少应有50%沿梁全长贯通，上部纵向钢筋应全部直通到柱内，亦应注意审查。

第7章 地 基 基 础

7.1 地基及地基处理

7.1.1 建筑物室外地面是倾斜的，如何计算基础埋深？

《建筑地基基础设计规范》GB 50007—2011（以下简称《地规》）第5.1.3条规定：

5.1.3 高层建筑基础的埋置深度应满足地基承载力、变形和稳定性要求。位于岩石地基上的高层建筑，其基础埋深应满足抗滑稳定性要求。

《地规》第5.1.2条规定：

5.1.2 在满足地基稳定和变形要求的前提下，当上层地基的承载力大于下层土时，宜利用上层土作持力层。除岩石地基外，基础埋深不宜小于0.5m。

可见规范规定基础埋置深度的目的是为了保证在设计使用年限内在各种荷载的作用下，建筑结构都能不滑移、不倾覆、不倒塌。规定基础埋置深度只是手段，保证建筑结构不滑移、不倾覆、不倒塌才是目的。

为此，《地规》第5.1.4条对高层建筑基础的埋置深度规定如下：

5.1.4 在抗震设防区，除岩石地基外，天然地基上的箱形和筏形基础埋置深度不宜小于建筑物高度的1/15；桩箱或桩筏基础的埋置深度（不计桩长）不宜小于建筑物高度的1/18。

上述规定，《地规》第5.1.3条为强制性条文，《地规》第5.1.4条为审查要点，均应按规定严格审查。

具体设计、审查时，应注意以下几点：

（1）除岩石地基外，位于天然土质地基上的高层建筑箱形和筏形基础应有适当的埋置深度。而高层建筑设置地下室不仅可以满足埋置深度的要求，还可增加使用功能，与建筑结构抗震也有利。故一般情况下高层建筑宜设地下室。

（2）"1/15"或"1/18"是否可以适当放宽？注意到《地规》第5.1.4条主要是针对抗震设防区建筑结构基础埋置深度的规定，且是"不宜"，故如不能满足上述规定，但通过抗滑移及稳定性计算满足要求，或虽然计算不满足，但采取了相应的可靠措施（如打嵌岩桩等），能确保建筑结构在设计使用年限内在各种荷载的作用下不滑移、不倾覆、不倒塌，也是允许的。

（3）埋置深度的确定，一般应从室外地面算起至基础底板底。若建筑物的室外地面是倾斜的，则此建筑结构的埋置深度应从室外地面最低处算起至基础底板底面。

（4）以上关于基础埋置深度的规定，仅仅是结构专业的要求。实际上一个建筑工程的基础埋置深度，应综合考虑下列各种因素后确定：

　　1）建筑物用途，有无地下室、设备基础、地下设施、基础形式等；

　　2）作用在地基上的荷载大小和性质；

　　3）工程地质和水文地质条件；

　　4）相邻建筑物的基础埋深；

　　5）地基土冻胀和融陷的影响。

7.1.2　当室内外高差很小，但上部结构嵌固部位位于地下一层底板或基础顶面时，如何确定基础埋深？

　　如前所述，规范规定基础埋置深度目的是要求结构在设计使用年限内在各种荷载的作用下，建筑结构都能保证不滑移、不倾覆、不倒塌。当基础有了一定的埋置深度，说明基础及地下结构受到了周边土体一定的侧向约束。这个约束能力的大小，就可以用基础埋置深度来判定。只要地下结构四周有土体约束，基础埋置深度的计算方法就是从室外地坪最低处计算到基础底板（地梁）底面的距离，而与上部结构嵌固部位无关。故此时基础的埋置深度仍可取从室外地坪最低处到基础底板（地梁）底面的距离。

7.1.3　主楼、裙房均有地下室，且主群楼从地下室到上部结构设结构缝分为两个独立结构单元，如何确定主楼、裙房基础埋置深度？

　　当主楼、裙房均有地下室，且主、裙楼从地下室到上部结构设置了沉降缝将其分为两个独立的结构单元时，设计必须同时采取可靠的支挡措施来保证两个独立的结构单元沉降缝处地下室均应有可靠的侧向约束，同时其他各边又有土体的侧向约束，即各独立的结构单元地下室周边均有可靠的侧向约束。则基础的埋置深度可取从室外地坪最低处到基础底板（地梁）的底面的距离，而不能认为此时无基础埋置深度。

7.1.4　在同一结构单元中，一部分为复合地基，一部分为天然地基，如何审查？

　　《抗规》第 3.3.4 条第 2 款规定：同一结构单元不宜部分采用天然地基部分采用桩基；当采用不同基础类型或基础埋置深度显著不同时，应根据地震时两部分地基基础的沉降差异，在基础、上部结构的相关部位采取相应措施。

　　本条规定主要是考虑部分采用天然地基部分采用桩基，地基的震动特性差异较大，地震时震动不同步，从而导致上部同一结构单元因此出现破坏。而一般情况下，复合地基不管采用什么材料、何种施工工艺，仍然是人工地基而并非桩基。不属于"同一结构单元不宜部分采用天然地基部分采用桩基"的情况。所以，应根据实际工程具体情况具体分析。在同一结构单元中，当处理后的复合地基在承载能力和变形能力等性能上与邻近未经处理的天然地基相似或接近时，设计应是允许的。当两者差别较大时，则应对基础、上部结构的相关部位采取相应的处理措施，此时设计也是允许的。

7.1.5　采用桩基或诸如 CFG 桩等措施进行地基处理后是否改变了场地类别？

　　《抗规》第 2.1.8 条指出：场地为工程建筑物（构筑物）群体所在地，具有相似的反应谱特征。其范围相当于厂区、居民小区和自然村或不小于 $1.0km^2$ 的平面面积。场地在平面和深度方向的尺度与地震波波长相当，比建筑物地基的尺度要大得多。场地类别划分时所考虑的主要是地震地质条件对地震动的效应，关系到设计用的地震影响系数特征周期 T_g 的取值，也即影响到场地的反应谱特征。采用桩基或用搅拌桩（水泥固化剂桩，类似 CFG 桩）处理地基，只对建筑物基础持力层及其下卧土层起作用，对整个场地的地震地质特性影响不大，因此不能认为是改变了场地类别。

7.1.6 通过载荷试验确定复合地基承载力应注意什么问题？

《建筑地基处理技术规范》JGJ 79—2012（以下简称《地基处理规范》）第 7.1.2 条规定：

对散体材料复合地基增强体应进行密实度检验；对有粘结强度复合地基增强体应进行强度及桩身完整性检验。

《地基处理规范》第 7.1.3 条规定：

复合地基承载力的验收检验应采用复合地基静载荷试验，对有粘结强度复合地基增强体尚应进行单桩静载荷试验。

以上两条规定，均是《地基处理规范》的强制性条文，设计、审查均应严格执行。

复合地基是由地基土和增强体共同承担荷载的，因此，复合地基承载力的确定方法，应采用复合地基静载荷试验的方法。具体做法见《地基处理规范》附录 B 复合地基静载荷试验要点。设计可根据实际工程的具体情况，确定采用多桩复合地基静载荷试验或单桩复合地基静载荷试验。

当增强体桩长较长时，由于静载荷试验的试验板宽度较小，不能全面反映复合地基的承载特性。因此，单纯采用单桩复合地基静载荷试验的结果确定复合地基承载力的特征值，可能会由于试验的载荷板面积或由于褥垫层厚度对复合地基静载荷试验的结果产生影响。此时，应采用多桩复合地基静载荷试验。

增强体是保证复合地基正常工作、提高地基承载力、减少沉降的必要条件，因此，《地基处理规范》一方面对复合地基施工后增强体的质量提出了检验要求：对散体材料复合地基增强体应进行密实度检验；对有粘结强度复合地基增强体应进行强度及桩身完整性检验。另一方面，要求对有粘结强度的复合地基增强体尚应进行单桩静载荷试验，以确保增强体的承载能力。

7.1.7 关于地基承载力修正中的埋置深度取值，审图时应注意哪些问题？

1. 《地规》第 5.2.4 条指出：当地基基础宽度大于 3m 或埋置深度大于 0.5m 时，从荷载试验或其他原位测试、经验值等方法确定的地基承载力特征值，应进行深度修正。

地基承载力的深度修正，其实质是考虑基础两侧的超载压重对抗土体的向上滑动，提供土体的稳定性。超载压重对地基承载力的提高与建筑物沉降已经稳定或经过预压的地基承力力的提高不同，也与作用在地基上的上部结构的附加应力无关，而仅与基础两侧的超载压重有关。

根据《地规》的规定，进行深度修正时，对超载的连续性、均匀性和分布宽度有要求（分布宽度一般应大于 2～4 倍基础宽度），并应取埋深的小值。超载不连续、不均匀，基础下的土体就有可能从不连续、不均匀处向上滑动；分布宽度不够，基础下的土体就有可能从超载以外向上滑动。对天然土层形成的超载，一般是连续、均匀、满足一定分布宽度要求的。但由裙房等折算出的超载则不一定是连续、均匀、满足一定分布宽度要求的。

从破坏的模式看，基础两边压重不同，破坏滑动面会率先在压重轻的一边发生。因此，当结构长宽比较接近时，取四周埋深（折算埋深）最小处进行深度修正是可靠的、偏于安全的。

2. 根据以上分析，地基承载力修正中埋置深度 d 的取值，大致有以下几种情况：

（1）仅有主楼而无裙房

1）无地下室时，一般自室外地面标高算起，在填方平整地区，基础施工完成后立即回填时，可自填土地面标高算起（图 7-1a），但填土在上部结构施工后完成时，应从天然地面标高算起（图 7-1b）。天然地面标高有高差时，取小值。

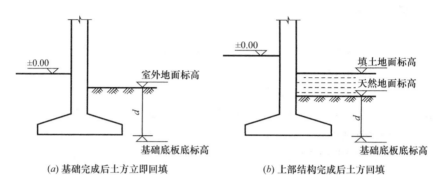

(a) 基础完成后土方立即回填　　　　　　(b) 上部结构完成后土方回填

图 7-1　仅有主楼时基础埋深示意（一）

2）有地下室时，如采用筏板基础或箱型基础，基础埋置深度自室外地面标高算起（图 7-2），室外地面标高有高差时，取小值。当采用独立基础或条形基础并且无防水板时，应自室内标高算起。

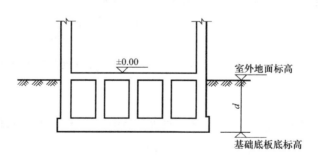

图 7-2　仅有主楼时基础埋深示意（二）

（2）主、裙楼（纯地下车库）一体

1）主、裙楼（纯地下车库）均为筏板基础或箱型基础

当主、裙楼（纯地下车库）为一个结构单元时，主楼部分的基础埋置深度 d_1，均宜将基础底面以上范围内的荷载，按基础周边的超载考虑，当主楼周边超载宽度均大于基础宽度 2 倍时，可将超载折算成厚度作为基础埋深（图 7-3），基础周边超载不等时，取小值。当主楼周边有一侧无裙楼（纯地下车库）或周边超载宽度等于或小于基础宽度 2 倍时，自室外地面标高算起。裙楼部分的基础埋置深度 d_2，应自室外地面标高算起。

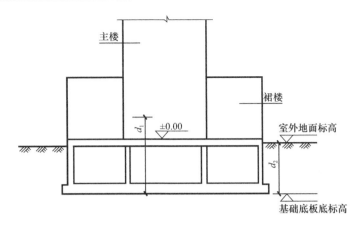

图 7-3 主、裙楼一体时基础埋深示意（一）

当主、裙楼（纯地下车库）之间设置结构缝为两个独立的结构单元时，只要结构缝处有足够的侧限能力，例如在其间填以粗砂，由于粗砂可以传递水平力，和裙房一起对主楼有侧向约束的作用，则可参考上述情况确定。

2）主楼为筏板基础或箱型基础，裙房（纯地下车库）为独立基础或条形基础

此时一般主、裙楼（纯地下车库）为一个结构单元，但主、裙楼（纯地下车库）埋置深度的取值，有两种情况：

① 对主楼基础：

不宜将裙楼（纯地下车库）当作主楼基础周边的超载考虑，即主楼的基础埋深 d_1（图 7-4），自室外地面标高算起。室外地面标高有高差时，取小值。

② 对裙楼（纯地下车库）基础：

裙房的独立基础或条形基础不能形成连续、均匀的超载压重，应自裙房室内标高算起（图 7-4）。

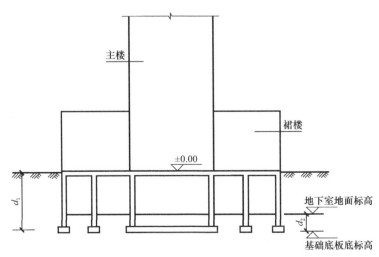

图 7-4 主、裙楼一体时基础埋深示意（二）

3. 审图时应注意的几个问题：

（1）按深层荷载试验确定的地基承载力，是在两侧的超载已经存在的情况下得出的，

故不应再进行深度修正。

（2）当采用独立基础或条基加防水板时地基承载力的深度修正，当有防水板时，虽然防水板有一定的厚度，和基础整体连接。但其作用毕竟只是防水，设计并没有考虑它抵抗地基反力的能力，因而当主楼基底附加应力很大时，则其两侧土体有可能从防水板处向上滑动（防水板承载力不足），从而起不到超载压重提高地基承载力的作用。

也有学者认为：由于有防水板的约束，使地基受力状态与整体筏基有一定的相似，虽然防水板下有软垫层，使地基反力向柱下有一定的集中，但由于与柱基连成整体的防水板下的软垫层也有一定的刚度，故地基承载力也可有一定的提高。因此规定：有整体防水板时，对于内、外墙基础，调整地基承载力所采用的计算埋置深度 d 可取 $(d_1+d_2)/2$。此处，d_1 为自地下室室内地面起算的基础埋置深度，d_1 不小于 1.0m；d_2 为自室外设计地面起算的基础埋置深度，可供参考。

（3）裙房用来折算土厚的超载压重时，应按荷载规范第 4.1.2 条的规定对裙房的楼面活荷载进行折减后进行。

（4）当地下水位高于裙房基础的底板标高时，用来折算土厚的超载压重应减去水的浮力。

（5）主裙楼一体时，为减少沉降差异，往往待主楼完工后再施工裙房，此时不应考虑采用裙房荷载的折算土厚进行深度修正，施工顺序对地基承载力修正的影响是设计人容易忽视的问题。

7.1.8　软弱下卧层地基承载力的验算，审图时应注意什么？

所谓软弱下卧层，是指在基底持力层以下，地基受力层范围内存在地基承载力远小于基底持力层地基承载力的土层。当地基受力层范围内有软弱下卧层时，应验算软弱下卧层地基承载力。

《地规》第 5.2.7 条规定：

5.2.7　当地基受力层范围内有软弱下卧层时，应符合下列规定：

1　应按下式验算软弱下卧层的地基承载力：

$$p_z + p_{cz} \leqslant f_{az} \tag{5.2.7-1}$$

式中　p_z——相应于作用的标准组合时，软弱下卧层顶面处的附加压力值（kPa）；

p_{cz}——软弱下卧层顶面处土的自重压力值（kPa）；

f_{az}——软弱下卧层顶面处经深度修正后的地基承载力特征值（kPa）。

2　对条形基础和矩形基础，式（5.2.7-1）中的 p_z 值可按下列公式简化计算：

条形基础

$$p_z = \frac{b(p_k - p_c)}{b + 2z\tan\theta} \tag{5.2.7-2}$$

矩形基础

$$p_z = \frac{lb(p_k - p_c)}{(b + 2z\tan\theta)(l + 2z\tan\theta)} \tag{5.2.7-3}$$

式中　b——矩形基础或条形基础底边的宽度（m）；

l——矩形基础底边的长度（m）；

p_c——基础底面处土的自重压力值（kPa）；

z——基础底面至软弱下卧层顶面的距离（m）；

θ——地基压力扩散线与垂直线的夹角（°），可按表5.2.7采用。

地基压力扩散角 θ　　　　　　　　　　表 5.2.7

E_{s1}/E_{s2}	z/b	
	0.25	0.50
3	6°	23°
5	10°	25°
10	20°	30°

注：1. E_{s1}为上层土压缩模量；E_{s2}为下层土压缩模量；

2. $z/b<0.25$时取$\theta=0°$，必要时，宜由试验确定；$z/b>0.50$时θ值不变；

3. z/b在0.25与0.50之间可插值使用。

本条为审查要点，设计、审图均应遵照执行。

软弱下卧层地基承载力的验算，关键是确定软弱下卧层顶面处的附加压力p_z。

理论分析和实测资料都表明：经过持力层的压力是随着土层的深度向下逐渐扩散的。所以，软弱下卧层顶面处的附加压力总是比基础底面处的附加压力要小。

关于软弱下卧层顶面处的附加压力的计算方法有三：一是持力层及软弱下卧层是两层土（双层地基），故可根据叶戈洛夫双层地基应力理论进行计算，但这种方法计算比较复杂，且仅限于条形基础均布荷载的情况；二也可将双层地基视为均质地基，按均质、连续、各向同性半无限空间直线变形体的弹性理论计算，但这种方法的计算模型假定显然与实际的非均质双层地基受力状态有误差；《地规》采用的方法是扩散角法，即假定基础底面的附加压力按一定的扩散角向下传播。此方法概念清晰，计算比较简便，较理论计算结构偏于安全，在工程中被广泛采用。

扩散角的数值与土的类别或上、下土层的相对刚度有关。当相邻两层土的物理、力学性质相差越大，扩散作用越显著，与上覆硬土层厚度对基础底面宽度的比值也有关。

综合理论计算和实测分析的结果，《地规》提出了地基附加应力扩散角的数值如表5.2.7所示。

本问题审查的重点是地基计算中地基应力扩散角θ的取值，审图时应注意：

（1）理论计算证明：当上覆硬土层厚度z小于基础地面宽度b的1/4时，上覆硬土层只能起到调节基础变形、保护其下卧土层的作用。一般情况下不考虑高土层的应力扩散作用，地基承载力应按其下软土层验算，即取$\theta=0°$，这是偏于安全的。必要时，也可由试验或当地的规定或工程经验确定。

（2）"$z/b>0.50$时θ不变"的规定是偏于安全的。

（3）《地规》式（5.2.7-2）、（5.2.7-3）仅适用于条形基础、矩形基础在$E_{s1}/E_{s2}\geqslant3$条件下计算软弱下卧层顶面处的附加压力p_z的近似公式。θ值也是采用实测压力值的方法求得的，当$E_{s1}/E_{s2}<3$、$z/b=0.25$时，建议取$\theta=0°$，这是偏于安全的。其他情况，建议按《地规》附录K表K.0.1-1计算附加应力系数法计算。

7.1.9　经处理后的地基，进行地基承载力特征值的修正，审查时应注意什么？

建筑地基承载力的基础宽度、埋深修正，是建立在浅基础承载力理论上，对基础宽度和埋深所能提高的地基承载力设计取值的经验方法。经处理的地基，由于其处理范围有限，处理后增强的地基性状与自然环境下形成的地基性状有所不同，故其地基承载力特征值的修正，应根据实例工程进行具体分析，采取安全可靠的设计计算。《地基处理规范》第3.0.4条规定：

3.0.4 经处理后的地基，当按地基承载力确定基础底面积及埋深而需要对本规范确定的地基承载力进行修正时，应符合下列规定：

1 大面积压实填土地基，基础宽度的地基承载力修正系数应取零；基础埋深的地基承载力修正系数，对于压实系数大于0.95、黏粒含量 $\rho_c \geqslant 10\%$ 的粉土，可取1.5，对于干密度大于2.1t/m³的级配砂石可取2.0。

2 其他地基处理，基础宽度的地基承载力修正系数应取零；基础埋深的地基承载力修正系数应取1.0。

审图时需要注意以下几点：

（1）需修正的地基承载力是基础底面经检验确定的承载力的修正而不是其他，否则审图应提出整改意见。

（2）处理后的地基表面及以下土层的承载力并不一致；可能存在表层土层承载力高而以下土层低的情况。所以，如果地基承载力验算考虑了深度修正，应在地基主要持力层均满足要求的条件下才能进行。

（3）所谓"大面积压实填土地基"，一般认为处理宽度大于基础宽度的2倍。

（4）复合地基由于其处理范围有限，增强体的设置改变了基底压力的传力途径，其破坏模式与天然地基不同。加之复合地基承载力修正的研究成果还很少，为安全起见，对于不满足大面积压实填土地基、夯实地基以及其他处理地基，基础宽度的地基承载力修正系数应取零；基础埋深的地基承载力修正系数应取1.0。

7.1.10 经地基处理后的人工地基，抗震设计时地基抗震承载力计算中的地基抗震承载力调整系数如何取值？

《抗规》第4.2.2条规定：

4.2.2 天然地基基础抗震验算时，应采用地震作用效应标准组合，且地基抗震承载力应取地基承载力特征值乘以地基抗震承载力调整系数计算。

本条为强制性条文，明确了天然地基基础抗震验算的基本原则。

考虑到地基土在有限次循环动力作用下其强度一般较静强度有所提高，同时，在地震作用下结构可靠度容许有一定程度降低。参考国内外资料和相关规范的规定，《抗规》第4.2.3条对天然地基抗震承载力调整系数 ζ_a 的取值也作出规定：

地基抗震承载力应按下式计算：

$$f_{aE} = \zeta_a f_a \tag{4.2.3}$$

式中：f_{aE}——调整后的地基抗震承载力；

ζ_a——地基抗震承载力调整系数，应按表4.2.3采用；

f_a——深宽修正后的地基承载力特征值，应按现行国家标准《建筑地基基础设计规范》GB 50007采用。

| 地基抗震承载力调整系数 | 表 4.2.3 |

岩土名称和性状	ζ_a
岩石，密实的碎石土，密实的砾、粗、中砂，$f_{ak} \geqslant 300$ 的黏性土和粉土	1.5
中密、稍密的碎石土，中密和稍密的砾、粗、中砂，密实和中密的细、粉砂，$150 \leqslant f_{ak} < 300$ 的黏性土和粉土，坚硬黄土	1.3
稍密的细、粉砂，$100 \leqslant f_{ak} < 150$ 的黏性土和粉土，可塑黄土	1.1
淤泥，淤泥质土，松散的砂，杂填土，新近堆积黄土及流塑黄土	1.0

但《抗规》第4.2.3条适用于天然地基，其中地基抗震承载力调整系数 ζ_a 的取值，也仅适用于天然地基。抗震设计时地基抗震承载力计算中的地基抗震承载力调整系数如何取值，未见规范明确规定。考虑到情况复杂，建议审图时地基抗震承载力调整系数取为1.0，这是偏于安全的。如经分析认为工程确实可以取大于1.0的地基抗震承载力调整系数，应经有关专家评审、论证后确定。

对于由变形控制的复合桩基，抗震设计时其地基抗震承载力调整系数的取值，原则上承台以下地基土的承载力和桩的承载力可分别参照天然地基和桩基承载力的调整办法予以调整。桩基承载力的调整见《抗规》第4.4.2条规定。

7.1.11 采用桩基础的建筑结构，是否可不进行桩基抗震承载力的验算？

地震震害经验表明：对以承受竖向荷载为主的桩基础，无论其是在液化土层还是在非液化土层，其抗震效果一般较好。但对以承受水平荷载和水平地震作用为主的高承台桩基，破坏率较高，震害程度较为严重。因此，《抗规》第4.4.1条规定：

4.4.1 承受竖向荷载为主的低承台桩，当地面下无液化土层，且桩承台周围无淤泥、淤泥质土和地基承载力特征值不大于 100kPa 的填土时，下列建筑可不进行桩基抗震承载力验算：

1 6度和8度时的下列建筑：

1) 一般的单层厂房和单层空旷房屋；

2) 不超过8层且高度在24m以下的一般民用框架房屋和框架-抗震墙房屋；

3) 基础荷载与2)项相当的多层框架厂房和多层混凝土抗震墙房屋。

2 本规范第4.2.1条之1款规定的建筑及砌体房屋。

可见即使打了桩，很多情况下还应对桩基进行抗震承载力验算。

审图时应注意以下几点：

(1) 所谓"承受竖向荷载为主"，规范未作具体规定。有学者建议：在建筑平面角部位置的桩顶所受竖向荷载占总竖向荷载的75%以上时，可认为是承受竖向荷载为主，供参考。

(2) 关于低承台桩，我国《铁路桥涵设计规范》TB 10002—2017 提出了划分高、低承台桩基础的标准，即承台底面埋入地面或局部冲刷线以下的深度 h 大于或等于下式时，方可按低承台桩设计，否则应按高承台桩设计。

$$h = \tan\left(45° - \frac{\varphi}{2}\right)\sqrt{\frac{H}{B\gamma}} \tag{7-1}$$

式中：h——承台埋置深度；

B——承台宽度；

H——作用于承台的水平力；

γ、φ——承台侧面土的重试及内摩擦角。

即作用于承台的水平力可全部由承台侧被动土压力平衡的条件下才能按低承台桩设计。

（3）条文第1款第3）小款"基础荷载与2）项相当的多层框架厂房"，注意此处是"厂房"而不是第2）小款"一般民用框架房屋"，两者是有区别的。

7.1.12　既有建筑的增层改造，地基承载力可否提高？如何审查？

《地规》第5.2.8条规定：对于沉降已经稳定的建筑或经过预压的地基，可适当提高地基承载力。这是因为：

（1）地基土在长期荷载（建筑物的荷载）作用下，不断固结压密；

（2）预压时机械设备的振动使地基土固结压实；

（3）在基础与地基土的接触面，会发生某种有利于地基土固结密实的物理化学作用。

总之，地基土在长期荷载的作用下，物理力学性质得以改善。故可考虑地基土的长期压密效应，适当提高其竖向承载力。

所谓"适当提高"，何谓"适当"？《地规》对此未作明确规定。《建筑抗震鉴定标准》GB 50023—2009 第4.2.7条第1款规定：

4.2.7　现有天然地基的抗震承载力验算，应符合下列要求：

1　天然地基的竖向承载力可按现行国家标准《建筑抗震设计规范》GB 50011 规定的方法验算，其中，地基土静承载力特征值应改用长期压密地基土静承载力特征值，其值可按下式计算：

$$f_{sE} = \zeta_s f_{sc} \tag{4.2.7-1}$$
$$f_{sc} = \zeta_c f_s \tag{4.2.7-2}$$

式中：f_{sE}——调整后的地基土抗震承载力特征值（kPa）；

ζ_s——地基土坑承载力调整系数，可按现行国家标准《建筑抗震设计规范》GB 50011 采用；

f_{sc}——长期压密地基土静承载力特征值（kPa）；

f_s——地基土静承载力特征值（kPa），其值可按现行国家标准《建筑地基基础设计规范》GB 50007 采用；

ζ_c——地基土静承载力长期压密提高系数，其值可按表4.2.7采用。

地基土静承载力长期压密提高系数　　　　表4.2.7

年限与岩土类别	p_0/f_s			
	1.0	0.8	0.4	<0.4
2年以上的砾、粗、中、细、粉砂	1.2	1.1	1.05	1.0
5年以上的粉土和粉质黏土				
8年以上地基土静承载力标准值大于100kPa的黏土				

注：1. p_0 指基础底面实际平均压应力（kPa）；
　　2. 使用期不够或岩石、碎石土、其他软弱土，提高系数值可取1.0。

审图时应注意：

（1）大量工程试验和专门试验表明，已有建筑的压密作用，使地基土的孔隙比和含水量减少，可使地基承载力提高约20％以上，当设计的地基承载力没有用足时，则相应的压密作用减小，故表4.2.7中的系数 ζ_c 值应相应减小。

（2）岩石和碎石类土的压密作用及物理化学作用不显著，黏土层的资料不多，软土、液化土和新近沉积黏性土又有液化或震陷问题，承载力不宜提高，建议取 $\zeta_c = 1.0$。

7.1.13 《抗规》第3.3.1条要求建筑场地不能避开抗震不利地段时应采取有效措施，但规范中未明确采取何种有效措施？

地基基础的抗震设计与上部结构一样，也包括计算分析和抗震措施两大部分。但地基基础的抗震设计要比上部结构相对简单，主要还是概念上的判断和经验性的估算。

1. 地震对建筑物的破坏是通过建筑场地、地基和基础传递给上部结构的。场地、地基在地震时起着传递地震波和支承上部结构的双重作用。因此对建筑物的抗震性能具有重要影响。地基在地震作用下的变形和失效所造成的上部结构的破坏，不同于地面震动作用，其主要特点是：

（1）饱和砂性土液化，土体丧失承载力，导致上部结构大幅度下沉或不均匀震陷，导致结构和设施严重破坏；

（2）软弱黏性土在地震中产生震陷，加剧上部结构的倾斜和破坏；

（3）用杂填土回填原有的水坑、低洼地所形成的松软地基，地震中沉陷导致结构开裂；

（4）古河道、边坡、半填半挖等不均匀地基，地震前上部结构已发现裂缝，地震中不均匀沉陷或地裂导致上部结构破坏；

（5）桩基埋深不足或桩身剪断，导致上部结构开裂破坏。

2. 对抗震不利地段采取的相关措施，《抗规》第4章第4.1节中的第4.1.6条～第4.1.9条、第4.2节中的第4.2.1条～第4.2.3条、第4.3节中的第4.3.1条、第4.3.2条和第4.3.6条～第4.3.12条、第4.4节中的第4.4.5条等章节的条款中都有这方面的规定。其中第4.1.6条、第4.1.8条、第4.1.9条、第4.2.2条、第4.3.2条、第4.4.5条均为强条，设计、审图均应严格执行。根据实际工程场地"不利地段"的具体情况，采用相应的有效措施。

7.1.14 审图案例：地上10层，地下2层，不带裙房高层建筑，其一侧地下室外扩30m，工程要求不设结构缝，如何确定地基基础设计等级？

建筑物其上部结构所承受的各种荷载，都是通过基础传给地基的。地基在上部结构附加应力的作用下将产生竖向压缩变形，当地基压缩变形过大或不均匀导致上部结构倾斜时，都可能造成建筑结构的损坏和影响建筑物的正常使用。因此，地基的设计应当满足以下三种功能要求：

（1）在长期荷载作用下，地基变形不致造成承重结构的损坏；

（2）在最不利荷载作用下，地基不出现失稳现象；

（3）具有足够的耐久性。

地基基础的设计应特别注意对地基变形的控制，在满足地基变形的条件下，地基承载能力的确定应以不使地基中出现过大的塑性变形、保证地基的稳定为前提，因此还要考虑在此条件下各类建筑可能出现的变形特征及变形量。

地基土的变形具有变形量大和长期的时间效应的特点，与钢、混凝土、砖石等材料相比，属于大变形材料。从已发生的地基事故分析来看，绝大部分事故都是由于地基变形过大或不均匀变形所造成的。因此，规范将控制地基变形作为基础设计的总原则。《地规》第 3.0.1 条规定：

3.0.1 地基基础设计应根据地基复杂程度、建筑物规模和功能特征以及由于地基问题可能造成建筑物破坏或影响正常使用的程度分为三个设计等级，按表 3.0.1 选用。

地基基础设计等级 表 3.0.1

设计等级	建筑和地基类型
甲级	重要的工业与民用建筑物 30 层以上的高层建筑 体型复杂，层数相差超过 10 层的高低层连成一体建筑物 大面积的多层地下建筑物（如地下车库、商场、运动场等） 对地基变形有特殊要求的建筑物 复杂地质条件下的坡上建筑物（包括高边坡） 对原有工程影响较大的新建建筑物 场地和地基条件复杂的一般建筑物 位于复杂地质条件及软土地区的二层及二层以上地下室的基坑工程 开挖深度大于 15m 的基坑工程 周边环境条件复杂、环境保护要求高的基坑工程
乙类	除甲级、丙级以外的工业与民用建筑物 除甲级、丙级以外的基坑工程
丙级	场地和地基条件简单、荷载分布均匀的七层及七层以下民用建筑及一般工业建筑；次要的轻型建筑物 非软土地区且场地地质条件简单、基坑周边环境条件简单、环境保护要求不高且开挖深度不小于 5.0m 的基坑工程

本条为审查要点，设计、审图均应遵照执行。

对表 3.0.1 中的"层数相差 10 层的高低层连成一体建筑物"不能片面地理解为必须是主楼带裙房连为一体层数相差 10 层。本案例虽然没有裙房，但 10 层高层和纯地下室作用在地基上的竖向荷载差异较大，很有可能会引起地基的竖向压缩变形差异较大，这正是本款规定的本质所在。更何况纯地下室也可理解为地上 0 层，故本工程地基基础设计等级应定为甲级。

7.1.15 上述审图案例中，若采用 CFG 桩进行地基处理，如何确定地基基础设计等级？

地基基础设计等级是地基基础设计的等级划分，而地基基础设计的内容不仅是地基变形计算，《地规》第 3.0.2 条规定：

3.0.2 根据建筑物地基基础设计等级及长期荷载作用下地基变形对上部结构的影响程度，地基基础设计应符合下列规定：

1 所有建筑物的地基计算均应满足承载力计算的有关规定。

2 设计等级为甲级、乙级的建筑物，均应按地基变形设计。

3 设计等级为丙级的建筑物有下列情况之一时应作变形验算：

1）地基承载力特征值小于 130kPa，且体型复杂的建筑；

2）在基础上及其附近有地面堆载或相邻基础荷载差异较大，可能引起地基产生过大的不均匀沉降时；

3）软弱地基上的建筑物存在偏心荷载时；

4）相邻建筑距离近，可能发生倾斜时；

5）地基内有厚度较大或厚薄不均的填土，其自重固结未完成时。

4 对经常受水平荷载作用的高层建筑、高耸结构和挡土墙等，以及建造在斜坡上或边坡附近的建筑物和构筑物，尚应验算其稳定性。

5 基坑工程应进行稳定性验算。

6 建筑地下室或地下构筑物存在上浮问题时，尚应进行抗浮验算。

此条为强制性条文，设计、审图应严格执行。

建筑地基基础设计等级是按照地基基础设计的复杂性和技术难度确定的。划分时考虑了建筑物的性质、规模、高度和体型，对地基变形的要求，场地和地基条件的复杂程度，以及由于地基问题对建筑物的安全和正常使用可能造成影响的严重程度等因素。但与基础的类型无关，与地基处理无关。用 CFG 桩进行地基处理，正是在确定了本工程的地基基础设计后所采取的设计措施，故本工程地基基础设计等级应判定为甲级。

7.1.16 地基基础设计等级为丙级是否可以不进行变形验算？

《地规》表 3.0.1 中所列的设计等级为丙级的建筑物是指建筑场地稳定、地基岩土均匀良好、荷载分布均匀的七层及七层以下的民用建筑和一般工业建筑以及次要的轻型建筑物。此类建筑一般可不作地基变形验算。

但由于情况复杂，地基的复杂性、建筑物的复杂性、周边环境的复杂性，《地规》在第 3.0.2 条第 3 款以强制性条文规定了地基基础设计等级虽为丙级但仍需进行变形验算的情况。

此外，根据《地基处理规范》第 3.0.5 条规定，按地基变形设计或应作变形验算且需进行地基处理的建筑物或构筑物，处理后的地基仍应进行变形验算。

7.1.17 建造在稳定土坡上的建筑结构，审图时应注意什么？

在一个稳定的土坡坡顶上建造建筑物，由于土坡内应力条件的改变，有可能引起基底土坡的局部滑动。此外，对由填土堆积形成的土坡，靠近边坡地带不易压实土质较差；对多年自然形成的土坡，也可能由于坡面保护、排水措施等处理不力而引起局部冲刷等。为防止由于这些情况可能对建筑物的长期稳定性造成隐患，规范规定了拟建建筑物离坡顶应有一段距离。

《地规》第 5.4.2 条规定：

5.4.2 位于稳定土坡坡顶上的建筑，应符合下列规定：

1 对于条形基础或矩形基础，当垂直于坡顶边缘线的基础底面边长小于 3m 时，其基础地面外边缘线至坡顶的水平距离（图 5.4.2）应符合下式要求，且不得小于 2.5m；

条形基础

$$a \geqslant 3.5b - \frac{d}{\tan\beta} \tag{5.4.2-1}$$

矩形基础

$$a \geqslant 2.5b - \frac{d}{\tan\beta} \qquad (5.4.2\text{-}2)$$

式中：a——基础底面外边缘线至坡顶的水平
距离（m）；

　　　b——垂直于坡顶边缘线的基础底面边
长（m）；

　　　d——基础埋置深度（m）；

　　　β——边坡坡角（°）。

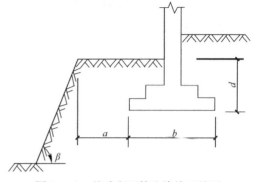

图 5.4.2　基础底面外边缘线至坡顶
的水平距离示意

2　当基础底面外边缘线至坡顶的水平距离不满足式（5.4.2-1）、式（5.4.2-2）的要求时，可根据基底平均压力按式（5.4.1）确定基础距坡顶边缘的距离和基础埋深。

3　当边坡坡角大于45°、坡高大于8m时，尚应按式（5.4.1）验算坡体稳定性。

《抗规》第3.3.5条规定：

3.3.5　山区建筑的场地和地基基础应符合下列要求：

1　山区建筑场地勘察应有边坡稳定性评价和防治方案建议；应根据地质、地形条件和使用要求，因地制宜设置符合抗震设防要求的边坡工程。

2　边坡设计应符合现行国家标准《建筑边坡工程技术规范》GB 50330的要求；其稳定性验算时，有关的摩擦角应按设防烈度的高低相应修正。

3　边坡附近的建筑基础应进行抗震稳定性设计。建筑基础与土质、强风化岩质边坡的边缘应留有足够的距离，其值应根据设防烈度的高低确定，并采取措施避免地震时地基基础破坏。

此两条均为审图要点，设计、审图均应遵照执行。

审图时应注意：

（1）抗震设计时，上述式（5.4.2-1）、式（5.4.2-2）中边坡坡角 β 需按地震烈度的高低进行修正，取 $\beta_E = \beta - \alpha_E$ 代替上述式（5.4.2-1）、式（5.4.2-2）中的 β。挡土结构地震角 α_E 可按表7-1取值。

挡土结构地震角 α_E　　　　　　　　　　　　　表 7-1

设防烈度	7 度		8 度		9 度
	0.10g	0.15g	0.20g	0.30g	0.40g
地下水位以上	1.5°	2.3°	3°	4.5°	6°
地下水位以下	2.5°	3.8°	5°	7.5°	10°

（2）抗震设计时，挡土结构稳定验算有关摩擦角的修正，是指地震主动土压力按库伦理论计算时以下参数的修正：

1）土的重度除以地震角的余弦；

2）填土的内摩擦角减去地震角；

3）土对墙背的摩擦角增加地震角。

（3）抗震设计时，按《地规》第5.4.1条式（5.4.1）地基的稳定性，滑动力矩需计入水平地震和竖向地震产生的效应。

（4）山区建筑的场地稳定、边坡稳定是工程选址首先要解决的问题。对特别复杂的场地、特别重要的工程，应进行场地地震、地质安全性综合评价。

7.1.18 对建筑物抗浮稳定性的验算，审图时应注意什么？

《地规》第 5.4.3 条第 1 款规定：

5.4.3 建筑物基础存在浮力作用时应进行抗浮稳定性验算，并应符合下列规定：

　　1 对于简单的浮力作用情况，基础抗浮稳定性应符合下式要求：

$$\frac{G_k}{N_{w,k}} \geqslant K_w \tag{5.4.3}$$

式中：G_k——建筑物自重及压重之和（kN）；

　　　　$N_{w,k}$——浮力作用值（kN）；

　　　　K_w——抗浮稳定安全系数，一般情况下可取 1.05。

本条为审查要点，设计、审图应遵照执行。

对结构计算书的审查应注意：

（1）抗浮水位的确定是计算的关键，抗浮水位应由勘察单位提供，《地规》第 3.0.4 条第 1 款第 6）小款明确规定"尚应提供：深基坑开挖的边坡稳定计算和支护设计所需的岩土技术参数，论证其对周边环境的影响；基坑施工降水的有关技术参数及地下水控制方法的建议；用于计算地下水浮力的设防水位"。如没有提供，应通过建设单位要求其提供。

（2）浮力作用值按下式计算：

$$N_{w,k} = AQ_k \tag{7-2}$$

式中：Q_k——基础底面处地下水的压强标准值（kN/m²）；根据岩土工程勘察报告中提出的抗浮设计水位，按静水压力方法确定地下水的压强标准值，即 $Q_k = \gamma_w h$，其中 γ_w 为水的重度（一般可取 $\gamma_w = 10$kN/m³），h 为基础底面至抗浮设计地下水位间距离（m）。

　　　　A——基础底板的面积（m²）。

（3）建筑物自重及压重之和 G_k（kN）的计算，两者均为标准值。且自重不应考虑活荷载，当没有采用压重抗浮措施时，压重标准值取为 0。

（4）所谓"简单的浮力作用情况"，个人理解是指基础埋置在连续的含水土层中。若基础埋置在隔水层土中，且隔水层为饱和土，应考虑其浮力作用。注意到渗流阻力的影响，可根据具体情况对 h 值适当折减。

7.2　基　　础

7.2.1 按《地规》式（8.2.11-1）和式（8.2.11-2）计算基底弯矩时，为什么要限制台阶宽高比≤2.5 且偏心距≤1/6 基础宽度？

由于地基的不均匀性，作用在基础上的地基反力分布很难说是均匀的或线性的。但研究分析指出：虽然地基不均匀，只要基础有足够的刚度，就可近似认为地基反力分布是均匀的或线性的。因此，《地规》第 8.2.11 条规定：在轴心荷载或单向偏心荷载作用下，当台阶的宽高比小于或等于 2.5 且偏心距小于或等于 1/6 基础宽度时，柱下矩形独立基础任意截面的底板弯矩可按下列简化方法进行计算（以下内容略）。

要求独立基础台阶的宽高比小于或等于 2.5 的实质，是要保证独立基础有必要的刚度。否则，基础底面上地基反力难以符合线性分布假定；要求偏心距小于或等于 1/6 基础宽度，意味着基础底面积上地基反力的最小值大于或等于 0，基础底面与地基土之间不出现零应力区或零应力区面积很小，才符合按《地规》第 8.2.11 条式（8.2.11-1）、式（8.2.11-2）计算基础长宽两个方向弯矩的条件。

本条规定适用于除岩石以外的地基。

当不满足上述要求时，基础底板任意截面的弯矩宜按弹性地基板方法进行分析。

同样的道理，《地规》第 8.3.2 条第 1、第 2 款规定：

8.3.2　柱下条形基础的计算，除应符合本规范第 8.2.6 条的要求外，尚应符合下列规定：

1　在比较均匀的地基上，上部结构刚度较好，荷载分布较均匀，且条形基础梁的高度不小于 1/6 柱距时，地基反力可按直线分布，条形基础梁的内力可按连续梁计算，此时边跨跨中弯矩及第一内支座的弯矩值宜乘以 1.2 的系数。

2　当不满足本条第 1 款的要求时，宜按弹性地基梁计算。

《地规》第 8.4.14 条规定：

8.4.14　当地基土比较均匀、地基压缩层范围内无软弱土层或可液化土层、上部结构刚度较好，柱网和荷载较均匀、相邻柱荷载及柱间距的变化不超过 20%，且梁板式筏基梁的高跨比或平板式筏基板的厚跨比不小于 1/6 时，筏形基础可仅考虑局部弯曲作用。筏形基础的内力，可按基底反力直线分布进行计算，计算时基底反力应扣除底板自重及其上填土的自重。当不满足上述要求时，筏基内力可按弹性地基梁板方法进行分析。

这说明，基底反力的确定是与地基土的均匀性、上部结构刚度和基础刚度等有关。一般情况下，基础在满足冲切、受弯、受剪等承载力要求和有关变形要求外，截面尺寸宜适当大一些。以使基础有较大的刚度，则可以按基底反力直线分布进行内力分析。

《地规》第 8.2.11 条为审查要点，设计、审图应遵照执行。

7.2.2　柱下独立基础是否需要考虑抗剪承载力计算？

钢筋混凝土柱下独立基础，当冲切破坏锥体落在基础底面内时，其截面高度由受冲切控制，剪切所需截面有效面积一般均满足要求，无需受剪验算；但若柱下独立基础底面两方向边长比值大于 2 时，基础底面受力状态接近单向受力，柱与基础交接处受冲切承载力不是主要问题，而基础底面的斜截面受剪承载力成为设计的控制因素。因此，《地规》第 8.2.7 条第 2 款规定：

2　对基础底面短边尺寸小于或等于柱宽加两倍基础有效高度的柱下独立基础，以及墙下条形基础，应验算柱（墙）与基础交接处的基础受剪切承载力。

此条规定是强制性条文，设计、审图均应严格执行。

《地规》第 8.2.9 条还给出了基础受剪切承载力的计算方法：

8.2.9　当基础底面短边尺寸小于或等于柱宽加两倍基础有效高度时，应按下列公式验算柱与基础交接处截面受剪承载力：

$$V_S \leqslant 0.7\beta_{hs} f_t A_0 \tag{8.2.9-1}$$

$$\beta_{hs} = (8000/h_0)^{1/4} \tag{8.2.9-2}$$

式中：V_s——相应于作用的基本组合时，柱与基础交接处的剪力设计值（kN），图 8.2.9

　　　　中的阴影面积乘以基底平均净反力；

　　β_{hs}——受剪切承载力截面高度影响系数，当 $h_0 < 800$mm 时，取 $h_0 = 800$mm；当 $h_0 > 2000$mm 时，取 $h_0 = 2000$mm；

　　A_0——验算截面处基础的有效截面面积（m²），当验算截面为阶形或锥形时，可将其截面折算成矩形截面，截面的折算宽度和截面的有效高度按本规范附录 U 计算。

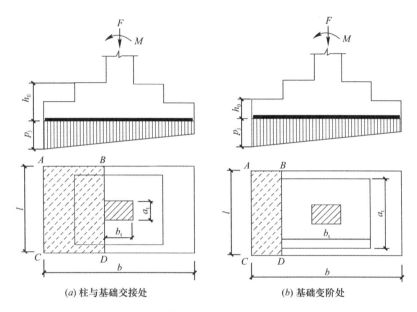

图 8.2.9　验算阶形基础受剪切承载力示意

此条规定为审图要点，设计、审图均应遵照执行。

7.2.3　为什么当竖向构件混凝土强度等级大于基础混凝土强度等级时，应验算基础顶部混凝土局压承载力？

支承在基础顶面上的钢筋混凝土竖向构件的轴向压力往往很大，混凝土强度等级又高，而基础顶面受压面积很小，不存在周边混凝土对基础顶面受压区的套箍作用或很弱，基本上不能提高基础顶面混凝土的局部受压承载力。故当竖向构件混凝土强度等级大于基础混凝土强度等级时，就很可能导致基础顶部的混凝土因局部受压承载能力不足而破坏。为此，《地规》作出相关规定：

第 8.2.7 条第 4 款：当扩展基础的混凝土强度等级小于柱的混凝土强度等级时，尚应验算柱下扩展基础顶面的局部受压承载力。

第 8.3.2 条第 6 款：当条形基础的混凝土强度等级小于柱的混凝土强度等级时，尚应验算柱下条形基础梁顶面的局部受压承载力。

第 8.4.18 条：梁板式筏基基础梁和平板式筏基的顶面应满足底层柱下局部受压承载力的要求。对抗震设防烈度为 9 度的高层建筑，验算柱下基础梁、筏板局部受压承载力时，应计入竖向地震作用对柱轴力的影响。

第 8.5.22 条：当承台的混凝土强度等级低于柱或桩的混凝土强度等级时，尚应验算柱下或桩上承台的局部受压承载力。

以上《地规》第 8.2.7 条第 4 款、第 8.4.18 条、第 8.5.22 条都是强制性条文，设计、审图必须认真执行。设计应有相关计算，审图应审查计算书。如果没有计算书，即使设计正确，也应要求补计算书。

7.2.4　对筏形基础地下室防水混凝土抗渗等级，审图时应注意什么？

《地规》第 8.4.4 条规定：

8.4.4　筏形基础的混凝土强度等级不应低于 C30，当有地下室时应采用防水混凝土。防水混凝土抗渗等级应按表 8.4.4 选用。对重要建筑，宜采用自防水并设置架空排水层。

防水混凝土抗渗等级　　　　　　　　　　　　　　　　　　　　表 8.4.4

埋置深度 d（m）	设计抗渗等级	埋置深度 d（m）	设计抗渗等级
$d<10$	P6	$20{\leqslant}d<30$	P10
$10{\leqslant}d<20$	P8	$30{\leqslant}d$	P12

此条规定为审图要点，设计、审图均应遵照执行。

审图时应注意：

（1）对重要建筑，宜采用自防水并设置架空排水层。

（2）《地下工程防水技术规程》GB 50108 第 4.1.4 条表 4.1.4 有两条附注：

1）本表适用于Ⅰ、Ⅱ、Ⅲ类围岩（土层及软弱围岩）；

2）山岭隧道混凝土的防水抗渗等级可按国家现行有关标准执行。

7.2.5　《地规》第 8.4.5 条要求采用筏形基础的地下室墙体内应设置双面钢筋，水平、竖向分布筋直径分别不应小于 12mm、10mm，是否必须执行？

采用筏形基础的地下室墙体，一般有 4 种情况：

（1）由上部剪力墙直通下来的地下室挡土墙（外墙），此墙为受力构件。在平面内为偏心受压，平面外受有水平侧向荷载，为纯弯构件。

（2）纯地下室的挡土墙（外墙），此墙亦为受力构件。仅在平面外受有水平侧向荷载，为纯弯构件。

（3）由上部剪力墙直通下来的地下室内墙，此墙仍为受力构件。仅在平面内为偏心受压构件。

（4）仅地下室才有的内墙，此墙平面外无水平荷载作用，平面内所受竖向荷载很小（仅本层楼盖传来的竖向荷载），故近似可认为是不受力的隔墙。

对前三种情况的墙体，因是受力构件，《地规》规定墙体分布筋的最小直径、最大间距等构造做法是合适的。但对于第 4 种情况，规定墙体分布筋的最小直径、最大间距等构造做法，有一种说法认为是为了在绑扎钢筋时防止墙体竖向分布筋的倾斜，便于施工。笔者认为似乎也不是一个唯一的、较好的办法。

该条不是强制性条文，也不是审查要点，因此不属于施工图审查的内容。

7.2.6 筏形基础在什么情况下应验算基础底板截面的受剪承载力?

在一般楼面、屋面板中,板较薄,起控制作用的是正截面受弯承载力,斜截面受剪承载力一般不会发生问题,故无需进行板的受剪承载力验算。但是,在基础底板、厚板转换层等厚板中,一般板较厚,板的斜截面受剪承载力随板厚的增加而降低。同时,平板式筏基的内筒、柱边缘处以及筏板变厚处剪力均较大,为确保筏基板的设计安全,故必须进行此类厚板的斜截面受剪承载力计算。《混规》第 6.3.3 条,指的就是这类"不配置箍筋和弯起钢筋的一般板类受弯构件"。

《地规》对此作出规定:

第 8.4.9 条 平板式筏基应验算距内筒和柱边缘 h_0 处截面的受剪承载力。当筏板变厚度时,尚应验算变厚度处的受剪承载力。

第 8.4.11 条 梁板式筏基底板应计算正截面受弯承载力,其厚度尚应满足受冲切承载力、受剪切承载力的要求。

上述两条规定都是强制性条文,设计、审图均应严格执行。

平板式筏基、梁板式筏基受剪承载力的验算分别详见《地规》第 8.4.10、第 8.4.12 条。

7.2.7 梁板式筏基的配筋构造应注意什么?基础梁柱下条形基梁的底部通长钢筋是否必须不少于底部受力钢筋总面积的 1/3?

《地规》第 8.4.15 条规定:

8.4.15 按基底反力直线分布的梁板式筏基,其基础梁的内力可按连续梁分析,边跨跨中弯矩以及第一内支座的弯矩值宜乘以 1.2 的系数。梁板式筏基的底板和基础梁的配筋除满足计算要求外,纵横方向的底部钢筋尚应有不少于 1/3 的贯通全跨,顶部钢筋按计算配筋全部连通,底部上下贯通的配筋率不应小于 0.15%。

这是因为研究分析表明:在均匀的地基上上部结构刚度较好,柱网和荷载分布较均匀,且基础梁的截面高度大于或等于梁跨 1/6 的梁板式筏基基础,可不考虑筏板的整体弯曲,只按局部弯曲计算,地基反力可按直线分布。但这毕竟是在一定条件小的对实际结构的简化计算,首先是没有考虑筏板的整体弯曲,其次,地基的均匀程度、上部结构的刚度大小等等因素也有差异,故规范采用将计算内力适当放大和增加通长钢筋的配置等构造措施,以保证基础梁具有足够的承载能力。

基于相同的道理,《地规》第 8.3.1 条第 4 款规定:

4 条形基础梁顶部和底部的纵向受力钢筋除应满足计算要求外,顶部钢筋应按计算配筋全部贯通,底部通长钢筋不应少于底部受力钢筋截面总面积的 1/3。

以上两条规定都是《地规》的强制性条文,设计、审图应严格执行。

7.2.8 平板式筏基的配筋构造应注意什么?

《地规》第 8.4.16 条规定:

8.4.16 按基底反力直线分布计算的平板式筏基,可按柱下板带和跨中板带进行内力分析。柱下板带中,柱宽及其两侧各 0.5 倍板厚且不大于 1/4 板跨的有效宽度范围内,其钢筋配置量不应小于柱下板带钢筋数量的一半,且应能承受部分不平衡弯矩 $a_m Mumb$。Munb 为作用在冲切临界截面重心上的不平衡弯矩,α_m 应按式(8.4.16)进行计算。平板式筏基柱下板带和跨中板带的底部支座钢筋应有不少于 1/3 贯通全跨，顶部钢筋应按计算配筋全部连通，上下贯通钢筋的配筋率不应小于 0.15%。

$$a_m = 1 - a_s \tag{8.4.16}$$

式中：a_m——不平衡弯矩通过弯曲来传递的分配系数；

$\quad\quad\ a_s$——按公式（8.4.7-3）计算。

此条规定为审图要点，设计、审图均应遵照执行。

对平板式筏基的配筋构造，审图主要注意以下两点：

（1）柱下板带和跨中板带的划分如图 7-3 所示。柱下板带有效宽度范围取柱宽及其两侧各 0.5 倍板厚且不大于 1/4 板跨，在柱下板带有效宽度范围内配置不小于柱下板带钢筋量一半的钢筋。

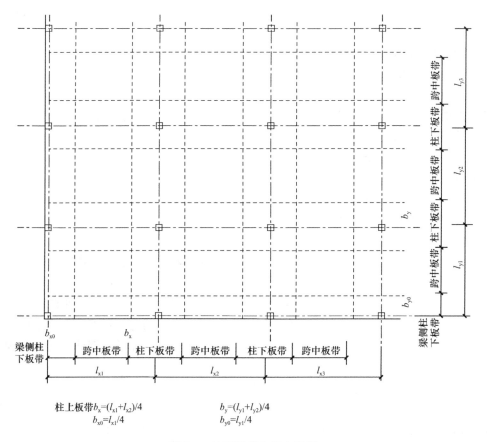

柱上板带 $b_x = (l_{x1} + l_{x2})/4$　　　　　　$b_y = (l_{y1} + l_{y2})/4$
$\quad\quad\quad\ \ \, b_{x0} = l_{x1}/4$　　　　　　　　　　　$b_{y0} = l_{y1}/4$

图 7-3　柱下板带和跨中板带

建议在柱下板带内设置暗梁。

（2）柱下板带和跨中板带的配筋锚固搭接要求：

1）柱下板带底部支座钢筋应有不少于 1/3 贯通全跨，贯通钢筋的配筋率不应小于 0.15%。其余钢筋的伸出长度：

① 无柱帽或托板：不小于 $0.3l_0$（从柱边算起），l_0 为板净跨；

② 有柱帽或托板：不小于 $0.35l_0 + b_{ce}/3$（从柱帽或托板边算起），l_0 为板净跨，b_{ce} 为柱帽在计算弯矩方向的有效宽度。

2）柱下板带顶部支座钢筋应按计算配筋全部连通，锚入支座的长度：

① 无柱帽或托板：不小于 l_a（从柱边算起），l_a 为锚固长度；

② 有柱帽或托板：不小于 $b_{ce}/3-l_0$（从柱帽或托板边算起），l_0 为板净跨，b_{ce} 为柱帽在计算弯矩方向的有效宽度。

3）跨中板带底部支座钢筋应有不少于 1/3 贯通全跨，贯通钢筋的配筋率不应小于 0.15%。其余钢筋伸出长度：

① 无柱帽或托板：不小于 $0.25l_0$（从柱边算起），l_0 为板净跨；

② 有柱帽或托板：不小于 $0.25l_0+b_{ce}/3$（从柱帽或托板边算起），l_0 为板净跨，b_{ce} 为柱帽在计算弯矩方向的有效宽度。

4）跨中板带顶部支座钢筋应按计算配筋全部连通，锚入支座的长度：

① 无柱帽或托板：不小于 l_a（从柱边算起），l_a 为锚固长度；

② 有柱帽或托板：不小于 $b_{ce}/3-l_0$（从柱帽或托板边算起），l_0 为板净跨，b_{ce} 为柱帽在计算弯矩方向的有效宽度。

7.2.9 关于桩的布置，《地规》第 8.5.3 条和《高规》第 12.3.12 条并不一致，应如何审图？

《地规》第 8.5.3 条关于桩布置的规定，有第 1、第 3、第 4 三款：

1 摩擦型桩的中心距不宜小于桩身直径的 3 倍；扩底灌注桩的中心距不宜小于扩底直径的 1.5 倍，当扩底直径大于 2m 时，桩端净距不宜小于 1m。在确定桩距时尚应考虑施工工艺中挤土等效应对邻近桩的影响。

3 桩底进入持力层的深度，宜为桩身直径的 1 倍～3 倍。在确定桩底进入持力层深度时，尚应考虑特殊土、岩溶以及震陷液化等影响。嵌岩灌注桩周边嵌入完整和较完整的未风化、微风化、中风化硬质岩体的最小深度，不宜小于 0.5m。

4 布置桩位时宜使桩基承载力合力点与竖向永久荷载合力作用点重合。

《高规》12.3.12 条规定：

12.3.12 桩的布置应符合下列要求：

1 等直径桩的中心距不应小于 3 倍桩横截面的边长或直径；扩底桩的中心距不应小于扩底直径的 1.5 倍，且两个扩大头间的净距不宜小于 1m。

2 布桩时，宜使各桩承台承载力合力点与相应竖向永久荷载合力作用点重合，并使桩基在水平力产生的力矩较大方向有较大的抵抗力。

3 平板式桩筏基础，桩宜布置在柱下或墙下。必要时可满堂布置，核心筒下可适当加密布桩；梁板式桩筏基础，桩宜布置在基础梁下或柱下；桩箱基础，宜将桩布置在墙下。直径不小于 800mm 的大直径桩可采用一柱一桩。

4 应选择较硬土层作为桩端持力层。桩径为 d 的桩端全截面进入持力层的深度，对于黏性土、粉土不宜小于 $2d$；砂土不宜小于 $1.5d$；碎石土不宜小于 $1d$。当存在软弱下卧层时，桩端下部硬持力层厚度不宜小于 $4d$。

抗震设计时，桩进入碎石土、砾砂、粗砂、中砂、密实粉土、坚硬黏性土的深度尚不应小于 0.5m，对其他非岩石类土尚不应小于 1.5m。

两条规定确有不同。这是因为《高规》第 12.3.12 条是根据高层建筑的特点所作的规定，内容较为具体，针对性强；而《地规》第 8.5.3 条既适用于高层建筑也适用于多层建筑。范围较广，多为原则性的规定。

《地规》第 8.5.3 条是审图要点，审图时应以此为依据，并满足《高规》第 12.3.12 条的具体规定。设计、审图应根据这两条规定互为补充。

（1）关于桩距，《地规》第 8.5.3 条第 1 款要求摩擦型桩距不宜小于桩身直径的 3 倍，《高规》第 12.3.12 条第 1 款则是对等直径桩的要求。且一个是"宜"，一个是"应"。建议两条规定都应作为审图依据。摩擦型桩距不小于桩身横截面的边长或 3 倍桩径，主要是为了减小摩擦型桩侧阻叠加效应。对于密集群桩及挤土型桩，应加大桩距。非挤土型桩当承台下桩数少于 9 根且少于 3 排时，桩距可不小于 2.5d。对于端承型桩、特别是非挤土端承桩和嵌岩桩，桩距可适当放宽；若相邻的桩直径不同，其桩距取直径较大者的 3 倍；扩底灌注桩的中心距无论是高层还是多层建筑都应考虑施工工艺中挤土等效应对邻近桩的影响。

（2）桩底进入持力层的深度，《地规》第 8.5.3 条第 3 款"桩身直径的 1 倍~3 倍"是个原则，具体深度，应按《高规》第 12.3.12 条第 4 款确定。而"嵌岩灌注桩周边嵌入完整和较完整的未风化、微风化、中风化硬质岩体的最小深度，不宜小于 0.5m。"则无论是高层还是多层建筑都应按此设计、审图。

（3）关于"桩基承载力合力点与竖向永久荷载合力作用点重合"，无论是高层还是多层建筑都应按此设计、审图。对高层建筑，还宜使桩基在水平力产生的力矩较大方向有较大的抵抗力。

（4）《高规》第 12.3.12 条第 3 款的内容《地规》第 8.5.3 条并未述及，但却是桩平面布置的最常见最重要的方法。设计、审图应注意以下几点：

1）框架-剪力墙结构的剪力墙，在地震作用下承受较大的弯矩和水平剪力，计算剪力墙下桩的数量时，常因考虑地震作用而导致桩的数量较多，而在无地震作用时，剪力墙下桩所承受的竖向荷载可能大大低于框架柱下桩所承受的竖向荷载。这就可能导致柱、墙之间产生过大的差异沉降。设计时应采取有效措施，减少因考虑地震作用而增加的桩数。

2）梁板式筏基不宜采用满堂布桩，必须采用时，应验算板的冲切承载力并适当加大板厚及配筋，使其具有足够的承载力和刚度，避免桩基破坏。

3）一柱一桩时承台间多层建筑宜设置双向拉梁、高层建筑应设置双向拉梁。

4）岩溶地区的布桩，应特别注意对溶洞、土洞的勘查，探明溶洞、土洞的发育及分布、桩端持力层的情况。

《地规》第 8.5.3 条的其他条款也都是审图要点，设计、审图均应遵照执行。

7.2.10 采用桩基础的建筑物是否需要进行桩基沉降验算？

如前所述，地基基础设计强调变形控制的原则，桩基础也应按这个原则进行设计。《地规》第 8.5.13 条规定：

8.5.13 桩基沉降计算应符合下列规定：

1 对以下建筑物的桩基应进行沉降验算：

1） 地基基础设计等级为甲级的建筑物桩基；

2） 体型复杂、荷载不均匀或桩端以下存在软弱土层的设计等级为乙级的建筑物桩基；

3）摩擦型桩基。

2. 桩基沉降不得超过建筑物的允许沉降值，并应符合本规范表 5.3.4 的规定。

本条为强制性条文，设计、审图应严格执行。

符合以下情况的桩基，一般可不进行沉降验算：

（1）嵌岩桩、有深厚坚硬持力层的建筑桩基以及地基基础设计等级为丙级的建筑物桩基；

（2）对沉降无特殊要求的条形基础下不超过两排桩的桩基；

（3）吊车工作级别为 A5 及 A5 以下的单层工业厂房且桩端下为密实土层的桩基；

（4）当有可靠地区经验时，对地质条件不复杂、荷载均匀、对沉降无特殊要求的端承桩也可不进行沉降验算。

7.2.11 采用柱下独立基础加防水板做法，防水板下未敷设软垫层时，是否必须按筏形基础设计？

"独立基础加防水板"的做法，独立基础是上部结构的"基础"，上部结构的所有荷载通过独立基础传至地基。而防水板则主要是用于地下室的防水。不是基础，理论上不承受上部结构的荷载，不作用地基反力。因此，采用柱下独立基础加防水板的做法，为了减少柱基础沉降对防水板的不利影响，应在防水板下设置一定厚度的易压缩材料，如聚苯板或松散焦渣等。

关于虚铺层及其厚度：虚铺层及其厚度要求是保证实现独立基础加防水板设计意图的关键措施。没有不行，有但太薄也不行。虚铺层的厚度 h 应根据基础的沉降值 s 确定。一般应满足 $h \geqslant s$ 加上虚铺层压缩后的厚度。同时，虚铺层应具有一定的承载能力，应能承担防水板浇筑时的自重及相应施工荷载，并确保在混凝土达到设计强度前不致产生过大的压缩变形。

事实上，柱下独立基础的沉降受很多因素影响，很难准确计算。即使虚铺层厚度满足设计要求，但实际工程中，也许很难保证防水板不承受地基反力。有资料介绍：当防水板位于地下水位以下时，防水板承受向上的反力可取上部结构自重的10％加上水的浮力；而另一些资料则认为：防水板承受向上的反力可取上部结构自重的20％和水的浮力两者较大值。可见，防水板所受到向上的反力具有很大的不确定性。

审查时应注意：

（1）计算按"独立基础加防水板"设计，应审查：

1）防水板下是否设有虚铺层，材料、厚度是否满足要求等；

2）防水板承载力计算宜根据具体工程实际情况考虑上部结构自重的一小部分加上水的浮力以策安全。

（2）如果防水板下未敷设虚铺层，则应按筏形基础设计。

7.2.12 审图案例：某建筑物 3 层地下室，当地下一层外墙内移时，应重视对此墙下楼面（地下一层底板）梁、板设计的审查

建筑物有多层地下室时，由于建筑功能的需要，有时会要求房屋纯地下室一侧或两侧的部分地下室外墙在地下一层内移，使地下室在地下一层底板处形成部分不落地剪力墙墙肢。

地下室的地下一层外墙内移后，除承受地下室结构楼盖传重和自重外，仍要承受土压

力、水压力（如果有的话）、地面荷载等水平荷载的作用，而且在地震区当此墙肢距上部结构较近但不是上部结构的部分时，墙平面内还会有水平地震作用引起的内力。所以，地下室的地下一层外墙内移后，受力更为复杂。为了保证内移后的地下室外墙能安全可靠地受力和传力，除了按工程习惯把这种墙当成仅承受水平荷载作用的受弯墙板（挡土墙）计算配筋外，还应在墙下设楼面梁。墙下的楼面梁和柱子的配筋除满足正截面、斜截面承载力要求外，还应满足其抗扭承载力要求；构造措施尚应符合相应抗震等级（或非抗震）的框支梁、柱的有关规定。楼面梁的截面尺寸适当加大。

地下一层外墙底两侧楼板（挡土墙底）应适当加厚，并应满足其支座（墙、板交接处）抗弯承载力要求，并采用双层双向配筋，配筋率宜适当加大。

7.2.13　砌体结构墙体中设置的构造柱是否应配基础？

砌体结构的构造柱，非抗震设计时有提高墙体的整体性、提高墙体平面外的稳定性等作用；抗震设计时，除有上述作用外，还可以约束墙体、提高墙体的变形能力等。但设置构造柱仅是一种构造措施，尽管实际上有一些受力作用，但设计中仅考虑它的构造性能而不考虑它的受力。足尺模型的振动台试验表明：一个构造柱基础与砌体墙基础同样深度，另一个构造柱基础仅从室外地面开始。构造柱受力最大的部位是楼盖圈梁与构造柱的连接处，而地表处受力不大；但无论有无基础，构造柱都对墙体有约束作用。因此试验结果建议：只要求构造柱的钢筋锚固在地表下的基础圈梁上，而不必要求伸到墙体的基础底面。

对多层砖砌体房屋，《抗规》第7.3.2条第4款规定：

构造柱可不单独设置基础，但应伸入室外地面下500mm，或与埋深小于500mm的基础圈梁相连。

本款是审图要点。

对多层砌块房屋、底部框架-抗震墙砌体房屋中砌体墙部分的构造柱，《抗规》第7.4.3条第4款、《抗规》第7.5.1条第2款也有相同的规定，均是审图要点，此处略。

审图时应注意：

（1）"构造柱应伸入室外地面下500mm，或与埋深小于500mm的基础圈梁相连。"此两个要求只要满足其中的一个即可；

（2）此处的基础圈梁是指位于地面以下的基础圈梁，而不是地面以上的墙体圈梁；

（3）构造柱的纵向钢筋伸入基础圈梁内还应满足锚固长度的要求。

7.2.14　审图案例：高层剪力墙结构住宅一侧有下沉式庭院，对下沉式庭院的底板审查时应注意什么？

高层剪力墙结构住宅一侧有下沉式庭院（图7-4），此下沉式庭院的底板设计上可有两种做法：

（1）下沉式庭院底板、两侧向挡土墙和基础底板、挡土墙刚性连接，底板按悬挑板式防水板设计，作用有向下的底板自重（包括下沉庭院的挡土墙自重）、板上的活荷载以及向上的水的浮力（如果有的话）等荷载，考虑荷载的最不利组合，计算其承载力并满足相关构造要求。此时，底板下应铺一定厚度的易压缩材料，如聚苯板或松散焦渣等，其厚度应大于主体结构基础的沉降量。

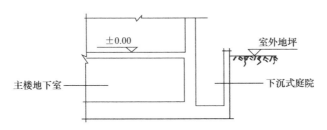

图 7-4　高层剪力墙结构住宅下沉式庭院剖面示意

（2）下沉式庭院底板、两侧向挡土墙和基础底板、挡土墙刚性连接，底板按悬挑板式基础板设计，作用有向上的地基净反力等荷载，计算其承载力并满足相关构造要求。应特别注意：由于附加应力在地基土中的扩散作用，此下沉式庭院底板的地基净反力绝不仅仅只是底板所受的全部向下荷载减去其本身自重，而是可能接近主体结构的地基净反力（这一点往往容易被忽视）。其数值可根据对基础的电算结果求得。

设计究竟采用哪一种做法，应根据实际工程的具体情况分析确定。

参 考 文 献

[1] 建筑结构荷载规范 GB 50009—2012 [S]. 北京：中国建筑工业出版社，2012.

[2] 混凝土结构设计规范 GB 50010—2010（2015 年版）[S]. 北京：中国建筑工业出版社，2016.

[3] 建筑抗震设计规范 GB 50011—2010（2016 年版）[S]. 北京：中国建筑工业出版社，2016.

[4] 建筑工程抗震设计分类标准 GB 50223—2008 [S]. 北京：中国建筑工业出版社，2008.

[5] 建筑抗震鉴定标准 GB 50023—2009 [S]. 北京：中国建筑工业出版社，2009.

[6] 高层建筑混凝土结构技术规程 JGJ 3—2010 [S]. 北京：中国建筑工业出版社，2010.

[7] 砌体结构设计规范 GB 50003—2011 [S]. 北京：中国建筑工业出版社，2012.

[8] 建筑地基基础设计规范 GB 50007—2011 [S]. 北京：中国建筑工业出版社，2012.

[9] 建筑地基处理技术规范 JGJ 79—2012 [S]. 北京：中国建筑工业出版社，2013.

[10] 高层建筑筏形与箱形基础技术规范 JGJ 6—2011 [S]. 北京：中国建筑工业出版社，2011.

[11] 现浇混凝土空心楼盖技术规程 JGJ/T 268—2012 [S]. 北京：中国建筑工业出版社，2012.

[12] 住房城乡建设部建筑工程施工图设计文件技术审查要点 [M]. 北京：中国城市出版社，2014.

[13] 门式刚架轻型房屋钢结构技术规范 GB 51022—2015 [S]. 北京：中国建筑工业出版社，2016.

[14] 构筑物抗震设计规范 GB 50191—2012 [S]. 北京：中国建筑工业出版社，2012.

[15] 吕西林. 超限高层建筑工程抗震设计指南（第 2 版）[M]. 上海：同济大学出版社，2009.